中国物理教育研究丛书

郭玉英 主编

张 静 著

基于心智模型进阶的物理建模教学研究

JIYU XINZHI MOXING JINJIE DE
WULI JIANMO JIAOXUE YANJIU

广西教育出版社

南宁

序

20世纪90年代，广西教育出版社出版了《学科现代教育理论书系·物理》，由我的导师阎金铎教授担任主编，在物理教育领域产生了重要影响，已经成为本学科专业发展的里程碑。二十多年过去了，随着新世纪中国基础教育课程改革的全面推进，物理教育研究呈现出前所未有的繁荣景象，涌现出丰富的研究成果。当2014年该社提出要我组织编写一套《中国物理教育研究丛书》，汇集新时期的标志性成果时，我认为这是一个现实与历史意义兼具的重要选题，同时也感到是一个非常艰巨的任务，责任重大。

我国的物理教育有研究与教学紧密结合的优良传统，许多优秀的中学物理教师和教研员植根于教学实践开展研究，积累了大量本土化、原创性的研究成果，展示出物理教育的中国特色。近十几年来，随着研究生教育的发展，物理教育的国际交流不断拓展和深化，越来越多的年轻学者借鉴国际科学教育研究的经验和方法，针对我国物理教育实践中的问题，开展了多角度、多层次的具体深入的实证研究，如围绕新课程倡导的科学探究和探究教学的研究，针对物理学科核心概念和关键能力展开的学习进阶研究，促进学生发展的课堂教学模式的研究，关于物理课程和教材的深入研究和国际比较研究，关于物理教育测量和评价的研究，物理教育与信息技术整合的研究，针对物理教师观念的研究等。研究内容涵盖了课程与教学论的各个分支领域，研究对象从课程教材到课堂、学生、教师、试题，研究视角从哲学到物理、心理、技术，研究方法从思辨到定量、实证，呈现出多元化和多样化的研究取向，拓宽了物理教育研究的视野和范围，为我国物理教育理论和中学物理教学实践提供了研究基础和方法论指导。

本丛书的选题力图涵盖上述诸方面的主要研究成果，简要介绍如下。

在来自一线教师和教研员的研究成果中，包含了从哲学层面到物理课堂教学操作层面的四本著作。《中学物理教学中的哲学思考》呈现了中学物理教师的哲学思考。作者从物理与哲学的关系入手，结合中学物理教学的具体内容，论述了哲学的洞见与物理教学实践密不可分，将中学物理教学上升到哲学高度。在实验教学方面，毕生从事高中物理实验教学与研究的专家撰写了《高中物理实验教学研究》，从科学技术发展和教育理念进步的角度，突出了以学生为主体的教育理念和学科素养在实验中的表现及培养的途径，重点探讨了高中物理实验教学的目标、内容和方法策略方面的热点问题。在课堂教学实践层面，《中学物理习题教学研究》凝聚了中学物理特级教师的经验和智慧，从习题和试题的不同功能出发，以大量的题例阐述了习题和试题的编写要领，论述了优化习题教学的各种途径，提出了科学实施习题教学的策略，把习题教学的目标落实到提高学生解决问题的素养上来。《中学物理教学疑难问题研究》则来自基层教研工作者，从一线教学实际和物理教师的需求出发，对新课程实施过程中遇到的多方面的具体疑难问题进行了深入分析和探讨。

丛书围绕新课程实施以来物理教育研究领域关注的重点——科学探究和探究教学呈现了三个不同视角的研究成果。《科学探究能力模型与培养研究》系统介绍了国际科学教育领域对科学探究能力及其培养的研究和实践，构建了基于知识和技能的科学探究能力结构模型，结合案例论述了在中学物理教学中如何利用探究式教学法培养学生的科学探究能力。《促进认知发展的物理探究教学研究》聚焦目前中学物理探究教学中亟待解决的核心问题，从物理学科自身特点出发，构建了促进认知发展的探究教学模型，并对实施该探究教学模型的教学策略进行了探讨。《中学物理教师的探究教学观研究》则聚焦教师观念和行为，基于对探究教学的理论探讨，提出了教师探究教学观的分析框架与研究方法，从语言表达和教学行为两个层面研究了物理教师的探究教学观现状及其影响因素。

围绕学科核心概念展开的对学生认知和能力发展的研究是近几年的研究热点，学习进阶是将学生核心素养的发展与课程、教材和评价紧密联系在一起的桥梁，是具有发展潜力的新兴研究领域，丛书呈现了其中四方面的最新研究成果。《高中物理概念学习进阶及其教学应用研究》针对我国概念教学中存在的问题，构建了核心概念统领下的物理概念层次结构模型和概念学习进阶模型，以静电场核心概念为例进行了实证检验，并应用于教师培训。中学物理中的能量概念既是物理学科的核心概念，又是与社会发展和技术进步密切相关的共通概念，对于学生的发展至关重要。《中学物理能量学习进阶研究》构建了以学生为中心、具有实证有效性的“能量”进阶框架，并以此对学生“能量”概念的认知状态和发展情况进行了刻画和阐释，针对如何帮助学生提升“能量”概念的认知水平给出了相关建议。《中学物理课程中科学解释学习进阶及其教学应用》结合科学哲学的相关理论，提出了科学解释的“现象—理论—资料—推理”框架，确立了学习进阶的二维进阶模式及其进阶变量，通过跨年级测试建构了科学解释的学习进阶，并结合能量学习进阶进行了准教学实验研究。《基于学习进阶的中学物理教学设计研究》将物理概念和能力学习进阶的研究成果与现代教学设计理论相结合，建立了教学设计模型，结合大量中学物理教学案例，论述了如何基于学习进阶的研究成果开展以学生为中心的教学设计，从而促进学生物理核心素养的进阶发展。

关于课程和教材的研究呈现了两方面的研究成果，分别体现了不同的研究范围和方法。《高中物理量子理论课程研究》聚焦中学物理中的量子内容，从课程角度开展研究。采用理论和实证研究相结合的方法，对高中物理课程中量子理论的地位与教育价值、课程发展历程与现状进行了系统深入的探讨。《初中物理教材难度国际比较》选取中国、美国、俄罗斯、英国、法国、德国、日本、韩国、新加坡和澳大利亚十个国家的初中物理主流教材为比较对象，对教材的难度、广度、平均深度进行了比较研究，并分别比较了教材中的实验内容、例题和习题及拓展内容情况，分析了教材特点并提出了教材建设的启示与建议。

学生物理核心素养的测评一直是本领域关注的重要问题，特别是像高考、中考这样的高利害考试的有效性已经成为全社会关心的热点。《大学入学物理考试内容效度研究》对大学入学物理考试的内容效度进行了多方面的定量研究。一方面以高中物理课程标准为效标，研究比较和评估了我国（包括台湾和香港地区）大学入学考试物理试卷的内容效度；另一方面从比较我国的高考物理考试与美国 AP 物理考试、英国 A-Level 物理考试出发，研究评估了我国大学入学物理考试的内容效度，提出了对我国现行高考制度的改革建议。

《中学物理教学与信息技术整合研究》展示了跨领域的研究视角，凸显了现代技术特色。在“数据探究”理论指导下，探讨了信息技术与中学物理教学深度融合的基本概念、理论等问题。同时还根据物理学科教学的特点，选取了几何画板软件、物理虚拟仿真实验软件、Camtasia视频制作软件、Front Page网站制作等技术，用案例说明了信息技术在物理教学中的实际应用。

大学物理教学研究是我国物理教育研究领域中正在发展的研究方向，关于心智模型和建模教学的研究也是新的研究热点。《基于心智模型进阶的物理建模教学研究》介绍了国内外关于模型与学习进阶、建模与建模教学的相关研究。在此基础上整合心智模型、学习进阶和建模教学的研究，结合我国物理教学的实际，从教学要素和学生心智模型进阶两个维度建构了基于学生心智模型进阶的导引式建模教学模式，并以大学物理“静电学”为例展开实践研究。其研究内容和方法对中学物理教学与研究均有参考价值。

十几位学者参与了本套丛书的编著工作。他们有的是长期从事物理教育研究和中学物理教学的专家，凝聚毕生研究之学术精华；有的是具备海外学习经历的年轻学者，用现代科学教育研究方法研究我国的实际问题。其中多数作者为本领域的博士。作者们都为丛书的出版付出了艰辛的劳动。本丛书从策划、编辑到出版面世，离不开时任广西教育出版社副总编黄力平编审、编辑部主任黄敏娴副编审和各书责任编辑的积极参与和付出辛劳，也离不开不少同行的关心和帮助，其中参阅引用了大量相关的研究成果，均已在参考文献中列出，在此一并表示感谢！期望本丛书的出版有助于物理教育研究领域的繁荣与发展，也期望这些研究成果能够在物理教育实践中得到进一步的检验、修正和完善。

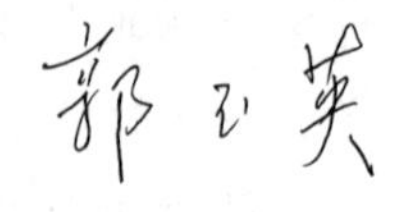

2016年11月于北师大

前言

时光荏苒，时间仿佛回到了2011年，我在一所综合性高校从事物理教育研究和物理师范生教学六年之后，毅然选择了攻读北京师范大学物理课程与教学论方向博士。2012年上半年博士论文选题前，我已阅读了关于物理教育和科学教育研究领域的大量文献，对研究领域中“概念转变”“建模”“学习进阶”等热点议题产生了极大兴趣。作为一名高校教师，我十分渴望通过自己的研究来改变传统物理教学效率低下的现状。在导师的鼓励下，我最终选择“基于学生心智模型进阶的物理建模教学研究”作为自己的博士学位论文课题。本书就是在我的博士学位论文基础上修改、补充而成的。

近年来，模型与建模的教育价值逐渐得到科学教育研究领域的认可。国内物理教学虽注重对物理模型的建构，但却不注重学生头脑内部心智模型的发展，这也正是导致教师难教、学生难学的主要原因之一。为解决这一难题，我开始潜心阅读国内外相关研究文献。美国的建模教学模式虽十分成熟，并已成为美国物理教育改革中最成功的教学模式之一，但其主要采用工作室（Workshop Studio）的形式，班级人数在20~30人，一般教学过程在实验室进行，因此在我国大班教学中广泛应用这一模式仍存在实际困难，且已有的建模教学注重从专家的建模过程来设计，未从本质上考虑学生心智模型的进阶。

为打通“建模教学”、“心智模型”和“学习进阶”之间的联系，使研究真正接地气，深入的理论研究和扎实的实践支撑才是出路所在。本书首先以 Stella Vosniadou、Andrea A. diSessa 等人的观点作为理论基础，并借鉴 Shawn Y. Stevens、Joseph S. Krajcik 等人构建的多维度进阶假设模型，从科学性和完整性的角度，建构学生心智模型进阶的理论框架。然后，以 Ibrahim Halloun、John J. Clement 的建模教学理论作为理论基础，结合我国大学物理教学的实际，从建模要素和学生心智模型进阶两个维度建构导引式物理建模教学模式。接着，选取大学物理中的“静电学”内容，基于物质科学中的“物质”和“相互作用”这两个核心概念，将静电学所涉及的模型划分为实物物质的微观结构模型、电场模型和静电相互作用模型三大类，并建构进阶假设。在此基础上，编制测试量表。最后，开展教学设计，并在两个对照班（实验组和控制组）进行教学实践，比较和分析了两组学生教学前后心智模型各层级的分布、主要进阶路径、学生对模型本质的理解及学生对不同教学模式感受的差异。

如今，建模教学已被越来越多的国内一线教师所熟知，但如何结合本校资源、教学内容特点和学生初始状态来优化建模教学设计仍是一个值得关注的问题。本书对从理论到实践对比的各方面进行了详细论述，且有大量一手案例、素材和测试量表，期望为我国物理建模教学的实践提供帮助。

张静

2016 年 12 月

目　录

绪 论

近年来，模型（Model）与建模（Modeling）的教育价值逐渐得到科学教育研究领域的重视。模型作为科学中各学科的跨学科概念之一，建模作为一种认知要求、科学探究或科学和工程学实践的要素，被明确写入了多个国家（地区）的课程文件中。反思我国大学物理教学，未能很好培养学生的认知方式和建模能力。因此，大学物理教学迫切需要探索和运用有利于学生认知发展的现代教学模式。

一、研究的背景

1. 模型与建模在科学学习中的重要性

在科学中，模型是对真实世界的一种表征，它是科学家对复杂现象提出的合理且简化的形式、过程及功能[1]。建模即模型的建构，是从复杂的现象中抽取出能描绘该现象的元素或参数，并且找出这些元素或参数之间的正确关系，建构足以正确描述、解释该现象的模型的历程[2]。纵观整个科学史，科学家的工作内容以及科学家进行思考与推理的方式有一个很重要的特征，就是建构模型。许多学者提出科学即建模的观点。例如在运动学领域中，伽利略提出单摆、自由落体运动的模型；在光学领域，关于光的本质，笛卡儿、惠更斯及胡克等支持波动说模型，牛顿、拉普拉斯、马吕斯等支持粒子说模型，爱因斯

---

[1] RUBINSTEIN M，FIRSTENBERG I. Patterns of problem solving[M]. Englewood Cliffs：Prentice-Hall，1995.

[2] JUSTI R S，GILBERT J K. Modeling，teachers' views on the nature of modeling，and implications for the education of modelers[J]. International Journal of Science Education，2002，24（4）：369-387.

坦等人则提出波粒二象性模型；对于原子结构，道尔顿提出实心球模型，汤姆生提出葡萄干蛋糕模型，卢瑟福提出行星模型，玻尔提出量子化轨道模型，薛定谔提出电子云模型。

近年来，模型与建模作为重要的呈现方式与不可或缺的能力，已经被认为是科学家从事科学探究，科学教师讲授科学知识，以及学生学习科学知识等过程中非常重要的工具与沟通桥梁。在科学学习过程中，模型是一种很重要的表征方式，有研究表明，当学生知道更多的模型之后，学生的科学学习表现较好[1]。而且，科学的模型与建模的过程可以让学生发展元认知能力，从而了解科学团体探究科学现象的过程以及熟悉知识如何被建构与发展，也可以让学生学习反思，了解自己对于科学知识的理解[2, 3]。通过建模的历程，学生可以将建模与探究的知识迁移至科学的知识内容，并且了解宏观现象与微观现象两者之间的关系与转换[4]。在科学与技术迅速发展的21世纪，模型与建模在科学学习中的重要性日益凸显。

2. 国际科学教育研究领域对模型和建模的关注

在科学教育研究领域，科学概念的学习与建立一直是科学教育研究者十分重视的一个基本课题，1980年至今的四十多年来，从迷思概念的研究，到认知研究的蓬勃发展，都是围绕这个课题展开的。近年来，认知科学家们将迷思概念的研究拓展到更深的心理层面，即对心智模型（Mental Model）展开大量研究。自德国基尔大学的Duit与澳大利亚科廷大学教授Treagust[5]提出概念转变是促进科学学习的有力框架（Powerful Framework）之后，“模型导向的学习（Model-based Learning）”与“建模教学（Modeling Teaching）”两大议题的研究开始受到学术界的关注。

[1] HODSON D. Re-thinking old ways: Towards a more critical approach to practical work in school science[J]. Studies in Science Education, 1993, 22(1): 85-142.

[2] CLEMENT J. Learning via model construction and criticism[M]//GLOVER J A, RONNING R R, REYNOLDS C R. Handbook of creativity. New York: Plenum Press, 1989.

[3] COLL R, FRANCE B, TAYLOR I. The role of models/and analogies in science education: Implications from research[J]. International Journal of Science Education, 2005, 27(2): 183-198.

[4] ERGAZAKI M, KOMIS V, ZOGZA V. High-school students' reasoning while constructing plant growth models in a computer-supported educational environment[J]. International Journal of Science Education, 2005, 27(8): 909-933.

[5] DUIT R, TREAGUST D F. Conceptual change: A powerful framework for improving science teaching and learning[J]. International Journal of Science Education, 2003, 25(6): 671-688.

在 ERIC（Education Resources Information Center）数据库中，搜索关键词（Keywords）名称——“Model Study”或“Modeling Teaching”，得如图 1 所示结果，可看出“基于模型学习”或“建模教学”的研究在 2003 年后呈现较为显著的上升趋势。

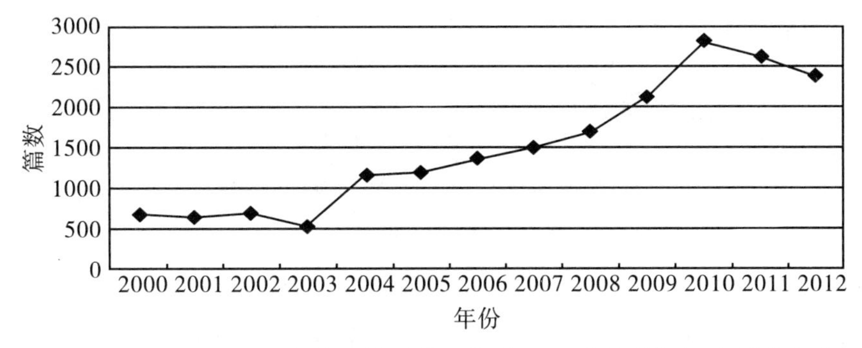

图 1　ERIC 数据库关于“基于模型学习”或“建模教学”的文献数量分布

在 ERIC 数据库中设定年限范围，以“Physics”和“Model/Modeling”为关键词进行搜索，得如图 2 所示结果，可看出物理教育中关于“模型”和“建模”的研究同样在 2003 年后呈现较为显著的上升趋势。

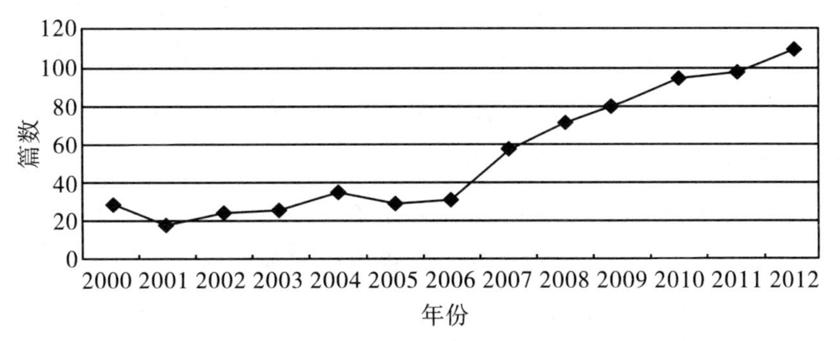

图 2　ERIC 数据库物理教育研究文献中关于“模型”和“建模”的文献数量分布

在 ERIC 数据库中搜索关键词名称——“Physics”，2000~2012 年共计文献 5420 篇，ERIC 数据库“相关主题”智能统计提供各个主题对应文献数比例如图 3 所示，显然关于教学方法和科学概念的研究为主要研究主题，而与“模型”有关的文献数比例也占到 10%。

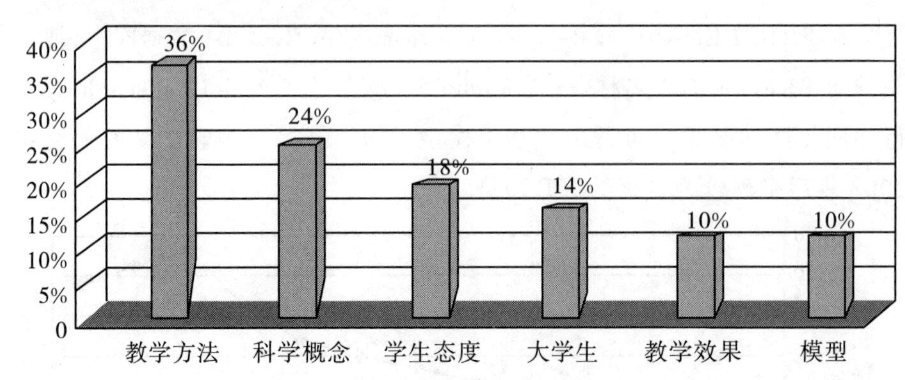

图 3　2000~2012 年 ERIC 数据库物理教育研究文献部分主题比例分布

而且，在 ERIC 数据库中，输入“Conceptual Change”关键词，检索 2000 年到 2012 年的文献有 2162 篇，输入“Conceptual Change”和“Model/Modeling”关键词进行检索，有 536 篇。因此，有四分之一与概念转变相关的文献会提到“模型”或“建模”对概念转变的影响。现在的概念转变研究，已经深究至心智模型的发展，尤其关注的是教学策略如何帮助学生发展或修正原有的心智模型，并建立正确的科学模型。

20 世纪 80 年代，认知心理学家开始对心智模型的概念、组成、类型和特性进行研究，亚利桑那州立大学的 Hestenes 教授开始研究物理学中的建模教学，但主要针对力学内容进行研究。

20 世纪 90 年代初，中国台湾学者开始在科学教育中展开对心智模型的探讨，并对学生的建构性学习过程中心智模型的诊断与表征给予了极大的关注[1]。20 世纪 90 年代末至今，模型与建模成为台湾科学教育领域的研究热点和重要方向。台湾师范大学科学教育研究所邱美虹教授的研究团队、高雄师范大学科学教育研究所洪振方教授的研究团队对心智模型和建模教学开展了大量研究。2002 年前后，邱美虹等人研究了学生存在的电流心智模型，以及多重类比探究教学策略对心智模型转变的影响[2]。2008 年前后，邱美虹研究团队开始转向建模教学与建模能力方面

[1] 王文清. 促进认知转变的探究教学模型研究[D]. 北京：北京师范大学，2012.
[2] 邱美虹，林静雯. 以多重类比探究儿童电流心智模式之改变[J]. 科学教育学刊，2002，10（2）：109-134.

的研究，建立起本体论、认识论、方法论的建模能力理论架构[1]，探讨了模型、心智模型、实体或现象之间的关系[2]，用实证方法对高中生的模型及建模历程问题进行了研究[3]，对学生在特定学习中的心智模型及其发展进行了研究[4]。洪振方等人主要从建模教学角度研究建模教学对学生科学学习动机、科学模型理解的影响。大陆地区近年来也开始关注模型与建模研究领域，山东师范大学毕华林教授的博士生张丙香[5]对高中生化学反应三重表征心智模型进行了研究，南京师范大学李广洲教授的研究生杨茜[6]对中学生关于原子、分子心智模型的建构进行了研究，淮阴师范学院教育系袁维新教授[7,8]对心智模型的建构过程和基于模型建构的教学模式进行了探讨，广西师范大学罗兴凯教授的团队[9]对实验情境下的学生心智模型和学生建构物理模型进行了初步研究。

在国际科学教育研究的影响下，近年来模型与建模以不同形式被明确写入多个国家（地区）的课程文件，有些科学教育研究较发达的国家的课程文件甚至以模型为主线进行架构。

（1）美国《K—12科学教育的框架：实践、跨学科概念和核心观念》和《下一代科学标准》

早在1989年，美国“2061计划”的首部出版物《面向全体美国人的科学》就将“模型”作为实现跨学科整合理解的四大共同主题（Common Themes）之一。1996年颁布的《美国国家科学教育标准》将“证据、模型和解释”作为五个科学统一的概念和过程（Unifying Concepts and

[1] 邱美虹. 模型与建模能力之理论架构[J]. 科学教育月刊，2008（306）：2-9.
[2] 邱美虹，刘俊庚. 从科学学习的观点探讨模型与建模能力[J]. 科学教育月刊，2008（314）：2-20.
[3] 林静雯，邱美虹. 从认知/方法论之向度初探高中学生模型及建模历程之知识[J]. 科学教育月刊，2008（307）：9-14.
[4] 张志康，林静雯，邱美虹. 从方法论向度探讨中学生对模型与建模历程之观点[J]. 科学教育研究与发展季刊，2009（53）：24-42.
[5] 张丙香. 高中生化学反应三重表征心智模型的研究：以氧化反应为例[D]. 济南：山东师范大学，2013.
[6] 杨茜. 中学生关于原子、分子心智模型的建构[D]. 南京：南京师范大学，2012.
[7] 袁维新. 概念转变的心理模型建构过程与策略[J]. 淮阴师范学院学报（哲学社会科学版），2010，32（1）：125-129，140.
[8] 袁维新. 论基于模型建构的概念转变教学模式[J]. 教育科学，2009，25（4）：31-35.
[9] 任文俊. 黑箱实验情境下学生建构物理模型的初步研究[D]. 桂林：广西师范大学，2010.

Processes）之一，并指出“模型是对应于真实物体、事件或一类事件的具有解释力的暂时性图式（Tentative Schemes）或结构。模型可以帮助科学家和工程师了解事物的运作方式。模型有很多形式，包括物体、计划、心智构造物、数学方程式和计算机模拟”。

美国2012年颁布的用来指导新一轮科学课程标准修订的《K—12科学教育的框架：实践、跨学科概念与核心观念》[1]（以下简称《新框架》）和2013年发布的美国《下一代科学标准》[2]（以下简称《新标准》）则将“系统和系统模型”作为科学和工程学的七个跨学科概念（Crosscutting Concepts）之一。《新框架》和《新标准》十分强调模型和建模在科学教育中的作用和地位，认为其是一种可以在各科学课程中进行迁移的知识和能力。《新框架》则明确将模型分为“心智模型（Mental Models）”和“概念模型（Conceptual Models）”，并界定“心智模型是内在的、个体的、异质的、不完全的、不稳定的和本质上具有功能性的，它们是推理、做出预测和理解经验的工具。相反，概念模型则是外部表征，科学和工程学中应用的概念模型在结构上，或功能上，或行为上类似于它们表征的现象，概念模型包括图像、复制品、数学表征、类比和计算机仿真。概念模型某种程度上是对科学家们心智模型外部的清晰诠释，并且与心智模型具有强相关。在科学学习中，一个可理解的概念模型能够帮助学生建构和修正关于现象的心智模型，科学的心智模型反过来能够帮助学生更深入地理解科学概念，并促进学生的科学推理”。与《美国国家科学教育标准》相比，《新框架》对模型进行了明确分类，强调了模型解释和预测的功能。将心智模型作为模型的一种，强调了其在个体模型建构过程中的作用，是《新框架》关于模型认识的一个突破性发展，也是美国近20年来科学教育研究领域关于模型的研究成果在课程文件中的体现。

《新框架》指出科学教育应使学生具有对复杂系统进行分析和建模的能力，以及会使用各种各样的表征来解释这些模型。科学教育的主要工

[1] National Research Council . A framework for K-12 science education: practices, crosscutting concepts, and core ideas[M]. Washington DC: National Academy Press, 2012.

[2] Achieve. The next generation science standards-appendix A[EB/OL]. [2013-04-16]. http: //www.nextgenscience.org/sites/ngss/files/ APPENDIX A-Conceptual Shifts in the Next Generation Science Standards.pdf.

作应该是帮助学生逐步完善和发展自己的心智模型，从而使他们最终能够更好地建构科学的理论和理解。学生们应在解释新情境或解决新问题时应用这些心智模型，而发展和应用多重表征是完善心智模型的关键步骤。建模是科学和工程学以及任何科学和工程学教育中的一个重要实践。

（2）澳大利亚《维多利亚州物理课程标准》

2008 年澳大利亚颁布的《维多利亚州物理课程标准》[1]将“建模”纳入认知水平的第三个层级（如图 4），其建模的定义为使用熟悉的和已知的概念或结构来促进对新的和更复杂概念的理解与建构，并给出典型学习样例——能够使用某种描述、模式、计划或两至三维的表述来表征一些事物、概念、系统或进程的结构与操作。其建模的含义强调了学生概念模型的建构，且建模与应用处于同一认知水平。

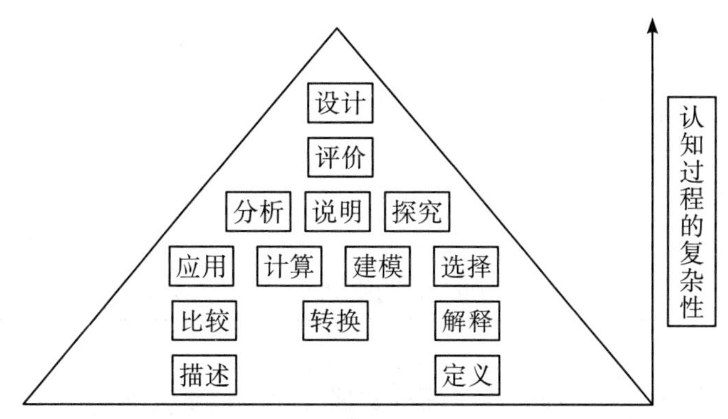

注：高等级的认知过程包括所有低于它的认知过程

图 4 认知要求所对应的行为动词

该课程标准还体现了围绕少量核心模型组织科学内容的思想，其 4 个单元知识均围绕 1~2 个模型展开（如表 1），如物质的粒子模型、原子核模型、电路模型、波和光子模型、太阳系模型、宇宙模型等。课程理念和课程目标明确指出“学生应积极讨论理论和模型的本质”，每个单元的前言部分专门强调该单元学生需要掌握和应用的物理模型。

[1] Victorian Curriculum and Assessment Authority. Victorian certificate of education study design: Physics[M]. East Melbourne: Victorian Curriculum and Assessment Authority, 2008.

表1 澳大利亚单元知识的学习要求

单元	学习要求	
	学习领域1	学习领域2
单元一（核与电）	学生能够解释核反应和放射性的起源和应用，建立相关的模型，认识它们对生物、环境和工业的影响	学生应能在一些简单的直流电池供电设备、汽车和家用（交流电）电路系统中研究和应用基础的直流电路模型，并描述个人和社会用电的安全和有效性
单元二（运动与光）	学生应能按照亚里士多德、伽利略和牛顿的理论对质点和物体的运动进行研究、分析并建立数学模型	学生应能描述和解释光的波动模型，能与光的粒子模型进行比较，并将其应用到实际研究观察到的光现象中
单元三（运动、电子学和光学）	学生应能通过实验研究运动及相关的能量转化，并能在运输和相关安全问题、太空中的运动情境下应用牛顿的一维和二维运动模型	学生应能研究、描述、比较和解释电学和光学器件的操作，并分析它们在家庭和工业系统中的使用
单元四（电能、光与物质的相互作用）	学生应能研究和解释电动机、发电机和交流发电机的运作，以及发电、输电、配电和电能的使用	学生应能使用波和光子模型来分析、解释和说明光与物质的相互作用，以及原子的量子化能级

（3）法国《法国普通高中理科物理—化学教学大纲》

2010年法国颁布的《法国普通高中理科物理—化学教学大纲》高一阶段绪论部分指出：高一物理—化学教学作为延续初中取得的成果和公共知识技能基础教育的一部分，将更加重视定律和模型的作用，因为这些定律和模型可以帮助我们描述和预测自然的行为。在其终结阶段[1]绪论部分指出：高中终结阶段的物理—化学教学应循序渐进，并调动本学科基础的科学方法和知识体系，围绕科学探究的几大步骤——观察、建立模型及实际操作——组织教学。可见，法国高中课程标准将建模作为科学探究、组织教学、课程体系的主要内容之一。

[1] 法国高中分为两个阶段，定向阶段（高一）和终结阶段（高二和高三）。

（4）芬兰《科学课程标准》

2003 年芬兰颁布的《科学课程标准》[1] 物理部分指出：物理教学评价应关注学生获得的物理能力及应用能力，尤其是使用数学模型的能力。在高中物理必修课程目标中指出：理解在自然科学中知识是如何通过相关模型建构起来的。选修课程目标明确指出：用数学和图表表征自然现象和模型；建构物理模型并能用这些模型进行预测；使用信息和通信技术检验和阐述物理模型。可见，芬兰《科学课程标准》将应用模型的能力纳入评价体系，并在具体课程目标中强调模型的表征、预测功能。

（5）美国《密歇根州高级中学课程内容期望》

2010 年美国颁布的《密歇根州高级中学课程内容期望》[2] 中将科学素养的实践分为确认（Identifying）、应用（Using）、探究（Inquiry）、反思和社会应用（Reflection and Social Implications）四种实践形式。其中“确认”包括陈述和说明模型、理论等（图 5 的三角形内部）;“应用”包括使用科学模型和模式（Patterns）来解释或描述具体的观察（图 5 中向下箭头）;“探究”包括寻找和解释数据中的模式（图 5 中向上箭头）;“反思和社会应用”包括技术是模型和理论对解决实践问题的应用（整个图 5）。可见，《密歇根州高级中学课程内容期望》将模型和理论放在了知识和实践的金字塔最顶端，模型是在观察、测量的基础上建立起来的，需要用定律、归纳、图、表进行表征，模型与理论有同样的重要性。显然，模型和建模是科学素养实践中最重要的部分之一。

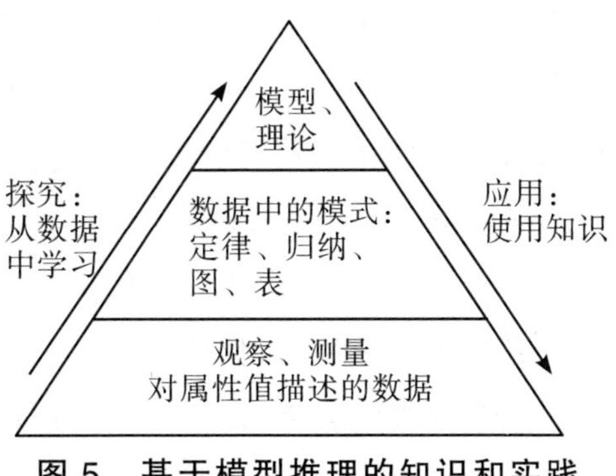

图 5　基于模型推理的知识和实践

[1] Finnish National Board of Education. National core curriculum for upper secondary schools[M]. Vammala：Vammalan Kirjapaino Oy，2003.

[2] Michigan State Board of Education. Michigan high school science content standards and expectations [M]. Lansing：Michigan Department of Education，2010.

（6）英国《英国国家课程——科学》

2004年英国修订的《英国国家课程——科学》[1]在“科学如何进行”中指出应教给学生如何使用科学理论、模型与猜想，提出对各种现象的解释。可见，英国的科学课程标准同样将模型作为科学实践的一个内容。

模型作为对真实事物的表征，是科学发展的重要元素，是科学家和工程师进行探究和创造的基础。建模作为科学学习中的一种重要能力，已经得到了科学教育研究领域和科学课程文件的重视。模型作为科学各学科的共通概念之一，建模作为一种认知要求、科学探究或科学和工程学实践的要素，都被明确写入了美国密歇根州、澳大利亚维多利亚州、英国、法国、芬兰的课程标准，并不同程度地体现了它们在科学课程中的重要性。美国的《新框架》和《新标准》是最凸显模型和建模重要性的国家课程文件之一，对模型和建模的各个方面进行了详细界定和阐述。要凸显物理模型建构在物理学习中的重要性，不仅应将其明确写入课程文件，还应围绕其开展理论和实践研究，从而促进学生物理思维品质的提升。

3. 大学物理教学现状迫切需要研究模型与建模的相关问题

大学物理作为理工科大学生的基础必修课程，对培养学生科学素质和创新能力的重要性不言而喻。但随着传统的大学物理教学效率低下，学生越来越不喜欢上大学物理理论课等一系列现象的暴露，大学物理课程正陷入“教师难教、学生厌学”的尴尬境地，大部分学生感到大学物理课程枯燥乏味，因而缺乏学习兴趣和动力。

目前，在我国大多数理工科高校中，由于大学物理课时数少、内容多、学生多等客观条件的制约，大学物理课程不得不采用学生合班上课的形式，教学方法仍主要采用单一的讲授式教学。在这种教学方法下教师占据了课堂的主体地位，教师很少关注学生在教学前的状态和想法，也就很难从学生的实际情况入手展开教学活动。

传统的讲授式教学方法虽可在较短的时间内向学生传输大量信息，但其对于学生的概念发展、探究能力和认知方式的培养都是不利的。这是因为传统讲授式教学通常不符合大多数学生学习物理的认知规律，不

[1] Qualifications and Curriculum Authority. The national curriculum for england science[M]. London: Department for Education and Skills, 2004.

能使学生有效地自主建构概念和在真实情境中解决问题，不能使学生建立起具有内在一致性的概念化知识结构，不能促进学生问题解决能力和探究能力的提升。同时，学生的概念表征形式和真实世界之间缺乏联系。

要解决大学物理教学的困境，必须树立正确的教学目标，即通过物理教学帮助学生掌握认知世界的方式——模型与建模，并反思物理教学目标和教学实践之间的差距，研究造成差距的原因及相应解决办法。显然，学生被动地学习物理知识是低效的学习方式，学生只有参与认知和掌握认知方式，才能深层次地理解物理核心概念的含义和应用。因此，大学物理教学迫切需要在了解学生已有心智模型的基础上，在现有的教学条件下改革传统教学模式，探索和运用有利于学生认知发展的现代教学模式。建模教学正是针对上述问题提出的一种教学模式，旨在帮助学生在学习物理的过程中发展自己的模型，并使其最终与科学模型达成一致。可见，开展大学生心智模型和大学物理建模教学的研究是十分必要和迫切的。

4. 静电学核心概念高度抽象，且缺乏深入有效的研究

静电学在电磁学中占有重要地位。其重要性首先在于要让学生建立场的概念模型，明确带电体之间的相互作用是通过电场来实现的；其次在认识论和方法论上，对静电场特性的认识过程和对其遵从规律的研究方法在整个电磁学的学习中具有指导意义；最后从真空中静电场这一简化模型推广到静电场中的导体和电介质这一实际情况，不仅在理论上有重大的意义，还可以加深学生对静电场的认识，并且在应用上也有重大作用。

静电学是一个具有挑战性的教学内容，因为电场、电势等核心概念并不是学生日常生活所熟悉的，它们具有较高的复杂性和抽象性。这些概念并不独立，相互之间紧密联系，每个物理量都可从多个角度进行推导，应用哪个物理量取决于问题给定的情境。例如，电场强度可以从电荷、电场强度通量、电场力或电势推导出来。在问题解决过程中选择合适的模型对于学生来说可能是一个挑战，学生需要克服给定情境问题的抽象性和复杂性。

同时，静电是日常生活中经常遇到的现象，学生关于静电学有很多迷思概念。但是，与物理学中的其他主题不一样，关于静电学的迷思概

念和概念转变的困难性并没有进行深入的研究。Maloney 等人（2001）注意到用评价工具来评价学生关于电磁学的概念是一个不同于物理学其他主题的任务[1]。研究表明静电学的研究主要关注电场力和电场概念（Esra bilal，2009），但这些研究主要针对学生关于静电学的迷思概念，在电磁学中关于心智模型的研究并不多。俄亥俄州立大学 Rasil Warnakulasooriya[2] 的博士论文对学生关于电磁学的心智模型进行了研究，设计出一套共计 64 题的测试学生心智模型的情境依赖性的测试卷，涉及静电学部分的问题有 34 个。但是该研究只是通过调查和访谈的方法对学生存在的错误心智模型进行了分析和总结，并未将学生的心智模型进行分类，也未对心智模型的产生机制进行系统分析。其他关于电磁学中的心智模型的研究主要集中在对电流和电路的模型的研究（Osborne et al.，1985；AMold et al.，1987；Osbome，1983；Magnusson et al.，1997；Magnusson，1997；邱美虹 等，2002）。

关于静电学的教学策略和教学案例的研究同样要比其他主题（如力学和光学）少得多。最早开展物理建模教学研究的 Hestenes（1986）对力学建模教学进行了系统研究，并开发了相应教材。还有些研究通过计算机仿真等可视化工具来促进学生理解关键电磁学概念模型[3]。Sokoloff 和 Thornton[4] 设计了交互式演示（ILD）让学生参与观察、思考和讨论，通过相异现象来发展学生的概念。加利福尼亚州立大学 Valerie K. Otero（2001）的博士论文对静电学的学习过程和计算机仿真教学的作用进行了研究，但其教学过程主要是利用计算机仿真技术帮助学生建立抽象概念，而并未强调建模过程。台湾的邱美虹、洪振方主要针对的是科学课程，研究内容主要涉及力学、理想气体动理论、人体体温恒定性、热传播、

---

[1] BASER M，GEBAN O. Effect of instruction based on conceptual change activities on students' understanding of static electricity concepts[J]. Research in Science & Technological Education，2007，25（2）：243-267.

[2] WARNAKULASOORIYA R. Students' models in some topics of electricity and magnetism[D]. Columbus：Ohio State University，2006.

[3] CASPERSON J M，LINN M C. Using visualization to teach electrostatics[J]. American Journal of Physics，2006，74（4）：316-323.

[4] SOKOLOFF D R，THORNTON R K. Interactive Lecture Demonstrations：Active Learning in Introductory Physics[M]. Hoboken：Wiley，2004.

光学、酸碱盐等主题，研究对象主要为中小学生，尚未对静电学内容和大学生心智模型和建模教学进行研究。因此，专门针对静电学部分开展建模教学的研究并不深入。

二、研究的意义

1. 研究的理论意义

一是对于心智模型和学习进阶研究的意义。关于心智模型的研究，当前认知心理学和科学教育研究领域虽已有大量较有影响的观点和认识，但是，整个研究领域无论在心智模型的定义、组成和结构上，还是在心智模型的类型和发展机制上，均未达成共识，特别在心智模型类型和层级的划分上并未提出明确的划分依据。而在学习进阶研究方面，不同研究者提出了不同的进阶变量。本书在梳理大量已有研究结果的基础上，首创性地提出以心智模型的科学性和完整性作为进阶变量，建构的心智模型进阶的理论框架和心智模型进阶层级的判断矩阵，将进一步充实心智模型和学习进阶研究领域的理论基础，并对分析学生心智模型的进阶层级具有实践意义。

二是对学生静电学概念理解研究的意义。在物理学中，关于学生心智模型的研究主要集中在光学、声学、力学、热传递、电流、原子结构等内容上，静电学的已有研究主要是从零碎的迷思概念的角度展开，尚无研究者从系统的角度来研究学生静电学的心智模型。本书首创性地基于物理学中物质和相互作用这两个核心概念，将静电学的科学模型划分为实物物质的微观结构模型、电场模型和静电相互作用模型三类，并通过纸笔测试和访谈的方法描述和检测了学生静电学心智模型的层级。本书研究将充实静电学心智模型研究领域的实证结果。

2. 研究的实践意义

首先是建模教学研究的意义。已有的建模教学大多采用工作坊（Workshop）的方式开展，班级容量在30人左右，显然不适合在我国大班教学情况下开展。本书研究借鉴了概念转变教学中为适合大班教学所采用的修正方式，并首次明确从教学要素和学生心智模型进阶两个维度，构建了基于学生心智模型进阶的导引式物理建模教学模式，整合了心智模型、学习进阶和建模教学的思想。这是本书研究的一大创新，为我国大学物理教学提供一种可供选择的教学模式，具有一定的理论和实践意义。本书研究还开发出大量静电学建模教学的教学设计和素材资源，能为一线教师提供一手素材和鲜活案例，从而更有利于建模教学被一线教师所接受，并得到推广。

其次是测试工具开发和统计方法的意义。在本书研究中，编制的静电学心智模型测试量表采用多个情境来考查学生对同一个模型的认识，并采用二阶测试和访谈的方式来确定学生的心智模型。心智模型测试结果的分析采用了Rasch模型、集中度分析、学生心智模型演化路径等多种分析方式，弥补了单一分析方式的不足。

第一章　模型与学习进阶的研究进展

科学教育研究一直以来主要的宗旨就是为了给科学教师提供更好的教学模式，以帮助学生更有效地学习科学知识。因此，近几十年来科学教育研究者最关注的问题有：如何描述和实现学生学习的进阶？学生的学习困难究竟在哪里？为什么学习科学知识是困难的？问题究竟是出在这些科学概念本身，还是学生在日常生活中形成的错误认识限制了学生对科学概念的理解？或是在于教材教法上，教师的教学能否顺利表征并传达科学知识，学生是否能吸收教师表征的科学概念？关于模型和建模的研究为解决这些问题开辟了新的思路，因为模型和建模除了可协助学生进行表征外，还可以促进学生理解概念，形成探究技能和进行系统性思考。许多学者指出，学校的科学教育也应创设学习情境，让学生通过不同的模型来进行推理，从而使学生得到发展。

本章对科学教育界有关模型及学习进阶的相关研究进行了文献整理，分别从模型、心智模型、学习进阶、建模教学的角度进行阐释。

第一节　模型的相关研究

生活中常可以听到“模型”这个词，人们在许多领域中使用模型。近年来，教育研究文献中已开始独立针对模型进行相关的论述，尤其在科学教育领域。因为在科学知识中，有相当部分主题属于微观系统，例如物理中的原子、电荷、理想气体模型等，化学中的动态平衡、气体粒子、氧化还原及电化学的反应机制等，生物中的循环系统等。这些主题通常都是抽象概念，是人们无法通过直接感官经验获得的，而要理解这些微观系统时，科学模型的应用就十分重要了。目前，国内也有学者开始关注这一问题，虽然相关文献仍很少，但模型在科学教育中的意义已不容忽视。

一、模型的定义和分类

大多数人对模型的观点是将其视为一种实体，一种具体可见的物体，并可配合人们的想法加以修正、改变。模型一词通常被习惯描述成物体或系统的复制实体[1]。但这些描述都是片面的，模型不仅可以代表实体，还可以代表某个想法、物体、事件、过程或系统的表征，模型有一个重要的目的，就是将我们所观察到的现象简化，然后尝试去解释观察到的现象[2]。在科学中，模型被视为是对真实世界的抽象描述，它是科学家对复杂现象提出合理且简化的形式、过程及功能[3]。模型是对现实世界的一种表征[4]。模型即建模历程的产出或成果，模型可以帮助我们理解复杂的自然现象中重要之变因与这些变因之间的关系，模型的本质就是一种作

[1] CARTIER J, RUDOLPH J, STEWART J. The nature and structure of scientific models[R]. The National Center for Improving Student Learning and Achievement in Mathematics and Science, 2001.

[2] GILBERT J K, BOULTER C J, ELMER R. Positioning models in science education and in design and technology education: Developing models in science education[M]. Dordrecht: Kluwer Academic Publishers, 2000: 3-17.

[3] RUBINSTEIN M, FIRSTENBERG I. Patterns of problem solving[M]. Englewood Cliffs: Prentice-Hall, 1995.

[4] 刘儒德. 建模：一种有效的建构性学习方式[J]. 心理科学进展，2003，11（1）：49-54.

为解释与预测复杂自然现象的工具[1]。

模型这个名词迄今仍未达成一致的看法，但可找出这些定义的共性，即模型是对真实世界的一种表征，可以表征物体、事件、系统、过程以及物体或事件间的关系，并能用实体、符号、图像、文字等多种形式进行表征。

Gilbert 和 Boulter（2000）将模型分为心智模型、表达模型、共识模型、历史模型、课程模型、教学模型、混合模型等 12 种，并针对每一种模型的特点加以说明和解释。

Buckley 和 Boulter[2]则依模型表征的方式，将模型分为以下 6 种。

（1）具体的。3D 实体模型，例如，一个塑料心脏。

（2）言语的。指被听到、阅读到、描述、解释、陈述、辩论、类比和隐喻的模型，例如，心脏类比成一个水泵。

（3）视觉的。被看到的模型，有图表、动画、模拟、影像等，例如，对于月食过程的描述。

（4）数学的。指公式、方程和模拟的模型，例如，行星运动的方程式。

（5）动作的。身体或部分身体的移动，例如，以学生相互围绕的运动来表示太阳系中行星的运动。

（6）混合型的。将上述模型任意组合的结果，例如，附有诠释的心脏结构图。

Harrison 和 Treagust[3]将模型分为科学性和教学型模型，用来建立概念知识的教学类比模型，描述多重概念和过程、实体、理论和过程的个人化模型。这些类别还以不同方式呈现，如尺度模型、教学类比模型、图像与符号模型、数学模型、理论模型、地图、图形和表格、概念－过程模型、模拟、心智模型、综合模型等形式。

[1] 谢甫宜，宋欣蓉，洪振方. 建模本位探究教学增进学生建模与应用建模之历程[C]. 台湾：第27届科学教育学术研讨会论文合集，2011：17-20.

[2] BUCKLEY B C，BOULTER C J. Investigating the role of representations and expressed in building mental model：Developing models in science education[M]. Dordrecht：Kluwer Academic Publisher，2000：119-135.

[3] HARRISON A G，TREAGUST D F. A typology of school science models[J]. International Journal of Science Education，2000，22（9）：1011-1026.

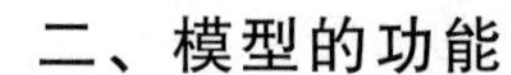

二、模型的功能

模型有什么重要价值？科学模型为什么在科学教学中如此重要？从科学知识的本质来看，发展科学知识最主要的价值在于对自然世界的理解，而为了达到这个目的，对于实体、现象，甚至科学家所产生想法的描述是需要通过某种形式表征出来的[1]。许多学者也指出，科学模型最重要的功能之一就是在于模型本身表征的能力（Giere，1999；Morrison et al.，1999；Nersessian，1999）。正因为模型可以针对某个目标对象（或许是一个自然现象，或许是一个事件、一个过程）进行表征，科学家才得以通过模型进行推论而产生出概念（Justi et al.，2005）。通过科学概念模型，科学家可以进行模型分析，并针对物理系统描绘出他们的推理并表征在模型上。

Doerr 及 Tripp[2]指出模型被用来描述、解释实证资料所蕴含的关系、类型和结构，当模型被建构出来之后，它还会被用来预测接下来可能会发生哪些情况。例如：伽利略建构“摆”的模型，从而解释和预测影响摆运动周期的原因；卢瑟福以“行星模型”解释原子中各种粒子的位置，让我们对原子结构有初步的理解；库仑提出点电荷简化模型和库仑定律，从而使电磁学研究从定性研究走向定量研究，使其成为一门真正的科学；法拉第为了描述电磁作用，构想出“力线”模型；麦克斯韦用一个想象的物理模型对电磁学领域做出了一个数学描述，即新的电磁场模型建立。模型在科学教学法中同样扮演着重要的角色，其主要价值在于提供我们认识世界的方式[3]。

林静雯与邱美虹[4]指出模型在科学上有七个功能：（1）简化复杂现象，易于思考；（2）提供更容易理解的方式以了解理论；（3）提供理论

---

[1] JUSTI R，DRIEL J V. A case study of the development of a beginning chemistry teacher's knowledge about models and modeling[J]. Research in Science Education，2005，35（2-3）：197-219.

[2] DOERR H M，TRIPP J S. Understanding how students develop mathematical models[J]. Mathematical Thinking and Learning，1999，1（3）：232-254.

[3] FRANCO C，DE BARROS H L，COLINVAUX D，et al. From scientists' and inventors' minds to some scientific and technological products：Relationships between theories，models，mental models and conceptions[J]. International Journal of Science Education，1999，21（3）：277-291.

[4] 林静雯，邱美虹. 从认知/方法论之向度初探高中学生模型及建模历程之知识[J]. 科学教育月刊，2008（307）：9-14.

的预测能力，一个结构化与机械化的维度；（4）强化理论的预测能力；（5）提供理论发展的方式；（6）提供相关理论深刻理解与想象的媒介；（7）提供实验与观察的理论推导。

三、对模型本质理解的研究

学生是如何理解和认识模型的？不同年级学生对模型本质的理解情况如何？学生与专家对模型本质的理解有哪些差异？对模型本质理解的好坏是否会影响学生对概念的学习和理解？许多学者开展了广泛的研究。

Grosslight[1]等人调查了22位十一年级优等生、33位不同水平的七年级学生以及专家对模型本质的看法，以访谈的方式提取学生对“提到模型会想到什么？”“模型是什么？”“一个事物是否可能有不同的模型？”“模型有哪些功能？”“制作模型要考虑哪些因素？”“模型可否应用于科学研究？”“科学家在什么情况下考虑建构模型？”“科学家在什么情况下会改变模型？”等问题的回答，并根据学生的回答来分析学生对模型认识的不同层级。研究结果表明，两组学生大部分对模型的看法属于“朴素的实在认识论（Naive Realist Epistemology）”，认为模型是实体的不同空间关系的物理复制品；年长的学生更多地了解到模型是为特定目的而设计的，模型的主要功能是帮助沟通。研究还表明专家能区分抽象模型和物理模型，并从建构论的观点认为模型是不同面向的理论表征。

Grosslight等人根据学生对模型和实体关系的描述、模型扮演角色的认识，将被试对模型的认识分为三个层级，并对应于不同模型认识论观点。第一个层级的学生认为模型是玩具或实体的复制品，模型作为实体的复制品并可实际操作；学生虽然知道，但是并不了解为什么模型不具备实体的所有特征。第二层级的学生了解模型是为达到特定的目的而建构，因此模型建构者的想法会影响模型的建构，模型不仅仅是实体的复制品；在某些限制条件下，模型可以改变实体的性质或操作。虽然第二层级的

[1] GROSSLIGHT L，UNGER C，JAY E，et al. Understanding models and their use in science education：Conceptions of middle and high school students and experts[J]. Journal of Research in Science Teaching，1991，28（9）：799-822.

学生对模型可以修正的本质有所了解，但仍然认为只有实体才有模型。专家属于第三层级，认为模型的建构者可以主动评估模型和建构模型的目的之间的关系，模型可以被操作或进一步检验，只要提供更多信息则模型可以修正。Grosslight 等人还指出，一旦模型的信念出现，科学概念也随之发展，因此，科学教学应使学生有更多应用模型的经验，鼓励学生讨论科学探究过程中不同模型扮演的角色[1]。

Treagust、Chittleborough 和 Mamiala[2]编制了一份由 27 道试题构成的测验量表，并对 228 位中学生进行测试，其中八年级学生 69 名，九年级学生 44 名，十年级学生 115 名。该量表将 27 个测验问题经过因素分析后分为五大类型：(1) 模型是多重表征；(2) 模型是精确的复制品；(3) 模型是帮助解释的工具；(4) 科学模型的使用；(5) 模型变化的本质。Justi 和 Gilbert[3]对 39 名小学到大学的科学教师进行关于模型本质看法的访谈，将模型的本质分成七个部分：(1) 模型与事物的对应关系；(2) 模型的功能；(3) 组成模型的实体；(4) 模型的独特性；(5) 模型的稳定度;(6) 模型的预测性;(7) 模型的建立者。Treagust 等人 (2002) 和 Justi、Gilbert (2003) 的研究指出，学生对于模型的认识大都停留在具体的阶段，学生通过个人生活的经验建构出具有个性化的“科学”模型的理解，而这些理解可能并非完全正确，有时会导致学生的相异概念。Gilbert 等人发现教师也认为“模型是某些事物的复制品”且“仅有一种模型是可能的”。

Van Driel 和 Verloop[4]采用测试量表和半结构化访谈的方式对 7 名教学年限超过 10 年的生活或化学教师进行测试和访谈，研究表明，教师

[1] 吴明珠. 从科学史中理论模型的发展暨认知学心智模式探讨化学概念的理解——层析理论的模型化案例[D]. 台北：台湾师范大学，2004.

[2] TREAGUST D F，CHITTLEBOROUGH G，MAMIALA T L. Students' understanding of the role of scientific models in learning science[J]. International Journal of Science Education，2002，24 (4)：357-368.

[3] JUSTI R，GILBERT J. Teachers' views on the nature of models[J]. International Journal of Science Education，2003，25 (11)：1369-1386.

[4] VAN DRIEL J H，VERLOOP N. Experienced teachers' knowledge of teaching and learning of models and modeling in science Education[J]. International Journal of Science Education，2002，24 (12)：1255-1272.

对于学生在模型与建模方面知识的了解是十分有限的，因此无法有效地将建模整合到教学活动的经验中。学生不仅对模型的本质、功能认识有限，且较少有机会能通过模型来建立良好的科学知识架构。

Saari 与 Viiri[1]在综述已有研究的基础上指出，学生日常生活对于模型的观点与学校科学模型的特性是截然不同的（见表 1-1）。其中，科学模型是一种抽象层次较高的表征，可视为一种已知或未知的目标，亦可用来强化科学概念的认识，为科学团体提供一种规范性的语言，并可在检验过程中不断被修正或改变。然而，学生日常生活对模型的观点仅止于一种具体的物体或动作，只是一种复制品，一种尽可能精准的仿造品，并在比较过程中对模型进行修正或改变。

表1-1 学校科学模型的特性与学生日常生活对于模型的观点的对比

学校科学模型的特性	学生日常生活对于模型的观点
科学模型是表征一个可能已知或未知的目标	模型是一个物体或是一个动作
科学模型的目的是表征一个目标，并且协助进行概念化	模型的目的是复制
对于讨论目标的结构和性质，科学模型提供我们描述用的语言	模型的适用性是基于谁制造了模型，但是此模型必须尽可能准确
科学模型能够被检验，并且根据检验来改变	假如模型包含错误，或是它的创造者想要改变它，则模型是可以改变的

周金城[2]设计了评估学生对于模型与现象之间关系认识的调查问卷（李克氏量表），从模型对应实物本质关系、模型对应实物的呈现形式、模型对应实物变化关系三个维度调查中学生对于科学模型本质理解的情况。研究发现学生对于模型本质的迷思有以下三点：（1）42.8% 的学生认为模型与对应物不可呈现扭曲对应，52.9% 的学生同意模型须完全对应特定事物的结构、性质与关系；（2）30.9% 的学生不同意模型可以是符号，

[1] SAARI H，VIIRI J. A research-based teaching sequence for teaching the concept of modelling to seventh-grade students[J]. International Journal of Science Education，2003，25（11）：1333-1352.
[2] 周金城. 探究中学生对科学模型的分类与组成本质的理解[J]. 科学教育月刊，2008（306）：10-17.

21.5%的学生不同意模型可以是过程；（3）8.8%的学生认为对一个特定的现象只有一个正确的模型能给予解释。吴明珠[1]则从认识论的方面探讨学生对科学模型本质的理解，从个体表征、过程和情境三个维度架构了测试问卷。林静雯[2]则从认知和方法论的角度探测高中生对模型的理解，主要调查学生对模型功能的理解，并分为低、中、高三个层次：低层次的学生多认为模型的功能是实体的描述，中层次的学生能将模型的功能拓展至沟通工具，高层次的学生则认为模型是用来发展和检验抽象的想法，并可以解释和预测现象。结果表明，高一学生对于模型低层次功能的得分较高，表明受测学生多认同模型用以描述特定现象、视觉表征及作为参考标准的功能，其中，又以模型提供视觉表征的功能平均分最高，而其他两个层次题目的得分明显低于低层次题目的得分。

Gobert和Discenna[3]让学生应用模型进行推理和建构模型展开学习，研究发现虽然具备朴素或成熟的模型认识论的学生对相关主题的理解或因果关系的了解并无显著差异，但具备成熟模型认识论的学生，在将学习的内容应用于解答如地震为什么会发生等问题时，表现显著优于其他学生。Gobert认为学习者的模型认识论有助于科学概念的整合，以模型为基础的学习应引导学生开展建构模型的学习，并使学生的认识论和模型化历程相互作用。

四、对模型相关研究的述评

对模型相关研究的综述表明，虽然研究者们对模型的界定尚未达成共识，但基本上具有共同的核心意义，即模型代表对物体、事件、关系、过程等的表征，模型可以用实体、符号、图像、文字等多种形式进行表征，具有描述、解释和预测的功能，模型能够被检验，且是不断发展的。在此基础上，研究者对学生关于模型本质的理解展开大量研究，已有研究

[1] 吴明珠. 科学模型本质剖析：认识论面向初探[C]. 台湾：第23届科学教育学术研讨会论文合集，2007.

[2] 林静雯，邱美虹. 从认知/方法论之向度初探高中学生模型及建模历程之知识[J]. 科学教育月刊，2008（307）：9-14.

[3] GOBERT J，DISCENNA J. The relationship between students' epistemologies and model-based reasoning[C]. Chicago：the Annual Meeting of the American Educational Research Association，1997.

主要从学生对模型与实体的对应关系、模型的表征内容和形式、模型的功能、模型的发展性等角度设计问卷进行调查。已有研究表明学生对模型本质的理解存在很多迷思概念，并初步描述出学生对模型本质认识的层级，但研究对象主要集中在中小学生和学科专家，缺乏对大学生的相关研究。关于学生对模型本质理解的研究，需要开展多年级的测试来进一步探索学生认识的发展，学生对模型本质理解的好坏是否会影响到学生对科学概念的学习仍需要进一步的证据。我国尚未深入开展学生对模型本质理解的相关研究，我国学生是否与国外学生一样对于模型本质的理解存在相同的迷思概念？我国学生和国外学生的主要差异有哪些？我国学生对于模型本质的理解是否会随着学习时间的增加而得到进阶？这些都需要借鉴国外已有的研究成果来对我国学生进行调查研究。

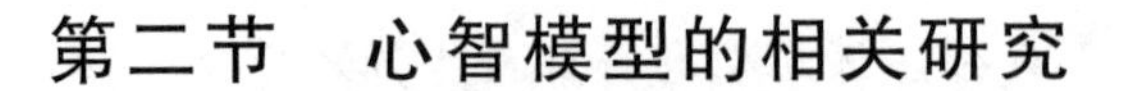

第二节　心智模型的相关研究

学生在概念学习过程中可能持有数以千计与科学概念相异的想法，教师无法在教学中将这些概念一一修正，于是“哪一些概念比其他的概念更不易修正？”以及“这些概念不易修正的原因为何？”成为许多学者想要探讨的问题[1, 2]。许多研究者认为学生的概念组成具有结构性和系统性，如果能从系统的角度来分析学生的学习状况，并找出构成系统的各要素及它如何影响概念系统，将是帮助学生进行概念转变的关键点。认知心理学家将迷思概念的研究拓展到心智模型的研究，并指出要了解学生的学习状况则必须了解学生已有的心智模型，因此本书研究从心智模型的定义、组成和类型、特性、检测方式与结果呈现方式、心智模型与概念转变等方面来进行文献探讨。

一、心智模型的定义

有关心智模型（亦称心智模式）的陈述，最早出现在《解释的本质》（*the Nature of Explanation*）一书中，Kenneth Craik[3]主张个体会在所处周围环境中，自动转译外来事件构建出一个内在模型，而这个模型是依据外在环境的合理性与预测的结果建构的。Craik 认为心智模型就像是外在世界片段的缩影，是由个体要预测及推论外在世界而产生的。Craik 认为心智模型是对外在世界的动态表征或对世界的模拟，并通过操作符号表征来进行推理、产生行动，或觉察到这些符号和外在世界的一致性，但 Craik 对心智模型的表征形式和过程并没有进一步的说明。

[1] CHI M T H. Three types of conceptual change：Belief revision，mental model transformation，and categorical shift[M]//VOSNIADOU S. International handbook of research on conceptual change. New York：Routledge，2008：61-82.

[2] VOSNIADOU S，VAMVAKOUSSI X，SKOPELITI I. The framework theory approach to the problem of conceptual change[M]//VOSNIADOU S. International handbook of research on conceptual change. New York：Routledge，2008：3-34.

[3] CRAIK K J W. The nature of explanation[M]. Cambridge：Cambridge University Press，1967.

其后，Johnson-Laird[1]指出心智模型扮演表征或类比的角色，心智模型的结构反映外在事物的相关状态，是一种假设，一种动态的符号表征，也是一种历程；强调心智模型是特别的表征而非一般的命题，并且会产生心象（Mental Image）。Norman[2]指出心智模型是个体与事物互动后所产生的内在表征。

可见，在20世纪90年代以前，研究者将心智模型视为一种内在表征，必须与周围事物互动，反映出周围事物的相关状态。

20世纪90年代，Vosniadou和Brewer[3]认为心智模型是为了回答、解决问题或是处理某种状况所产生的一种动态结构，源自概念结构，并受其限制。Redish[4]则认为心智模型是由各种概念组合而成的一种结构，是由命题（Propositions）、图像（Images）、程序规则（Rules of Procedure）、何时（When）、如何使用（How）的陈述（Statements）所构成。心智模型同样具有预测或解释某些事件的功能，因此给其冠名模型。Staggers和Norcio[5]认为大部分研究者认为心智模型是物体和物体的关系所构成的组织化结构。巴西学者Greca和Moreira[6]认为心智模型是一种内部表征，是对情境或过程进行的结构化类比，作用是在学生理解语义和试图解释、预测物质世界行为的时候解释个体的推理过程。

麻省理工学院心理学家彼得·圣吉博士的《第五项修炼》[7]中指出，心智模型是一种深植于人们心中的对周围及世界的看法及采取的行动。对一个人的学习而言，最重要的是心智模型的根本转变，并指出心智模型决定行为（见图1-1）。

[1] JOHNSON-LAIRD P N. Mental models：Towards a cognitive science of language，inference and consciousness[M]. Cambridge：Cambridge University Press，1983.

[2] HARRISON A G，TREAGUST D F. Secondary students' mental models of atoms and molecules：Implications for teaching chemistry[J]. Science Education，1996，80（5）：509–534.

[3] VOSNIADOU S，BREWER W F. Mental models of the earth：A study of conceptual change in childhood[J]. Cognitive psychology，1992，24（4）：535–585.

[4] REDISH E F. The implications of cognitive studies for teaching physics[J]. American Journal of Physics，1994，62（9）：796–803.

[5] STAGGERS N，NORCIO A F. Mental models：Concepts for human-computer interation research[J]. International Journal of Man-Machine Studies，1993，38（4）：587–605.

[6] GRECA I M，MOREIRA M A. Mental，physical，and mathematical models in the teaching and learning of physics[J]. Science Education，2002，86（1）：106–121.

[7] 圣吉. 第五项修炼[M]. 张成林，译. 北京：中信出版社，2009.

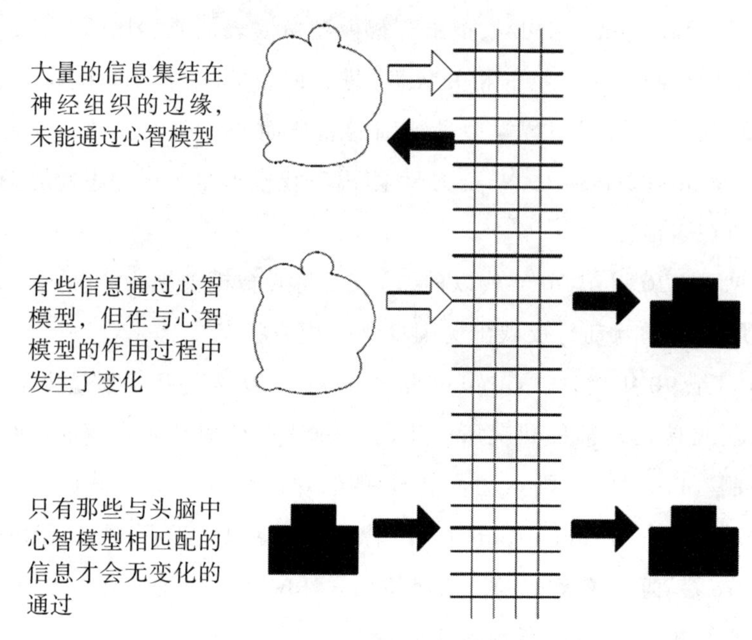

图 1-1 心智模型的作用

邱美虹[1]将 Mental Model 翻译为心智模式，并认为心智模式可从不同的来源整合不同的知识，与现象相关的直接经验或是与许多表征的相互作用均可促成心智模式的建立。

王文清在其博士论文中总结邱美虹等人的研究时指出，一般认为，心智模式是个体用以表达对实体、现象的观察和理解的个体化的心理表征方式，它既是一种个体运作和调节的动态认知结构，也是一种个体拥有的知识架构；心智模式可以通过图像、符号、文字、肢体动作等多元方式加以表征。[2]

由此可以看出，近年来，研究者将心智模型视为一种认知结构或心智结构。

可见，学术界还未对心智模型的准确定义达成共识。总体看来，研究者认为心智模型是长时记忆中的要素与外在情境或刺激物相互作用所产生的内在表征，是对事物（情境或过程）的结构化类比，是个体根据特定目的所形成的动态的认知结构。心智模型起源于个体对于自身经验

[1] 邱美虹. 模型与建模能力之理论架构[J]. 科学教育月刊，2008（306）：2-9.
[2] 王文清. 促进认知转变的探究教学模型研究[D]. 北京：北京师范大学，2012.

与观点的操作，可以当作是一种解释与预测外在世界的工具。

二、心智模型的组成和类型

Norman[1]认为心智模型最主要的角色是让个体可以解释与预测外在世界的各种现象，也反映个体对外在世界的认识，同时提出心智模型包含四个组成：

（1）目标系统（the Target System）。学习者用来学习或使用的系统。

（2）概念模型（the Conceptual Model of that Target System）。由科学家、教师或专家整理出的具有一致性、正确性、完整性，并且与科学知识相符合的知识结构，可用来传送或是指导目标系统。

（3）学习者的心智模型（the User's Mental model of that Target System）。学习者与目标系统交互作用后，对目标系统产生的表征并非一开始就是完全正确的，而是经过不断地与目标系统互动，学习者的心智模型发生持续的修正与精致化，逐渐构建得到切实可行的心智模型。

（4）科学家心智模型的概念化（Scientists' Conceptualization of Mental Model）。即科学家在进行心智模型的运作时，对内在的心智模型给予概念化的一种模型，换言之就是科学家心智模型对应的概念模型。

因此 Norman 认为在进行课堂设计时，必须通过科学家心智模型的概念模型以及学习者的心智模型，去发展出适合且正确的概念模型，使学习者与目标系统交互作用，经过不断地修正与精致化，建立与概念模型最相似的心智模型，让学生可以正确预测目标系统的运作。

Redish[2]认为心智模型中可能包含了相矛盾的元素，并且可能不同于科学模型，但是如果这些心智模型是一致的、稳定的，经过实验验证的，仍可以认为它们是有效的。diSessa[3]认为心智模型作为一个心智结构是由更多的基本认知和知识要素组成的，例如 p-prims（基元）或者概念资

[1] NORMAN D A. Some observation on mental models: Mental models[M]. Hillsdale: Erlbaum, 1983: 7-14.

[2] REDISH E F. The implications of cognitive studies for teaching physics[J]. American Journal of Physics, 1994, 62(9): 796-803.

[3] DISESSA A A. Why "conceptual ecology" is a good idea, in reconsidering conceptual change: Issues in theory and practice[M]. Dordrecht: Kluwer Academic Publishers, 2002: 29-60.

源（Conceptual Resources）。为了形成一个心智模型，这些要素必须以一致的方式组合起来。如果这样的话，它们就具有了模型的特征或模型的某些方面。diSessa 给出了心智模型作为认知结构的最具体的要求：（1）包括一个牢固的、得到很好发展的"基元（Substrate）"知识系统，例如空间推理；（2）允许直接的假设推理；（3）包括少量的、意义明确的因果推理。为了说明这些要求，diSessa 写道："心智模型的定义需要强大的'基本的描述性词汇'，例如，可辨别事物的空间结构；局部因果关系或运行原则，例如'齿轮是通过接触传递运动而工作的'或者'电阻服从欧姆定律'；明确的假设推理，例如'如果这个齿轮以那种方式运动，接触的齿轮就会运动'……"总之，diSessa 认为的心智模型包括可辨认事物的空间结构，系统如何运行的少量原则，某种预测能力。

Vosniadou 和 Brewer[1] 认为心智模型是为了回答及解释问题所产生的一种动态结构，而该心智模型受限于个体本身所具有的概念结构，并发现学生在解释自然现象时有下列三种模型（见图 1-2）。

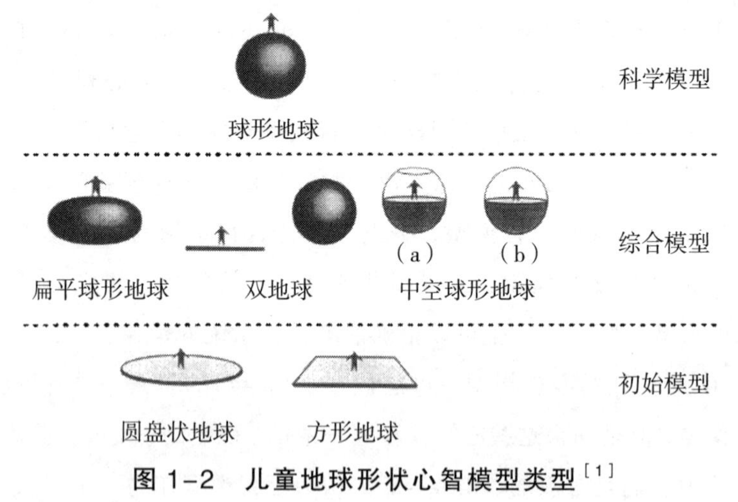

图 1-2 儿童地球形状心智模型类型[1]

（1）初始模型（Initial Models）。表示儿童基于日常生活的经验建构出的心智模型，是由信念组成的。

（2）综合模型（Synthetic Models）。儿童基于日常生活的经验，在文化信息的作用下产生的模型。

[1] VOSNIADOU S，BREWER W F. Mental models of the earth：A study of conceptual change in childhood[J]. Cognitive psychology，1992，24（4）：535-585.

（3）科学模型（Scientific Models）。与科学观点一致的模型。

Osborne 和 Freyberg（1985）对新西兰的儿童关于电流的解释模型进行了研究，并定义出四种电流的心智模型：单极模型、撞击模型、电流消耗模型、电流不变的科学模型（见图 1-3）。其他国家的研究者也获得相同的结论（Dupin et al., 1984；Gott, 1984；Shipstone, 1985；Shepardson et al.,1994）[1]。若将简单电路扩充成串联的电路，则学生的心智模型还可进一步细分，撞击模型可分离出交叉撞击型，电流消耗模型又可分为衰减模型及共享模型（AMold et al., 1987；Osbome, 1983）[1]。但这套分类仅适合串联电路。Magnusson 等人[1]认为过去的研究过于注重串联电路，但学生对串联电路与并联电路具有不同认识，其思考会导致不同模型的发展，因此设计题目展开研究，研究结果归纳出学生具有八种并联电路的电流模型：（1）撞击模型；（2）双向跳跃模型；（3）双向迂回模型；（4）双向分支模型；（5）跳跃模型；（6）绕圈模型；（7）迂回模型；（8）科学模型。

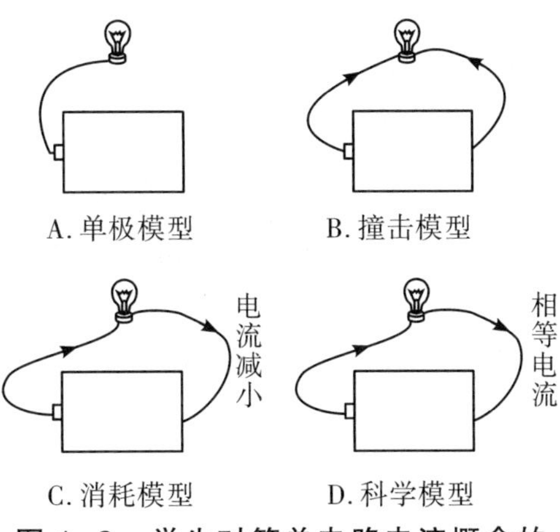

图 1-3　学生对简单电路电流概念的四种模型[1]

哥伦布州立大学研究者 Zdeslav Hrepic 和堪萨斯州立大学的 Dean A. Zollman、N. Sanjay Rebello[2]在对学生关于声音传播的心智模型研究中，基于 Vosniadou 的模型分类，提出从学生描述声音的属性和声音传播的两个维度来确定学生关于声音的心智模型，并探测了学生在不同情境中是否采用相同的心智模型。该研究采用的方法是只在单个情境中界定学生的心智模型，而不对各种情境的模型进行整合。研究者首先在

[1] 邱美虹，林静雯. 以多重类比探究儿童电流心智模型之改变[J]. 科学教育学刊，2002，10（2）：109-134.

[2] HREPIC Z，ZOLLMAN D A，REBELLO N S. Identifying students' mental models of sound propagation：The role of conceptual blending in understanding conceptual change[J]. Physics Review Special Topic-Physics Education Research，2010，6（2）：1-18.

Vosniadou 研究的基础上将学生关于声音传播的模型分为声音实体模型（非科学模型）和波动模型（科学模型）两种。接下来在不同情境下，又将其分为四种类型（见图 1-4）："未形成模型状态（No Model State）"，即学生的知识要素是零碎的，未形成知识结构；"纯模型状态（Pure Model State）"，即学生的知识构成与某模型特性相类似，并将其应用在很多情境中（情境 1 和情境 2 采用同一模型）；"混合模型状态（Mixed Model State）"，即学生在不同情境中采用不同心智模型；"整合模型状态（Blend Model State）"，即学生从不同模型中提取某些特性，从而建构一个新的模型，但是在不同的情境中，学生一贯地应用该整合模型。

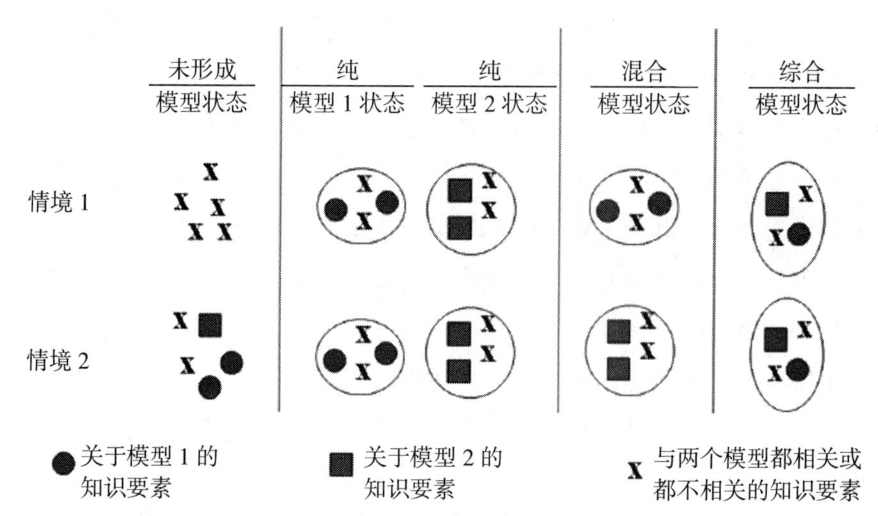

图 1-4　学生关于声音传播的心智模型状态[1]

近年，中国台湾有一批研究者开始关注科学教育中心智模型的研究。钟小兰[2]对高二学生关于理想气体的心智模型的类型进行了研究，以学生在诊断式试题中关于气体压力的微观解释理由来判断学生的心智模型，并归纳出学生的心智模型共有十大类型：科学模型、科学有瑕疵模型、科学＋其他模型、分子量模型、气体模型、引力模型、动能模型、活性

[1] HREPIC Z, ZOLLMAN D A, REBELLO N S. Identifying students' mental models of sound propagation: The role of conceptual blending in understanding conceptual change[J]. Physics Review Special Topic-Physics Education Research, 2010, 6 (2): 1-18.

[2] 钟小兰. 以多重表征的模型教学探究高二学生理想气体心智模式的类型及演变的途径[D]. 台北：台湾师范大学，2006.

模型、两种心智模型并存的双模型、不一致的混合模型。杨宜雯[1]在对七年级学生关于光与视觉、光的行进、光的反射与平面镜呈现、光的折射的心智模型研究中，将学生对于视觉的心智模型分为科学模型、科学有瑕疵模型、科学有瑕疵＋其他模型、共同放射模型、刺激照射模型、二段式接收模型、科混模型、混合模型，将光的本质心智模型分为科学模型、科学有瑕疵模型、科学＋其他模型、光触发模型、光弯曲模型、状态模型、混合模型，将光的反射心智模型分为科学模型、科学有瑕疵模型、科学＋传送模型、光传送模型、光折射模型、功能模型、混合模型，将光的折射心智模型分为科学模型、科学有瑕疵模型、光直进模型、光弯曲模型、混合模型。白胜安[2]将七年级学生关于人体体温恒定性的心智模型分为科学模型、运动模型、外因模型、不调节模型和混合模型。

中国台湾学者对心智模型开展了系统、长期的研究，主要研究对象为小学到高中的学生，研究主题涉及光学、热学、力学、人体体温、酸碱概念、电流概念、原子结构等，采用的分类方式主要借鉴了Vosniadou的分类思想。大陆学者近两年也开始关注学生心智模型类型的研究。张丙香[3]对高中生关于氧化还原反应的心智模型进行研究，将其类型分为科学模型、燃素模型、电子模型、化合价模型、顺序模型、形式模型等。其分类的依据是学生判断氧化还原反应的角度和方式，并将各模型归类到宏观、符号和微观三个类别上，比较符合学科的特点。

三、心智模型的特性

心智模型虽是一种内在表征，不能直接探测，但许多研究者提出的心智模型特性可帮助我们对心智模型有进一步的了解。Norman[4]提出心智模型的特性有：

[1] 杨宜雯. 探究七年级在“光学”建模教学的心智模式改变与建模能力表现[D]. 台北：台湾师范大学，2008.

[2] 白胜安. 探讨七年级学生人体体温恒定性心智模式与一致性之关系[D]. 台北：台湾师范大学，2011.

[3] 张丙香. 高中生化学反应三重表征心智模型的研究：以氧化反应为例[D]. 济南：山东师范大学，2013.

[4] NORMAN D A. Some observation on mental models：Mental models[M]. Hillsdale：Erlbaum，1983：7-14.

（1）不完整性。对于现象所具有的心智模型通常是不完整的。

（2）局限性。执行心智模型时，能力是受限制的。

（3）不稳定性。一段时间没有使用，通常会忘记所使用模型的细节。

（4）没有明显的界限。常会混淆类似的机制或是操作。

（5）不科学性。为了节省体力或心力，会使用迷思的模型。

（6）简约性。减少心智上的负荷与复杂度。

Franco 与 Colinvaux[1]提出心智模型的四项主要特征，用以界定心智模型：

（1）心智模型具有衍生性（Generative）。个体会通过运用心智模型进行推理，产生预测与新的想法。

（2）心智模型包含内隐知识（Tacit Knowledge）。心智模型的持有者本身不会意识到心智模型每个组成的维度。

（3）心智模型是综合的（Synthetic）。为了要有效率，心智模型包含许多目标系统或事件的简化表征。

（4）心智模型受限于世界观。心智模型会受到人们所持有的信念系统的影响。

Grosslight、Unger 与 Jay[2]认为个体通过心智运作建构一个特定的心智模型来理解因果情境，所建立的心智模型又去影响新产生的心智运作，形成连续不断建构、再建构、回馈循环的过程。也因为这样，心智模型会受到个体的观察与文化信息的影响，但每个个体的感受以及背景都是不同的，因此个体的心智模型除了具有以上提到的各种特性及不完整、不科学、不稳定性等之外，每个个体的心智模型也具有独特性。

四、心智模型的检测方法和结果呈现方式

1. 心智模型的检测方法

因为心智模型是内隐的、个人的，非直接外显的，Franco、De

[1] 林静雯，邱美虹. 整合类比与多重表征研究取向探究多重类比设计对儿童电学概念学习之影响[J]. 科学教育学刊，2005，13（3）：317-345.

[2] GROSSLIGHT L，UNGER C，JAY E，et al. Understanding models and their use in science education：Conceptions of middle and high school students and experts[J]. Journal of Research in Science Teaching，1991，28（9）：799-822.

Barros 与 Colinvaux[1] 指出可通过检测个人的表达模型（Expressed Model）来获取心智模型。从 Johnson-Laird 与 Kessler 等人的心智模型理论中可以发现，无论是语言的命题表征还是视觉的空间表征，虽然对同一个事物的表征形式不同，但两者表征的内容却是具有一致性的，因此在探测研究对象的心智模型上，至少可以利用同一对象对同一问题的文字性的命题表征及非文字性的视觉表征来进行分析，产生内容互补作用，如此一来将有助于更完整地探测研究对象的心智模型[2]。因此大多数研究同时使用绘图、访谈、诊断式纸笔测验等多重表征的方式来捕捉学生的心智模型，以期对学生的心智模型做深入的了解与分析。其中，深入的诊断性访谈广泛用于将学生对于目标系统的内部表征外显化，例如，研究者（Gilbert et al.，2000）将学生们的表达模型作为用来建构对于学生心智模型理解的基本资源。也就是说，我们无法直接“看到”测试者的心智模型，也无法探测其内部的认知表征，只能试图通过测试者在口头表述或其他表述方式下所共享的信息，来得到他们的表达模型，在此基础上去理解测试者的心智模型。

Vosniadou（1992）在研究儿童对地球模型的认识时，根据访谈资料，分析出儿童的六种心智模型并进一步将这些地球模型划分为三大类。刘俊庚对迷思概念和心智模型的研究方法进行了综述，指出主要有几种不同的研究取向，例如诊断性测验、访谈法、概念图法、分类法和作图法。在许多心智模型的研究中，研究者通常不会单独使用一种方式，而是会在一个研究里使用两种以上的研究方式（Osborne et al.，1983；Ross et al.，1991）[3]。即使是同一种方式，也仍有不同的方法来实行，以概念图的方式为例，已有研究发现，有超过 1530 种不同的方法来进行概念图测试研究（Ruiz-Primo et al.，1996）[3]。

[1] FRANCO C，DE BARROS H L，COLINVAUX D，et al. From scientists' and inventors' minds to some scientific and technological products：Relationships between theories，models models and conceptions[J]. International Journal of Science Education，1999，21（3）：277-291.

[2] FREKSA C，BARKOWSKY T. On the duality and on the integration of propositional and spatial representations[M]//RICKHEIT G，HABEL C. Mental models in discourse processing and reasoning. Amsterdam：North-Holland，1999：194-294.

[3] 刘俊庚. 迷思概念与概念转变教学策略之文献分析：以概念构图和后设分析模式探讨其意涵与影响[D]. 台北：台湾师范大学，2002.

2. 心智模型的呈现方式

（1）用百分比的方式表征学生在各类型心智模型上的分布

通常首先采用质性研究的方法将学生的心智模型进行分类，并对心智模型的各种类型进行描述，然后统计学生在各类型上的百分比。若研究教学的影响，则会表示出教学前后学生在各类型心智模型上分布的变化，并描述出发展路径，即描述学生将会从哪类心智模型发展（或转变）到哪类心智模型。

美国哥伦布州立大学研究者 Zdeslav Hrepic 和堪萨斯州立大学的 Dean A. Zollman、N. Sanjay Rebello[1] 在对大学生关于声音传播的心智模型的研究中，将大学生关于声音的模型分为实物粒子模型、波动模型和整合模型（见表 1–2）。研究者对各种模型进行了类型和特征描述，从而确定学生的心智模型类型，并在此基础上，确定了访谈的 16 名学生的前后测模型分布。

表1–2　声音心智模型的类型

<table>
<tr><th colspan="2">心智模型类型</th><th>类型描述</th><th>主要特征</th></tr>
<tr><td colspan="2">实物粒子模型</td><td>声音是不同于传播媒质的实物粒子</td><td>1.声音是独立的，声音通过真空传播
2.声音渗透在媒质粒子中
3.声音是物体的物质单元
4.声音是声音粒子的传播，不同于媒质粒子</td></tr>
<tr><td colspan="2">波动模型</td><td>波动模型将声音描述为一种纵波、机械波，是科学模型</td><td>1.声音是对颗粒介质的扰动
2.声音是介质粒子的纵向振动</td></tr>
<tr><td rowspan="2">整合模型（介于以上两种模型之间）</td><td>振动模型</td><td>声音是不同于介质的独立实体，但是当它通过介质传播的时候，它引起了空气介质粒子、介质中灰尘粒子的振动</td><td>1.声音是干扰——介质中粒子会振动
2.任何与实体模型有关的声音属性</td></tr>
<tr><td>传播空气模型</td><td>声音传播是因为空气粒子从源头传到了接受者</td><td>空气粒子从源头传到了接受者</td></tr>
</table>

[1] HREPIC Z，ZOLLMAN D A，REBELLO N S. Identifying students' mental models of sound propagation：The role of conceptual blending in understanding conceptual change[J]. Physical Review Special Topic-Physics Education Research，2010，6（2）：1–18.

中国台湾科技大学的 Guo-Li Chiou 等人[1]在对大学生关于热传递的心智模型的研究中，将学生关于热传递的心智模型分为热量粒子的扩散、热量流（能量流）的流动、分子之间的相互作用三种模型，并对各模型的基本要素和潜在机制进行描述，在此基础上给出各类模型学生所占的百分比。

（2）用学生偏爱模型的频次表征学生心智模型的情况

澳大利亚科廷科技大学的 Harrison 和 Treagust 等人[2]在研究中学生关于原子的心智模型时，给出 6 种原子模型的图像（见图 1-5），让学生按照偏爱程度进行选择，并统计出学生对各种模型的偏爱频次（见表 1-3）。

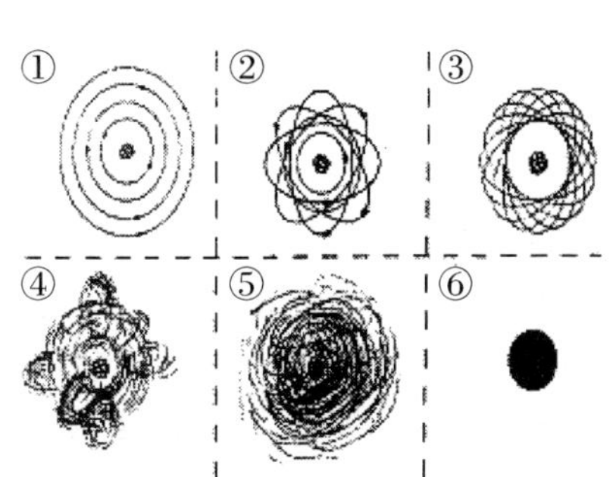

图 1-5 原子模型图像

表1-3 学生对图1-5中类比模型的偏爱频次（n=48）

类型	级别			
	非常倾向	较倾向	倾向	不倾向
①太阳系模型	5	12	4	3
②玻尔轨道模型	22	9	3	1
③多重轨道模型	7	11	7	1
④量子轨道模型	3	1	1	24
⑤电子云模型	8	7	1	8
⑥球型模型	3	3	2	11
总计	48	43	18	48

澳大利亚迪肯大学的 P. Hubber[3]在对 12 年级学生关于光的本质心智模型的研究中，将光的本质模型分为光线模型、波动模型、粒子模型、

[1] CHIOU G L, ANDERSON O R. A study of undergraduate physics students' understanding of heat conduction based on mental model theory and an ontology-process analysis[J]. Science Education, 2010, 94（5）: 825–854.

[2] HARRISON A G, TREAGUST D F. Secondary students' mental models of atoms and molecules: Implications for teaching chemistry[J]. Science Education, 1998, 80（5）: 509–534.

[3] HUBBER P. Year 12 students' mental models of the nature of light[J]. Research in Science Education, 2006, 36（4）: 419–439.

整合模型。通过访谈发现学生的心智模型主要有标准光线模型和整合波模型、射线模型、粒子线模型等三种类型（见表1-4）。通过进一步测试，了解学生在不同现象情境下调用模型的情况：要求学生选择一个模型来解释现象，将每个学生在每种现象下选择的解释模型进行统计（见表1-5）。

表1-4 学生关于光的本质的心智模型类型

心智模型类型	类型描述
标准光线模型和整合波模型（Standard Ray Model Incorporating Wave Model）	光从一个发光物体处发出，就像水波一样从一个中心点向四面八方传播出去，光线是有向直线，作用是指出波传播的方向。解释当光从一个物体穿过另一个物体光线方向发生变化时，学生认为是波的一端首先碰上光密物质，并且减速，因此改变波的方向。光有不同颜色是因为不同波有不同波长的特征
射线模型（Beam Ray Model）	从一个发光物体处发出，就像细的连续的束状物质被称为射线一样。解释当光从一个物体穿过另一个物体光线方向发生变化时，学生认为线的一端碰上光密物质，并且减速，使光线转向其他方向。光有不同颜色是因为线有不同宽度的特征
粒子线模型（Particle Ray Model）	光从一个发光物体处发出，就像粒子向不同方向发出一样。解释当光从一个物体穿过另一个物体时，学生认为粒子的一端碰上光密物质，并且减速，使粒子转向其他方向。光有不同颜色是因为粒子有不同宽度的特征

表1-5 学生在解释不同现象时倾向使用的模型

现象	倾向的模型				
	Alan	Beth	Christine	Danielle	Evan
光从光源发出，沿各个方向传播	光线	粒子	光线	光线	光线
发光物体上每个点沿各个方向发出光	光线	粒子	光线	光线	光线
光从空气射向玻璃时发生弯曲并减速	光线	粒子	波	波/粒子	光线
白光由不同颜色光组成	光线	粒子	波	波	光线

（3）用成绩-集中度分析法呈现学生心智模型的正确率和集中度

Bao 和 Redish[1]提出模型分析法来分析学生对科学模型理解的情况。

[1] LEI B，REDISH E F. Concentration analysis：A quantitative assessment of student states[J]. American Journal of Physics，2001，69（7）：s45-s54.

该方法假定通过大量的定性研究已经确定了学生最普遍的心智模型，这些已知心智模型能够对应到一个多重选择题的选项中，并能够在教学或课堂中及时定量地分析学生的心智模型。

由此开发的多重选择题称作心智模型测试题。心智模型测试题的产生过程同样需要通过深入访谈等方式来确定学生可能存在的心智模型。例如，在动力学领域普遍的模型有：牛顿模型，物体的加速度与力成正比(a~F)；亚里士多德模型，物体的速度与力成正比(v~F)；冲力(Impetus)模型，有冲力的作用，物体才能运动，否则物体将会停止；无效模型（Null model），表征无关的信息，或者可能无法确定的模型。设计多重选择题时，将这些可能的心智模型都考虑进去作为选项，从而构成心智模型测试题。

在对问题情境进行应答时，学生的回答应当集中在这些选项中。如果学生没有共同的心智模型，他们的选择就不会集中在某些选项，在这种情况下的选项是随机分布的。因此，学生选项的分布情况可以用来分析学生的认知模式。集中度描述了学生选择选项的集中程度。学生选择越集中，集中度越高，反之，学生的选择越分散，集中度越低[1]。若选项能够代表学生不同的心智模型，那么集中度则表征学生心智模型的集中程度。

根据包雷等人的研究，集中度可以用集中因数 C 来定量描述，其定义为：

$$C=\frac{\sqrt{m}}{\sqrt{m}-1}\times\left(\frac{\sqrt{\sum_{t=1}^{m}n_i^2}}{N}-\frac{1}{\sqrt{m}}\right)$$

其中 m 为选项的个数，n_i 为选择某一个选项的人数，N 为参加测试的总人数。如果都选某一个选项，即 $n_i=N$，则 $C=1$，集中度最高；如果所有选项选择的人数相等，则 $C=0$，集中度最低。

该方法利用成绩（答对率）和集中度这两个因素，采用二因素分析来研究学生答题的方式。将学生的成绩和集中度分别划分为低（L）、中（M）、高（H）三个水平（见表 1–6）。

[1] 王春凤，郭玉英. 集中度分析：定量分析中学生学习力学概念时的认知模式[J]. 物理教师，2004，25（7）：1–3.

表1-6 成绩和集中度的三个水平

成绩	水平	集中度	水平
0~0.4	L	0~0.2	L
0.4~0.7	M	0.2~0.5	M
0.7~1	H	0.5~1.0	H

从成绩和集中度两个因素的组合中得到以下模式类型（见表1-7）。

表1-7 学生回答模式类型

成绩-集中度类型	回答模式
LL	没有固定模式，随机猜测（选项集中在三个以上）
LM	两个比较集中的错误模式
LH	一个典型的错误模式
ML	一个正确的模式占主要，其他错误模式随机分布
MM	两个普遍模式（一个正确，一个错误，其中正确的占主要）
HM	一个正确的模式（其他错误模式随机分布）
HH	一个正确的模式

目前，关于心智模型的研究主要采用了百分比呈现结果的方式。集中度分析的方法必须在百分比呈现方式的基础上去开发测试题，且选择题有时并不能很好地将学生的心智模型表征出来，选项会对学生的心智模型起到引导和干扰作用，但集中度分析方法的优势在于可以准确地描述学生心智模型的集中程度和正确率，并可以进行及时反馈。因此，本书研究将主要采用百分比表征方式来呈现学生的心智模型类型，同时结合集中度分析的方法来对心智模型中的核心要素或概念进行诊断。

（4）用箭头指向或模型演变图来表征教学前后学生心智模型的演变

美国哥伦布州立大学研究者 Zdeslav Hrepic 和堪萨斯州立大学的 Dean A. Zollman、N. Sanjay Rebello[1] 在表征教学对学生心智模型的影响结果时，采用箭头指向图来表征学生心智模型的转变，图 1-6 可清晰地表征出学生心智模型类型的转变情况。但这种表征方式仅适合人数较少的测

［1］ HREPIC Z，ZOLLMAN D A，REBELLO N S. Identifying students' mental models of sound propagation：The role of conceptual blending in understanding conceptual change［J］. Physical Review Special Topic-Physics Education Research，2010，6（2）：1-18.

试情况。

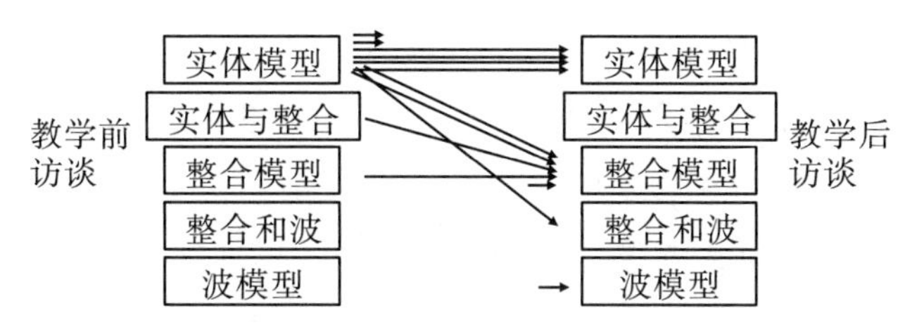

图 1-6　教学前后学生关于声音传播的心智模型的转变

中国台湾师范大学邱美虹团队在研究学生心智模型时，首先给出某一具体主题心智模型的类型及类型特征的描述，然后统计实验组和控制组学生在前测和后测中各类型模型的百分比，分析出各组在前后测中所占比例最高的模型种类，或用柱状图表征前后测中各模型的人数百分比，最后用百分比的方式描述出实验组和控制组学生在前后测过程中模型演变的主要途径（见图 1-7）。

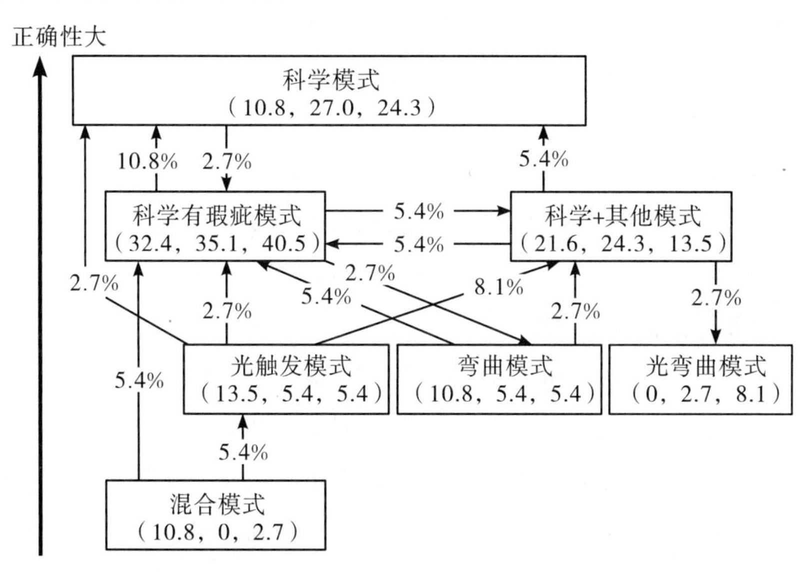

图 1-7　教学前、后、延迟测中实验组学生心智模型的演变途径

五、心智模型和概念转变

在科学的学习过程中，学生通常会碰到两种问题：一种是学生本身缺乏该领域的经验与概念；另一种则是学生在学习新知识时，已经具备了一些相关的直观经验或先前概念。在第一种情况下，概念从无到有地获得，较不容易出现学习困难。但如果是第二种情况，学生在学习之前

就已经获得了一些前概念，学生就会在这些已有的基础上进行概念建构。如果学生已有的概念与科学概念存在差异，往往容易造成学习困难，甚至产生更多的错误前概念。由此，科学的学习也可以视为一系列概念转变的历程[1]。于是概念转变的研究渐渐成为科学学习心理学的研究重点。由于心智模型是一种内在表征和动态的结构，因此要了解心智模型何时、如何发展并不容易，但是解开心智模型如何动态发展却对概念转变的研究十分重要。概念转变可以是心智模型的重建或是通过多样化的情境促进心智模型精致化，因此许多认知心理学家与科学教育研究者从心智模型的观点来探讨抽象概念的发展与转变的机制。

事实上，在科学教育的研究中，概念转变理论从 1980 年开始发展，对科学学习与教学领域的提升与改进有本质上的贡献。在众多的概念转变理论中，最为教育界所熟知的应该是 Posner、Strike、Hewson、Gerzog 在 1982 年提出的概念转变模式（Conceptual Change Model，简称 CCM）。Posner 等人的这个著名的概念转变理论提出后，科学教育领域也开启了概念转变的研究大门。20 世纪 90 年代，认知科学家将迷思概念的研究拓展到更深的心理层面，认为许多迷思概念的背后，事实上可能存在某些心智模型。Vosniadou 从心智模型的角度提出框架理论（1994），Chi 提出本体论观点（1994），diSessa 提出情境依赖的概念转变理论（1993）等。

1. Vosniadou 的框架理论

1992 年，Vosniadou 研究了儿童关于地球模型的心智模型。他针对不同年龄层的儿童进行研究后发现，不同文化背景的儿童的心智模型不尽相同，但随着年龄的增加，儿童在日常生活的经验基础上建构出的初始心智模型，为了与学习到的新知识达到平衡而主动开始混合一些科学概念，从而形成综合性模型，最后才达成科学模型。根据这个观点，概念转变是一种渐进的演变过程，是由初始心智模型转变为综合性模型，再转变为正确的科学模型的过程。概念转变的形式主要有两种：一种是概念的丰富化，即将新概念加入现有的理论架构中；另一种则为概念的修正，在新信息与现有的理念或预设想法不同时发生。

[1] 邱美虹. 概念改变研究的省思[J]. 科学教育学刊，2000，8（1）：1-34.

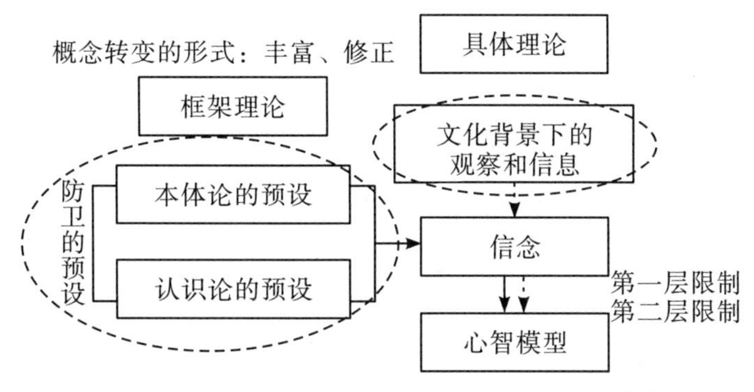

图 1-8 Vosniadou 的概念转变理论[1]

对于概念转变观点，Vosniadou[1] 提出了一套框架理论和具体理论（见图 1-8）。他认为学生的信念是受制于一组本体论和认识论的预设，知识的框架并不是由许多小的概念经由相似性联结而成，而是先有一个大的框架之后才慢慢填入细节的概念。这样的大框架称为朴素的框架理论（Navie Framework Theory），主要源于儿童早期的日常生活经验。其中细节的概念称为具体理论（Specific Theory），源于个体的观察与文化脉络。当个体需要解释观察到的新现象或新信息时，他们会不断地去丰富（Enrich）或修正（Revision）理论。Vosniadou 将儿童丰富与修正理论的过程称为概念转变。"丰富"简单来说就是增加与原本知识框架没有冲突的信息到已有的知识框架中，而"修正"则是修改已有的知识框架。在 Vonsiadou 的概念转变理论中，也认为概念转变较困难的地方是必须修改框架理论的预设。也就是说，如果只需修正具体理论（即新概念与朴素的框架理论不冲突时），概念转变是容易的；如果新概念冲击到朴素的框架理论时，则概念转变较难发生。

2. Chi 的本体论（Ontology）观点

Chi[2] 从本体论的角度来探讨概念转变，并且比较学生在领域内与领域间的概念转变表现，提出概念不相容假说（Incompatibity Hypothesis），并提出概念转变的难易与概念的本质有极大的相关性（邱

[1] VOSNIADOU S. Capturing and modeling the process of conceptual change[J]. Learning and Instruction，1994，4：45-69.

[2] CHI M T H. Conceptual change within and across ontological categories[M]//GIERE R N. Cognitive models of science. Minneapolis：University of Minnesota Press，1992：129-186.

美虹，2000）。Chi从本体论的观点指出概念可分为三个类别（Category）：物质类别（Matter）、过程类别（Process）、心智状态（Mental State）（Chi，1992；Chi et al.，1994；邱美虹，2000）。物质是指具有特定属性（Attributes）的东西，如鸡蛋、石头、植物等；过程则是指事件的发生，具有序列性、因果性，也可能是概率问题，但它可以反映出自己特定的属性（邱美虹，2000）；心智状态指的是情意的部分，例如情绪性的、意图性的。根据Chi的观点，概念均可以归类在这三个本体类别下，在这个本体类别中形成次概念，构成此类别的本体树。因此Chi也指出，从本体树的观点来看概念转变，可分为两种。

一种是发生在类别内的概念转变。所谓类别内的概念转变，是指概念转变发生在同一个本体类别中，概念位置的安排发生转变。这样的本体类别内的转变可以视为信念的修正（Belief Revision），因为这样的迷思概念通常是由知识的缺乏或是缺少练习所致（邱美虹，2000）。常见的例子就是把鲸鱼归在鱼类，如果学生增加了对哺乳类动物的认识或对鲸鱼的了解，自然就会修正其在本体树内的位置。

另一种是发生在类别间的概念转变。根据Chi的理论，科学概念从一个本体树迁移到另一个本体树，这种类别间的转移才能称为根本的概念转变。如果仅是本体树中位置的改变，充其量只能认定为一般信念的修正，还不足以构成根本的概念转变[1]。常见的例子有许多物理学上的概念——电、热、温度等。较难产生概念转变的原因，其实就是学生容易将这些概念归类于物质类别，但科学家将这些概念界定在过程类别中，因此这样的概念冲突发生在不同的本体树之间，学生的概念转变必须跨越本体类别才能修正为正确的科学概念。Chi认为这样的概念转变是较困难的，因此称之为根本的概念转变。

3. diSessa等情境依赖的概念转变理论

diSessa对于知识概念的形成提出了破碎的知识观[2]。diSessa认为，学生的心智模型是破碎且不具一致性的，并受到不同情境（Context）

[1] 邱美虹. 概念改变研究的省思[J]. 科学教育学刊，2000，8（1）：1-34.

[2] DISESSA A A. Knowledge in pieces[M]//FORMAN G E，PUFALL P B. Constructivism in the computer age. Mahwah：Lawrence Erlbaum Associates，1988：49-70.

的影响[1]。因此，学生对于世界的想法并不属于一致性的心智模型（Vosniadou，1994），他们早期的知识观无法用来解释、预测各种问题情境（diSessa，1993）。

Tao 与 Gunstone[2]在概念转变的实证研究中发现：学生的概念会在相异概念与科学概念间摇摆，明显受到情境的影响。此观点与 diSessa 等人[3]的研究结果相呼应，亦强调学生的认知概念会因为情境的不同而有所改变。此外，Perkins 与 Simmons[4]为了解释情境依赖的现象，提出概念生态的四个架构因素（Frame Factors）:（1）内容架构（Content Frame）;（2）认识架构（Epistemic Frame）;（3）探究架构（Inquiry Frame）;（4）问题-解决架构（Proble-Solving Frame）。由此分析在不同情境下概念转变的情形。

因此，以情境依赖的观点分析概念转变时，从 diSessa（1988）的理论到 Tao 与 Gunstone（1999）的实证研究，我们不难发现：学生的概念是破碎、不完整的，要形成正确的科学知识，必须不断地提升概念的系统性；学生的概念会在不同情境间摇摆，受到不同情境的左右。因此，影响概念转变的要素之一，是学生面临不同情境时，会在不同的认知领域下建构其破碎的知识观。

4. 邱美虹从综合模型探讨概念转变

在国内的研究中，邱美虹[5]提出“以研究和教学为基础 / 导向的工作（Research And Instruction-Based/Oriented Work，简称 RAINBOW）”。RAINBOW 理论框架以发展研究、科学教育研究、认知科学和学校环境为方向，认为学生学习科学概念的过程是一个动态的过程，概念转变发

---

[1] DISESSA A A. Toward an epistemology of physics[J]. Cognitive and instruction，1993，10（2–3）：105–225.

[2] TAO P K，GUNSTONE R F. The process on conceptual change in force and motion during computer-supported physics instruction[J]. Journal of Research in Science Teaching，1999，36（7）：859–882.

[3] DISESSA A A，GILLESPIE N M，ESTERLY J B. Coherence versus fragmentation in the development of the concept of force[J]. Cognitive Science，2004，28（6）：843–900.

[4] PERKINS D N，SIMMONS R. Patterns of misunderstanding：An integrative model for science，math，and programming[J]. Review of Educational Research，1988，58（3）：303–326.

[5] CHIU M H. Research and instruction-based/oriented work（RAINBOW）for conceptual change in science learning[C]. Taipei：Proceeding of the 2nd NICE Symposium，2007.

生的过程也是不断变动的，所以，在探讨学生的概念转变维度时应从多方面考虑。该框架从七个维度综合探讨了学生的概念转变（见图 1-9）：

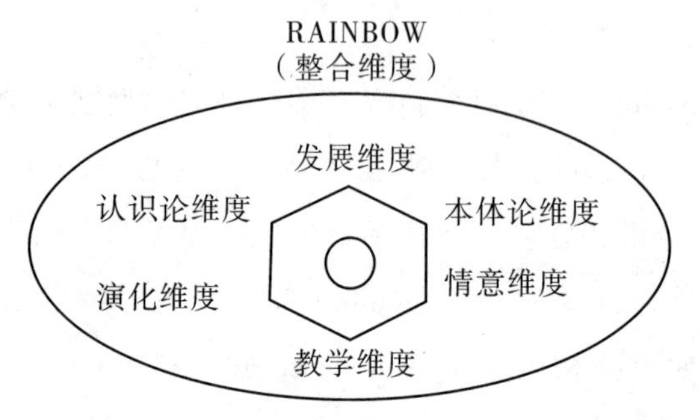

图 1-9 RAINBOW 理论框架的要素

（1）发展维度（Development Approach）。源于 Toulmin 的概念生态，以人类发展的方式解释概念发展也是渐进式，因而有些概念被保留下来，有些则没有。

（2）本体论维度（Ontological Approach）。源于 Chi 及其研究团队所发展的概念转变理论，以解释概念转变是将概念在不同本体树中移动，借此来探讨概念转变的难易程度。

（3）认识论维度（Epistemological Approach）。此维度包含了 Posner 等人提出的概念转变的四个条件和 Vosniadou 提出的解释所观察到的科学现象，此维度的重点是学生对于自我学习的体会与察觉。

（4）情意维度（Affective Approach）。影响学生学习的因素不能只从理性、认知方面的维度来探讨，学生学习科学时的自我效能、学校和社会情境、预期和动机等，都是需要考量的维度。

（5）演化维度（Evolutional Approach）。此维度包含了许多科学学习发展的理论，研究学习者在学习的过程中是如何转变他们的想法的，利用分类的方式找出教学活动中概念发展的特征。

（6）教学维度（Instructional Approach）。以教学序列（Teaching-Learning Sequences）（Meheut，2004）为研究的方法，主要是在学习者和科学之间建立一座桥梁，通过一步步的教学步骤帮助学习者学习。

（7）整合维度（Approach with Integration）。利用上述各种研究维度更清楚地了解学生概念转变的过程和演变，以 RAINBOW 的理论架构为研究者提供多维度的解释来研究学生学习科学的情形。

在科学教育中，对于概念转变相关议题的研究已获得相当不错的成果。已有的概念转变研究主要从 Piaget 的儿童发展理论、Kuhn 的科学发展和学生迷思概念等研究着手。Duit 和 Treagust[1] 整理概念转变的理论时指出，它包含以下的发展框架：

（1）Piaget 认知发展论。Piaget 的理论是从生物学的角度出发，强调生物体生理发展程度与心理发展程度之间的相对应关系，之后认知心理学家选取其中的理论将其整合，成为概念转变的基础。

（2）建构主义的观点。根据 Piaget 理论中提及的同化和顺应，结合认知的观点，提出个人知识建构的历程，成为概念转变的一个环节。

（3）Kuhn 的思想。由于 Kuhn《科学革命的结构》一书中曾提及科学历史的理论转变，引发概念转变理论的兴起。

时至今日，概念转变的研究仍然受到很多研究者的关注，但大多数研究者对于概念转变理论仍存在各种不同的看法，并没有达成共识。而且科学教育领域逐渐认识到传统的概念转变理论的不足，甚至它的开创者也开始对原有理论进行修正。研究者发现认知冲突在引起转变过程中通常并不有效。在理解人类如何学习中，应更加重视学习者的品质、动机、情感上的抵触，以及学习的信仰（Pintrich et al.，1999；Sinatra et al.,2003）[2]。一个修正的概念转变理论带有“有意识的概念转变”的观点，该观点认为当学习者自觉地关注知识建构时，有意识的知识建构过程是具有目标导向的，并且在学习者的控制之下。

虽然基于建构主义观点的概念转变理论表面看起来似乎十分完善，但即使建构主义融入了社会建构主义及社会文化面向，仍还是有所限制，因此从多维度综合化的角度来分析概念转变过程可能是概念转变研究的一个趋势，因为这样能完整地呈现复杂的学习过程（Duit et al.，2003）。

---

[1] DUIT R，TREAGUST D F. Conceptual change：A powerful framework for improving science teaching and learning[J]. International Journal of Science Education，2003，25（6）：671-688.

[2] ETKINA E，HEUVELEN A V. Investigative science learning environment：A science process approach to learning physics in PER-based reforms in calculus-based physics[C]. College Park：AAPT，2007.

六、对心智模型相关研究的述评

心智模型的相关研究表明，学术界并没有对心智模型的准确定义达成共识，且这一概念还在不断发展，但心智模型是一种内部表征和认知结构的核心含义已经十分明确。在心智模型类型的研究方面，最具代表性的研究就是Vosniadou对儿童关于地球形状的心智模型的研究，其将学生的心智模型分为初始模型、综合模型和科学模型，后来大多数研究者沿袭了这一分类方式。但这一分类方式并未从心智模型的要素结构和系统的角度对模型进行划分，而是主要侧重描述学生在学习过程中随着时间的变化所呈现出的模型。邱美虹团队则将心智模型分为非科学模型、科学有瑕疵模型和科学模型，体现出从模型构成要素的角度对模型进行划分，但前提假设是学生具有模型。心智模型研究与迷思概念研究的最大区别在于心智模型研究从系统的角度来分析学生的认知结构，因此学生即使具有概念要素，也不一定能构成具有结构化的心智模型，那么邱美虹团队的模型分类是否能覆盖学生心智模型的所有类型？而且整个科学教育研究领域对学生各类型模型的划分并没有明确界定和依据，大多是依据经验划分。如何结合Vosniadou和邱美虹等人的研究成果，从构成要素、结构和系统的角度，以及学生心智模型进阶的视角，来描述学生进阶过程中可能存在的心智模型层级，需要进行理论和实证研究。

如何更好地呈现学生的心智模型呢？虽然许多研究者从定量研究和质性研究的角度探讨出多种方式，例如成绩-集中度分析法、各模型的百分法、演化图等，但是这些方法都各有利弊。定量研究虽客观且易于进行大量统计，但对测试量表有较高要求，需要对学生的各种心智模型类型设计每一选项，质性研究虽能够对学生的心智模型进行深入研究和准确描述，但不适合大样本研究，因此研究中可以将两种方式结合，更准确地描绘出学生心智模型的动态发展。

第三节　学习进阶的相关研究

学习进阶从2005年开始受到科学教育领域的关注。由于它对课程、评价、教学以及标准编写具有潜在的重要性，因此很快成为研究的热点。我国学者也对此进行了介绍[1-4]。然而，目前不同研究者采用不同的方式对学习进阶进行研究，有些差异很大，而且还有一些重要问题仍有待探讨。

一、学习进阶的进阶变量

2007年美国的National Research Council关于K~8年级科学学习的报告中明确提出学习进阶的定义："学习进阶是对学生在一段较长的时间跨度内学习或研究某一主题时，学生的思维方式从新手型到专家型的连续且有层级的发展路径的描述。"[5]但在学习进阶的研究中，必须明确什么变量在进阶，即进阶变量的确定是构建进阶框架的核心。已有研究主要呈现出以内容作为进阶变量，以认知作为进阶变量，内容和认知相结合作为进阶变量，以能力或实践（探究）要素作为进阶变量等四大类型。

1. 以内容作为进阶变量

Kennedy和Wilson[6]研究了中学生关于浮力的学习进阶（见表1-8），进阶变量之一是学生对"为什么物体会下沉或者上浮"（简称WTSF变量）这一内容理解水平的描述，呈现概念从无到有，从迷思到科学，从简单

[1] 韦斯林，贾远娥. 美国科学教育研究新动向及启示：以"学习进程"促进课程、教学与评价的一致性[J]. 课程·教材·教法，2010，30（10）：98-107.

[2] 刘晟，刘恩山. 学习进阶：关注学生认知发展和生活经验[J]. 教育学报，2012，8（2）：81-87.

[3] 郭玉英，姚建欣，张静. 整合与发展：科学课程中概念体系的建构及其学习进阶[J]. 课程·教材·教法，2013，33（2）：44-49.

[4] 范增. 我国高中物理核心概念及其学习进阶研究[D]. 重庆：西南大学，2013.

[5] DUSCHL R A，SCHWEINGRUBER H A，SHOUSE A W. Taking science to school：Learning and teaching science in grades K-8[M]. Washington DC：The National Academies Press，2007：219.

[6] KENNEDY C A，WILSON M. Using progress variables to interpret student achievement and progress[R]. Berkeley：Berkeley Evaluation and Assessment Research Report Series No.2006-12-01，2007.

到复杂的进阶过程。显然，浮力的学习进阶是具体小概念的进阶。

表1-8 浮力的学习进阶

水平	学生已经知道了什么	学生需要知道什么
RD	相对密度（Relative Density） 学生知道物体的密度比介质密度小会浮起来 “当物体的密度比介质的密度小时会浮起来”	
D	密度（Density） 学生知道物体会浮起来是因为它的密度小 “当物体的密度小时就会浮起来”	为进入下一个水平，学生需要认识到介质在决定物体上浮或下沉的过程中有同等重要的作用
MV	质量和体积（Mass and Volume） 学生知道物体会浮起来是因为它的质量小、体积大 “当物体的质量小并且体积大时就会浮起来”	为进入下一个水平，学生需要理解密度的概念，这是一个结合质量和体积的物质的属性
M或V	质量（Mass） 学生知道物体会浮起来是因为它的质量小 “当物体的质量小时会浮起来” 体积（Volume） 学生知道物体会浮起来是因为它的体积大 “当物体的体积大时会浮起来”	为了进入下一个水平，学生需要意识到改变物体的质量或体积都将会影响物体上浮或下沉
PM	产生的迷思概念（Productive Misconception） 学生认为物体会浮起来是因为它的尺寸、重量或数量很小，或者因为它是由特殊材料制成的 “当物体很小时就会浮起来”	为进入下一个水平，学生需要将他们的想法精炼成有关质量、体积或密度的等价语句。例如，一个小的物体具有小的质量
UF	非常规的特征（Unconventional Feature） 学生认为物体会浮起来是因为它被放平，是中空的，充满了空气，或者是有洞 “当物体里面有空气时物体就会浮起来”	为进入下一个水平，学生需要将他们的想法提炼成有关尺寸或重量的等价语句。例如，一个中空的物体具有很小的重量
OT	不着边际（Off Target） 学生没有提供任何物质的性质或特征来解释漂浮 “我不知道”	为进入下一个水平，学生需要将重点放在物质的一些性质或特征上，以此来解释物体为什么会上浮或下沉
NR	没有回答/不得分的（No Response/Unscorable） 学生的回答是空白，或给出答案但不能解释	为了进入下一个水平，学生需要回答这个问题

Alicia C. Alonzo 和 Jeffrey T. Steedle[1]则选择“力和运动”这一物质科学的核心概念展开了从小学到初中的学习进阶研究，其进阶变量与“浮力”的研究类似，体现了从学生已有经验发展为科学概念的过程，其进阶过程还从“受力”“不受力”“运动”“不运动”四个维度呈现学生在各个阶段对“力与运动”的理解，并描述学生在不同阶段水平中可能存在的迷思概念。

以 Kennedy 为代表的早期学习进阶的研究虽然研究了学生在学习过程中对具体概念所持有的认识和理解的逐渐发展，却未能解决学生在发展过程中究竟是如何建立对概念的理解的，以及究竟哪些普适的变量在发展。很多研究指出，学习是与逐渐复杂的知识内容的发展相对应的，一个人的能力或知识可以认为是由很多要素组成的结构，更复杂的结构是由相对简单的结构互相联系而成的。因此研究者认为知识内容的复杂程度可作为学生概念理解的进阶变量，即初学者从一个相当分裂的知识基础开始，各个知识要素间没有联系，他们通过获得新的知识要素并与已有的知识要素建立联系，从而形成有组织、系统化的知识体系。

Stevens、Delgado、Krajcik[2]则以知识的完整性、准确性和科学性作为进阶变量，构建了多维度进阶假设模型（Hypothetical Multi-Dimensional Learning Progression，简称 HLP）。研究者指出要帮助学生建构对复杂概念的理解，例如原子结构模型，原子和分子如何相互作用等，则必须让学生经历一系列连贯的课程。学生的学习应该建立在概念理解基础上的意义建构，包括将新的信息纳入其中，并建立起与已有知识的联系，从而建构一个有组织和整合化的结构。多维进阶模型表征了知识或概念理解的进阶（见图 1-10），图中每一种颜色（或形状）表征一个不同的概念（或构想），黑色线表征不同概念和构想之间的理想连接。A 过程表征多维度知识发展（逐渐完整、科学、准确），B 过程是一个二维表征，用来表征知识结构的整合和组织过程。研究者指出，学生在进入

[1] ALONZO A C，STEEDLE J T. Developing and assessing a force and motion learning progression[J]. Science Education，2009，93（3）：389-421.

[2] STEVENS S Y，DELGADO C，KRAJCIK J S. Developing a hypothetical multi-dimensional learning progression for the nature of matter[J]. Journal of Research in Science Teaching，2010，47（6）：687-715.

教室学习之前，通常拥有不准确和不完整的知识结构，学生的知识结构可能没有组织成框架和系统，是碎片状的。当概念不是以一种结构化的方式进行组织时，学生很难将其应用到新情境中，因为它缺乏结构和组织。因此，虽然学生可能拥有相关的碎片知识，但他们可能仍然不能在面对新问题时应用这些知识。比较而言，拥有很好组织和情境化知识的专家则很容易应用知识，并且经常是围绕该领域的基本概念进行组织。

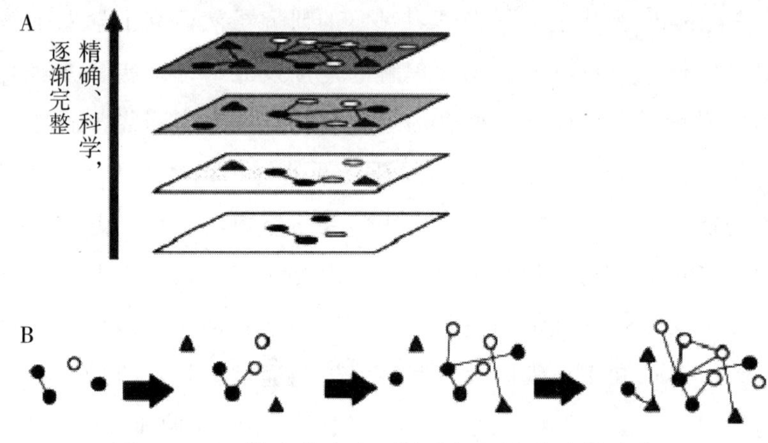

图 1-10 整合化知识或概念理解进阶的表征

2. 以认知作为进阶变量

Hui Jin、Charles W. Anderson[1] 以社会生态系统中碳转换过程中的能量概念的解释作为研究对象，关注学生的推理过程，将关联（Association）型推理和追踪（Tracing）型推理作为进阶变量。其中，关联即学生是从能量的过程、材料和形式有怎样的异同的角度进行推理；追踪即学生在一个事件发生时能发现什么不变，什么发生了变化，并能以不变物（例如物质、能量、有机体）作为推理的核心要素。

Ann E. Rivet1 和 Kim A. Kastens[2] 总结了学生围绕地球系统模型进行推理的各个方面，建构了可视化形式（见图 1-11）来表征学生在模型和地球系统间进行类比推理的进阶（精细化和深刻化）。研究者根据学

[1] JIN H，ANDERSON C W. A learning progression for energy in socio-ecological systems[J]. Journal of Research in Science Teaching，2012，49（9）：1149-1180.

[2] RIVET A E，KASTENS K A. Developing a construct-based assessment to examine students' analogical reasoning around physical models in earth science[J]. Journal of Research in Science Teaching，2012，49（6）：713-743.

生关于模型对地球的对应关系将学生分为四个水平，每一个水平中学生应该能够确定模型和地球之间的一致与否，并且能够从地球推理到模型，或从模型推理到地球。

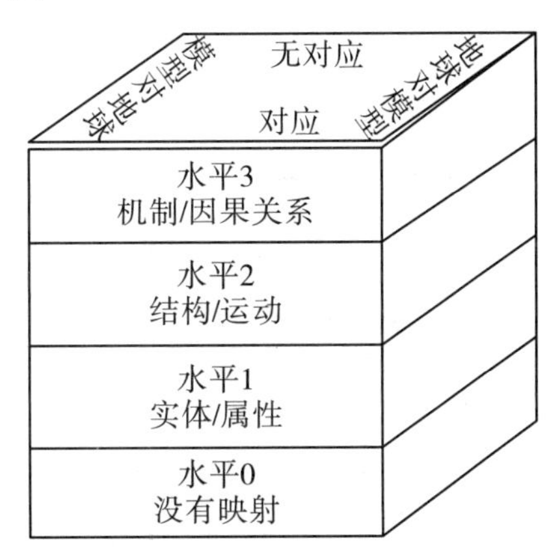

图 1-11　基于模型推理的可视化表征

水平 0：没有映射，表明个体没有建立模型和地球系统映射关系的显著类比联结。学生知道模型代表指示对象，但不能区别两者的异同。

水平 1：实体 / 属性。学生从实体和属性的角度进行映射。学生知道模型的表征方式是对真实地球系统相对简单且有意义的表征。

水平 2：结构 / 运动。结构指的是学生对模型中实体的相对空间位置和分布，以及对地球系统中实体进行映射。运动是意识到模型中物体的位置相对于其他物体位置的变化，对应到地球系统中物体类似的运动。这个水平的学生开始从空间和时间的角度推理地球系统的各个方面，以及如何在动态模型中进行表征。理解系统在时间和空间上都在变化，对于发展地球科学基本概念的理解是十分重要的。

水平 3：机制 / 因果关系。模型中出现突发现象的原因和机制，并对应到真实地球系统中发生类似突发现象的同样原因和机制上。在这个水平，学生能够根据观察到的现象探究和发展因果推理，科学家们同样采用这种方法，应用模型来发展对于地球系统变化的过程。这一水平与水平 2 的时间和空间的因果关系是不一样的。这一水平的学生不是简单地重复关于地球或模型的科学概念，而是能够应用个人对于模型的操作机制的真正理解，即这一水平的学生能够应用模型作为一种认知工具来丰富他们对于地球系统的理解。

Claudia von Aufschnaiter、Stefan von Aufschnaiter[1]则从内容、复杂性和时间三个维度构建了学生认知过程的理论框架。研究者认为要描述认知过程及概念，内容广度、个人意义建构的复杂程度和学生在特定情境中达到该水平所需要的时间，是三个比较重要的维度（见图 1-12）。研究者根据 Piaget 的阶段理论和 Powers 有关心理活动的分类方案，提出描述情境意义复杂程度的模型（见表 1-9）。

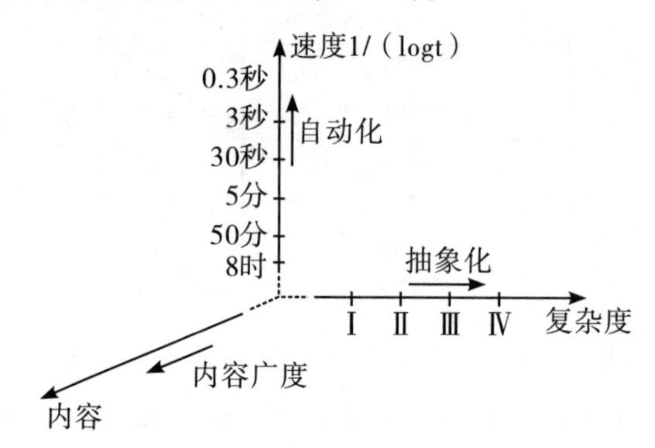

图 1-12 三维认知过程发展空间

表1-9 复杂度的进阶

等级		层次描述	复杂度
4	变化的情境和对象的协变性	系统：建构稳定的规则变量网络 网络：依据其他原则的新原则的系统性变量 联系：相同变量或不同变量相互联系的规则	逐渐复杂（↑）
3	变化的情境和对象	原则：建构一对属性的共同稳定变量 项目：根据其他稳定属性的另一属性的系统变量	
2	（多种）不变的情境和对象	事件：联系相同或不同事物的稳定属性 属性：基于普遍或不同方面，建构事物的类别	
1	（具体的）情境和对象	操作：依据事物的具体方面确定的系统变量 方面：物体和/或具体特征的识别 对象：基于区别建立的稳定特征	

[1] AUFSCHNAITER C V，AUFSCHNAITER S V. Theoretical framework and empirical evidence of students' cognitive processes in three dimensions of content，complexity，and time[J]. Journal of Research in Science Teaching，2003，40（7）：616-648.

3. 内容和认知相结合作为进阶变量

Knut Neumann、Tobias Viering 等人[1]则以能量为例，将能量的维度和内容的复杂度构成二维进阶变量，体现了内容和认知相结合作为进阶变量的思想。其能量维度分为四个水平——能量的形式、转换、耗散和守恒，内容的复杂度分为四个水平：(1) 事实 (Facts)，碎片化的知识基础，学生掌握的是相互之间不联系的独立的知识片段；(2) 映射 (Mappings)，独立的知识片段之间建立起简单的联系的知识基础；(3) 关联 (Relations)，是存在更高质量联系的知识基础；(4) 概念 (Concepts)，一种包括复杂相互关系的知识基础。这些相互关系就是独立的知识碎片组成的特殊结构，一共分为 16 个层级（见图 1-13）。

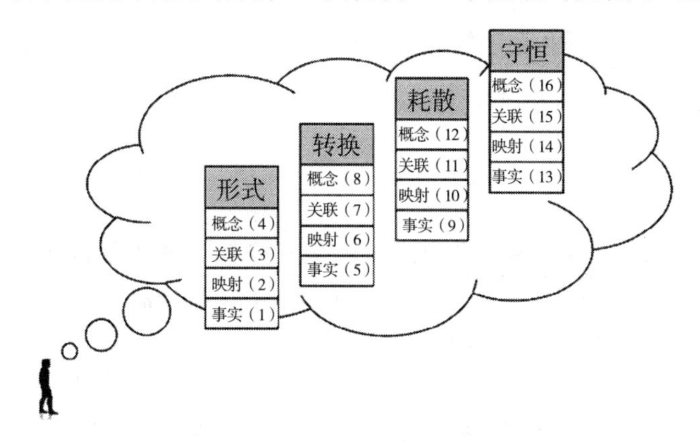

图 1-13　初始的能量学习进阶

4. 以能力或实践（探究）要素为进阶变量

Christina V. Schwarz、Brian J. Reiser 等[2]指出建模是科学中的核心实践活动，是科学素养的核心环节，界定了科学建模是实践的要素（建构、应用、评价和修正模型），并认为元认知知识能够引导和激发实践（例如理解模型的本质的目的）。该研究的科学建模的学习进阶包括元认知知识和实践要素两个维度，即科学模型作为解释和预测的工具，以及当理解得到发展时模型需要变化。该研究描述了这两个维度的进阶，并且描

[1] NEUMANN K, VIERING T, BOONE W J, et al. Towards a learning progression of energy[J]. Journal of Research in Science Teaching, 2013, 50 (2): 162-188.

[2] SCHWARZ C V, REISER B J, DAVIS E A, et al. Developing a learning progression for scientific modeling: Making scientific modeling accessible and meaningful for learners[J]. Journal of Research in Science Teaching, 2009, 46 (6): 632-654.

述了5、6年级学生参与建模的案例。该研究案例表明两组学习者都有效地参与建构和修正日渐精确的模型，包括有力的解释机制，以及应用这些模型来预测相关现象。

该研究指出建模实践包括四个要素：学生建构与已有事实和理论一致的模型，用来描述、解释或预测现象；学生应用模型来描述、解释和预测现象；学生比较和评价不同的模型，来准确地表征和解释现象的类型，并且预测新现象；学生修正模型来增强解释和预测的力度，考虑额外的事实或现象的其他方面。

研究者认为建模学习进阶的元建模知识的主要成分包括模型的本质、模型的目的、评价和修正模型的标准（见表1-10），并指出建模实践活动应该是实践活动和元建模知识的相互作用，从而实现意义建构和交流理解这两个目标，每一个目标的实现都来自实践要素和元建模知识的应用（见图1-14）。

表1-10　建模学习进阶的元建模知识的主要成分

模型的本质	模型能够表征非可视化和无法接近的过程和特征 不同模型具有不同优势 模型是一种表征，因此它们对于表征的现象是有局限性的 模型是可以变化的，从而反映对现象理解的发展 有多种形式的模型：图像、数学模型、模拟仿真等
模型的目的	模型是用于建构知识的意义建构工具 模型是用来交流理解或知识的交流工具 模型能够通过预测现象的新方面来发展新的理解 模型能够用于描述、解释和预测现象
评价和修正模型的标准	模型需要基于现象的事实 模型需要包括仅仅与其目的相关的内容

该研究构建的“模型作为解释和预测的生成性工具”的进阶层级（见表1-11）表现在学生从认为模型是一种表征方式，从学生知道模型的描述功能，且仅能用单一形式表征，发展到学生知道模型的解释功能，并且能够运用多元表征或多重模型，能够比较各模型的优劣，到最终学生

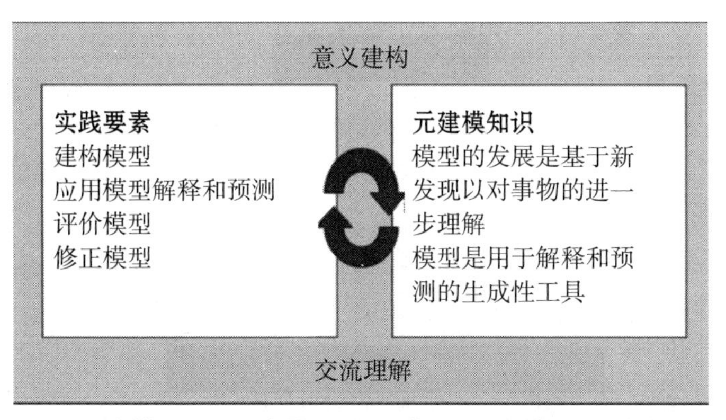

图 1-14 建模实践活动是实践要素和元建模知识的相互作用

知道模型的预测功能，能够建立模型来预测现象的发生。

表1-11 理解模型作为解释和预测的生成性工具的学习进阶

4	学生在一个领域范围内自发地建构和应用模型来帮助他们提出自己的思考 学生根据不同模型来考虑世界将会如何表现（作用）。学生建构和应用模型来生成关于行为或现象存在的新问题
3	学生建构和应用多重模型来解释和预测一组相关现象的更多方面 学生认为模型是能够支持他们对已有现象和新现象的相关想法的工具。学生在分析这些可供选择的模型所具有的优缺点的基础上，考虑在解释和预测过程中，需建构模型的可参考方面
2	学生建构和应用模型来描述和解释现象是如何发生的，并与现象的事实一致 学生认为模型是他们对于一个现象理解的交流方式，而不是支持他们想法的工具
1	学生建构和应用模型来表征单一现象的文字描述 学生不认为模型是产生新知识的工具，而认为模型是表征现象（看起来像什么）的一种方式

该研究建构的“模型变化”的进阶层级（见表1-12），表现在学生从不期望模型变化，对模型仅有对错之分，从模型是否是现象的良好复制品的角度评价模型，到学生基于权威修正模型，从细节修改模型，再发展到学生基于事实修正模型，目的是提高解释力，最后学生从解释力的角度，在基于事实的基础上考虑模型变化，考虑整合不同模型的不同方面。

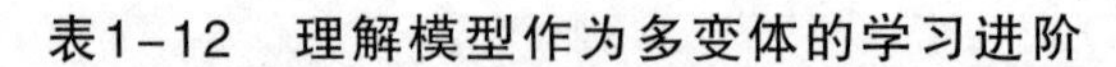

表1-12 理解模型作为多变体的学习进阶

4	学生考虑模型变化来提高解释力度，并且需要优先获得事实来支持这些变化。认为模型变化是提出一个问题，且该问题能够通过现象事实的检验 学生评价相互竞争的模型，考虑整合模型的不同方面，从而提高模型的解释和预测力度
3	学生修正模型是为了更好地符合已获得的事实，并且改善模型内部机制的清晰度。因此，修正模型是为了提高模型的解释力 学生通过比较模型来了解哪种模型能更完整地符合事实，这些模型有哪些不同的成分或关系，从而提供一个对于现象的更机理化的解释
2	学生基于权威（教师、教材、同伴）信息修正模型，而不是基于从现象中收集到的事实或新的解释机制来修正模型 学生对模型进行修正，从而改善细节和提高清晰度，或增加新信息，而没有考虑模型的解释力，或者它是否符合已经被改进的实证事实
1	在有新的理解的情况下，学生不期望模型发生变化。他们用绝对的正确或错误答案的术语来谈论模型 学生从模型是否是现象的好或坏的复制品的角度来比较模型，从而对模型进行评价

二、《下一代科学标准》中模型和建模的学习进阶

美国《下一代科学标准》（以下简称《新标准》）[1]指出建模的学习和训练应该从低年级开始，学生对模型理解的进阶应该从具体的图形（Pictures）和/或物理尺度模型（例如一辆玩具车）出发，在后续年级中发展为包含相互关系的更为抽象的表征，例如图形表征一个系统中某一特定物体上的受力情况。

模型包括图形、复制品、数学表征、类比和计算机仿真。虽然模型不可能与真实世界完全精确地一致，但它在表征真实世界时，会忽略其他特征而关注某些特定的特征。所有的模型都有其适用范围、假定来限制它的有效范围和预测能力范围，因此让学生意识到模型的局限性是非常重要的。

在科学研究时，我们需要建构模型来表征一个系统（或者系统的某些部分），从而帮助我们提出问题，并建构解释，进而形成数据用于预测，

[1] Achieve. The next generation science standards-appendix A[EB/OL]. [2013-04-16]. http://www.nextgenscience.org/sites/ngss/files/ APPENDIX A-Conceptual Shifts in the Next Generation Science Standards.pdf.

同时可以和其他研究者交流观点。学生需要通过反复循环地比较他们的预测和真实世界之间的差异，来调整他们基于现象所建构的模型，从而评估和精炼模型。例如，模型是基于证据的，当新的证据被揭示出来之后，原来的模型不能解释新的证据时，原来的模型就必须进行修正。

在工程学中，模型可能能够用于分析一个系统，以预测哪里或在什么条件下会出现缺陷，或者检测可能的解决问题的方案。模型也能够用于一个设计的可视化和精炼化，可以与其他人交流一个设计的特点，并且可以作为一个原型来测试其设计表现。《新标准》将 K~12 年级学生建构和应用模型分为四阶（见表 1–13）。

表1–13　《新标准》建模和应用模型的进阶要求

年级	具体内容	进阶特点
K~2	K~2年级的学生应该基于已有经验进行建模，并且进阶到应用和建构模型（例如示意图、图画、复制品、立体模型、剧本或故事板）来表征具体的事件或设计方案 区分模型和模型表征的真实物体、过程和事件之间的差异 通过比较不同的模型来确定模型共同的特征和差异 建构和/或应用模型来表征数量、关系、相对尺度（更大、更小），以及/或自然世界和设计世界的类型 建构一个基于证据的简单模型来表征一个物体或工具	学生建构和应用模型来表征具体事物，能够区分模型和真实事件的差异，能够区分不同模型的共性和差异
3~5	3~5年级学生的建模应在K~2年级的建模经验基础上进行，并进阶到建构和修正简单模型，应用模型来表征事件和设计方案 意识到模型的局限性 与同伴合作，基于证据来建构和修正模型，该模型表征的是生活中经常发生的事件中各变量之间的关系 应用类比、案例或抽象表征来建构模型，用该模型来描述一个科学原则或设计方案 建构和/或应用模型来描述或预测现象 建构一个图像或简单的物理原型来表示一个物体、工具或过程 应用模型来检测因果关系或一个自然系统或设计系统运作中的相互作用	从具体事件模型发展到对熟悉事件的各变量间关系、科学原则进行表征，要求学生意识到模型的局限性，开始用较抽象和多样的方式进行表征，开始用模型检测因果关系

续表

年级	具体内容	进阶特点
6~8	6~8年级学生的建模应基于K~5年级学生对建模的经验，并进阶到建构、应用和修正模型来描述、检测及预测更抽象的现象和设计系统 评价建构的一个物体或工具模型的局限性 当系统中的一个变量或成分发生变化时，能基于证据建构或修正模型来进行匹配 在具有不确定因素和较少可预测因素时，应用和/或建构一个简单的系统模型 建构和/或修正模型来表示变量之间的关系，包括那些不可观测的现象，但可预测能观测的现象 建构和/或应用模型来预测和/或描述现象 建构模型来描述不可见的机制 建构和/或应用模型来生成数据，从而检测关于自然现象或设计系统的想法，包括对输入和输出的表征，以及那些不可观测的尺度	发展到对更抽象的现象、变化的过程及不可观测的现象和机制进行描述、检测及预测，开始对建构的模型的局限性进行评价，并开始建构定量模型
9~12	9~12年级的建模是在K~8年级的经验基础上进行的，并且进阶到应用、合成和发展模型来预测和表征系统中各变量之间的关系，以及自然世界和设计中各要素之间的关系 评价表征同一工具、过程、机制或系统的两个不同模型的优点和局限性，从而修正模型来更好地符合证据或设计标准 设计一个关于模型的检验来确定模型的可靠性 基于证据来建构、修正和/或应用模型来描述和/或预测系统之间的关系或者一个系统中各要素间的关系 建构和/或应用不同类型的模型来提供力学解释和/或预测现象，并在考虑各模型优势和局限性的基础上，灵活地调用各个模型 建构一个能够进行操作和检测的复杂过程或系统模型 建构和/或应用模型（包括数学和计算机模型）来生成数据，从而支持自己的解释、现象预测、系统分析和/或问题解决	发展到对复杂系统以及过程和系统之间关系进行应用、合成和建构。能评价同一对象的两个不同模型的优劣，能灵活应用模型，设计实验验证模型的可靠性，通过定量模型解释、预测现象以及进行系统分析和问题解决

本书研究根据《新标准》的进阶层级，从模型对应实物的关系、模型的表征内容、模型的表征形式、模型的功能、模型的可变性五个维度，对K~12年级各阶段学生在建构和应用模型这一实践要素上需达到的水平

进行图像描述（见图 1–15）。

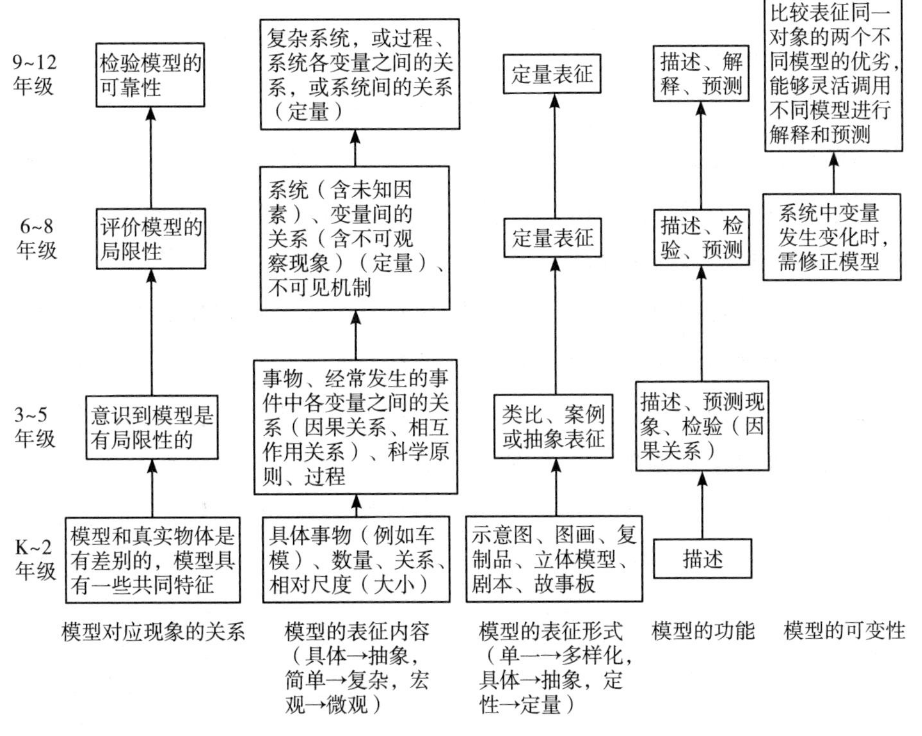

图 1–15　建构和应用模型的进阶图

三、对学习进阶相关研究的述评

近十年来学习进阶的研究成为一个热点问题，其是在众多研究者三十多年来对概念转变研究基础上发展起来的。目前，不同研究者分别以不同的进阶变量构建进阶框架或模型，整体而言，已有的研究可归纳为四大派别倾向。第一类倾向于以内容（Content）作为进阶变量，例如，针对具体概念从迷思概念到科学概念的发展（Kennedy et al.，2007），从知识的完整性、准确性和科学性的角度进行描述（Stevens et al.，2010）。第二类则倾向于以认知（Cognition）作为进阶变量，例如，以思维方式作为进阶变量（Jin et al.，2012），以认知过程作为进阶变量（Aufschnaiter et al.，2003）。但实际上这两类进阶变量间存在内在关联，因此很多研究者属于第三种类型——内容和认知相结合作为进阶变量，例如，以内容本身特点和复杂度作为进阶变量（Neumann et al.，2013）。

第四类则是以能力或实践（探究）要素作为进阶变量，例如，以建模要素作为进阶变量（Schwarz et al.，2009）。

此外，很多研究者意识到单一的研究变量无法完整刻画学生的进阶，因此采用多变量、多维度描述学习进阶也是这一研究逐渐呈现的特点。虽然各研究者的研究变量存在一定差异，但笔者在分析具体变量时发现，大多数研究者将系统、结构、关联作为其进阶变量中的重要考虑因素，值得本书研究学习和借鉴。

在模型和建模进阶方面，国外研究者虽对模型和建模实践的进阶层级进行了刻画，但是大多数研究者仅对模型和建模实践进阶中的个别维度展开研究，并未整体且连贯地开展进阶研究。因此，模型和建模实践的进阶究竟应该从哪些维度去刻画，采用何种方式开展研究，以及如何实现进阶，仍缺乏完整的理论模型和实证数据，需要进行深入的跟踪研究，而国内尚未开展相关研究。

第二章　建模与建模教学的研究进展

20世纪80年代，美国物理学家海斯特斯（Hestenes）等首次提出建模教学及其理论（Modeling Theory）并进行了实践研究。20世纪90年代初，在美国自然科学基金资助下，建模教学逐步发展成为影响全美的重要教学模式，并成为美国教学改革的样板和美国物理教育改革中最成功的教学模式之一，其对我国当前的物理课程教学改革有重要借鉴意义。本章将从建模的定义、建模及建模教学的理论、建模教学的研究成果进行阐述。

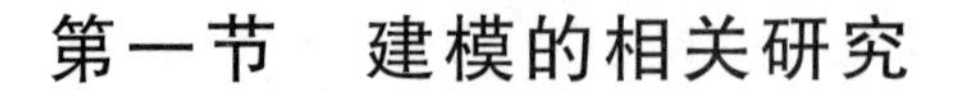

第一节　建模的相关研究

Rea-Ramirez、Clement 等人[1]认为利用认知方法去探讨学生概念转变可能是不够的，因其未能考量情意因素、社会学习角色与学习情境。此外，他们也认为概念转变研究过于强调转变与取代，而非修正。许多心智模型的研究也不能诠释师生的交互如何影响科学学习，同时也缺乏清楚的机制来解释学生如何建立心智模型，故 Rea-Ramirez 等人认为概念转变教学应兼顾认知与社会理论，并通过心智建模理论来解决。他们提出以模型为基础的共同建构（Model-based Co-construction），试图整合社会学习、个人学习与前概念，以及心理层面的心智模型、类比和意象等元素，从而描述教师与学生共同建构与评估模型的历程，如图 2-1 所示。

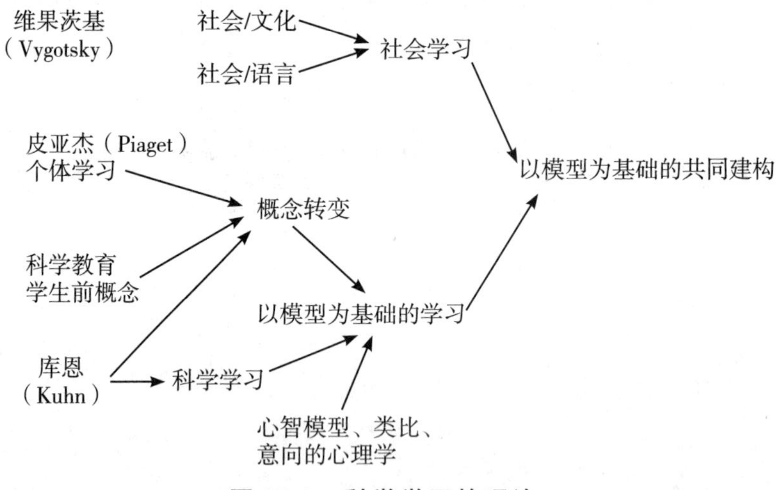

图 2-1　科学学习的理论

通过文献分析发现，科学教育研究已从概念转变相关议题的研究，转向模型和建模的有关研究，相关研究也不断地被提出[2]（Gibert et al.,

[1] CLEMENT J J，REA-RAMIREZ M A. Model based learning and instruction in science[M]. New York：Springer，2008：23-43.

[2] 张志康，邱美虹. 建模能力分析指标的发展与应用：以电化学为例[J]. 科学教育学刊，2009，17（4）：319-342.

2000；Halloun et al.，1996）。模型与建模是认知与科学探究的基础，在科学过程中扮演非常重要的角色。模型与建模包含许多复杂活动的过程，也伴随着不同能力的发展，不仅能解释学生概念转变的历程，也增添许多概念转变研究所缺乏的元素，如建构理论不仅可描述概念转变的机制与动态发展，且提供相关策略来促进学生的学习，或是帮助学生理解科学模型所扮演的角色等[1]。同时，模型与建模也弥补了传统讲授和演示实验在教学上的不足，如学生采取被动学习的方式，知识属于片段形式，以及学生的朴素信念难以改变等问题[2]。

Shen 等人[3]认为建模理论的发展源于三方面的根本原因：（1）建模方法认同多样化的推理方式，这些推理方式包含了诸如图表、图形、命题等多种表征方式；（2）建模理论不仅描述了概念转变的机制与动力，而且为科学教育中的概念学习提供了教学策略；（3）科学教学中的模型方法强调了操作和建构模型，并考虑了学习者活动的作用，即通过建模过程，学习者可以体验科学模型的功能，并以自己的方式实践建模过程。

一、建模的定义

在科学学习的过程中，为发挥模型的功能，发展建模的能力是必要的。建模同时也是科学家的主要活动之一。Gilbert[4]认为模型的建构是一种逐渐发展的过程技能，发展此能力是科学素养的一部分，且可使学生了解知识是人们所建构的。Schwarz、White[5]认为建模的知识应包括模型的本质、建模的本质或过程、模型的评价、模型的目的或使用。但 Justi、Gilbert（2002）指出获得这些能力所需的时间是相当漫长的。Halloun（1996）和 Hestenes（1995）则从问题解决的角度认为建模历程是一个

[1] SHEN J，CONFREY J. From conceptual change to transformative modeling：A case study of an elementary teacher in learning astronomy[J]. Science Education，2007，91（6）：948–966.

[2] 刘俊庚，邱美虹. 从建模观点分析高中化学教科书中原子理论之建模历程及其意涵[J]. 科学教育研究与发展季刊，2010（59）：23–54.

[3] 王文清. 科学教育中的建模理论[J]. 科技信息，2011（8）：551–552.

[4] GILBERT J. The role of models and modelling in science education[C]. Atlanta：the 1993 Annual Conference of the National Association for Research in Science Teaching，1993.

[5] SCHWARZ C V，WHITE B Y. Metamodeling knowledge：Developing students' understanding of scientific modeling[J]. Cognition and Instruction，2003，23（2）：165–205.

相当复杂的历程，包括许多活动与技能。

那么什么是建模呢？顾名思义，建模就是建构或修改模型的动态过程[1]。在建模领域有两种研究取向，一种是模型的发展历程（Justi et al., 2002），即模型的建构始于个人的心智模型。然而，个人的心智模型是无法存取的，只有当它被说出来或写出来之后，它才能被用来和别人沟通。当心智模型被个人以任何形式表征外显出来之后，心智模型就转变成被表达出来的模型（Expressed Model）。这些被表达出来的模型，在通过科学共同体的测试与检验之后，就称为科学模型。另一种研究取向是模型的结构[2]，即模型是如何被建构出来的。当找出可以描绘出一个自然现象的重要参数（或称之为组成成分、组成元素），以及这些参数之间的正确组合关系（或称之为联结关系、运作规则），就可建构出这个自然现象的模型了。

因此，整合这两个取向，即可认为模型的建构是因为个人尝试要对复杂的现象进行了解，它始于个人内隐的心智模型，然后转变成为被表征出来外显的模型，若此外显的模型能通过科学共同体的检验，它才能成为科学模型。此外，模型的建构必须把复杂的现象予以简化，从复杂的现象抽取出能描绘该现象的最主要的元素或参数，并且找出这些元素或参数之间正确的关系，进而形成正确的结构，从而描绘出原本复杂的现象。

二、建模能力

最早的建模能力的研究是以学生对模型理解的水平作为判断建模能力的依据，例如 Grosslight 等人（1991）根据学生对模型的理解程度将学生的建模能力分为三个层次，认为低能力的人只能将模型视为实体，中能力的人可通过模型来了解问题、与人沟通，而高能力的人可将模型加以联结发展用以解释、预测。建模能力早期研究的另一个视角是建模

[1] JUSTI R, DRIEL J V. A case study of the development of a beginning chemistry teacher's knowledge about models and modeling[J]. Research in Science Education, 2005, 35 (2/3): 197–219.

[2] DOERR H M, TRIPP J S. Understanding how students develop mathematical models[J]. Mathematical thinking and learning, 1999, 1 (3): 231–254.

历程的角度，例如，Hestenes（1995）指出模型的建立和模型的分析是建模步骤中最为重要的活动。现阶段研究则侧重从整合化角度来考察学生的建模能力，例如，邱美虹（2008）从本体论（模型的本质）、认识论（模型的认识）和方法论（模型的应用）三个维度来构建学习者模型和建模能力框架；张志康、邱美虹（2009）以Halloun在1996年提出的建模历程理论和Biggs、Collis在1982年提出的观察学习表现架构（简称Solo）两大理论为基础，发展出建模能力分析指标，该指标由六种建模历程与六种答题层次组成6×6的矩阵表格，将学生建模历程中每一阶段的建模能力分为六个层次，分别为经验反应、单一因素、多重因素、关系层次、延伸关系、科学理论，并利用建模能力分析指标，设计一系列建模相关试题，建立相对应的分析编码表来界定学生的建模能力。

关于学生建模能力的研究发现，学生建模能力的发展并不可能随着时间的推移而自然发展，教师教学方式的选择对学生建模能力的发展至关重要。

第二节 建模教学的相关研究

广义来说，能帮助学生达到建立或修改原本所持有的心智模型目的的教学模式，可以叫作建模教学。建模教学理论的核心观点是认为物理学家是基于模型开展推理的，通过应用诸如图形、图表、数学方程等来表征具体的物理情境，从而开始模型建构过程。

一、建模及建模教学理论

1. Hestenes 的建模理论[1]

Hestenes 从 20 世纪 80 年代就开始持续关注模型在科学教育中的发展和使用。Hestenes（1987）在具体力学模型发展的基础上提出了普适的模型发展历程，由此建立了建模理论（Modeling Theory）。他指出建模理论是科学中程序性知识的一般理论，在该理论中他将模型的发展分为四个阶段：描述阶段、公式化阶段、演化阶段、验证阶段。

Hestenes[2]认为个人知识是主观的，概念模型是客观的，真实世界是不同于主观和客观而真实存在的，它们属于三种不同的世界（见图 2-2）。心智模型是个人建构出来的，是内隐的，需要使用符号将心智模型表征出来，然后再和其他个体的心智模型进行交流。当科学共同体创造出一致的并被实践所证实的模型时，此模型就称为概念模型。概念模型可以用来描述科学和表征真实的世界。此外，观察真实的世界，可以帮助建构个人的心智模型。所以，这三个世界是相互作用和影响的，也是一个不断循环的过程。Halloun[3]进一步将科学模型分成四个维度：范围（Domain）——模型所涉及的对象，是一套具有共同结构或行为特征的物理系统；成分（Composition）——模型的内容、环境、对象描述符

[1] 张静，郭玉英. 物理建模教学的理论与实践简介[J]. 大学物理，2013，32（2）：25-30.
[2] HESTENES D. Modeling games in the Newtonian world[J]. American Journal of Physics，1992，60（8）：732-748.
[3] HALLOUN I. Schematic modeling for meaningful learning of physics[J]. Journal of Research in Science Teaching，1996，33（9）：1019-1041.

和相互作用描述符；结构（Structure）——表征模型对象的物理性质的描述符之间的相互关系；组织（Organization）——同一理论中不同层次、不同组别的模型之间的关系。成分和结构用来定义模型，范围和组织用来说明模型属于的理论框架。

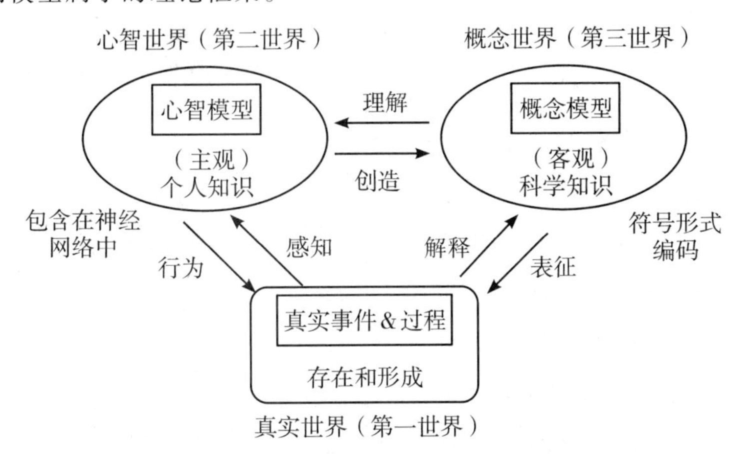

图 2-2　心智模型、概念模型和真实世界的交互作用

在此基础上 Hestenes[1] 提出了一般的建模过程可分为模型建立（Model Construction）、模型分析（Model Analysis）、模型验证（Model Validation）3 个阶段（见图 2-3）。

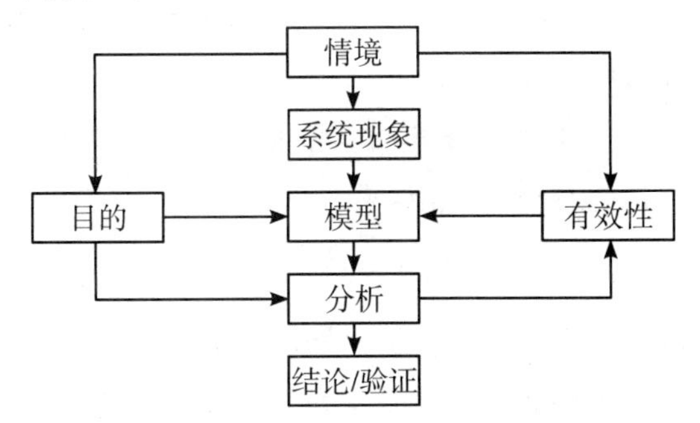

图 2-3　建模过程的图示表征

（1）模型建立。仔细确认和描述所遇到的问题情境的组成成分和各自的现象，借此找出适当的模型，确立建模目的和对结果的有效性进行预测，从而解决所遇到的问题。

[1] HESTENES D. Modeling software for learning and doing physics[M]//BERNARDINI C, TARSITANI C, VINCENTINI M. Thinking physics for teaching. New York: Plenum Press, 1995: 25-65.

（2）模型分析。当模型被建立后，就需对模型进行分析，以了解模型的结构和内容，做出以模型为基础的推论。

（3）模型验证。当这个模型呈现一致的有效性，才能运用这个科学模型在系统情境中推论出结论，并验证这个科学模型是有效的。但是，应知道模型不可能百分之百地符合所有情况，因为模型是为符合目的所建构，有其解释的局限性。

当然，科学教育的宗旨是培养学生思考与解决问题的能力，而建模是解决问题的一个重要方法。Halloun（1996）在Hestenes的建模理论基础上，将基于模型的问题解决分为五个阶段（见图2-4），这些阶段并非一定是一个接着一个的，中间三个阶段有可能是重叠的。这些阶段可分为：

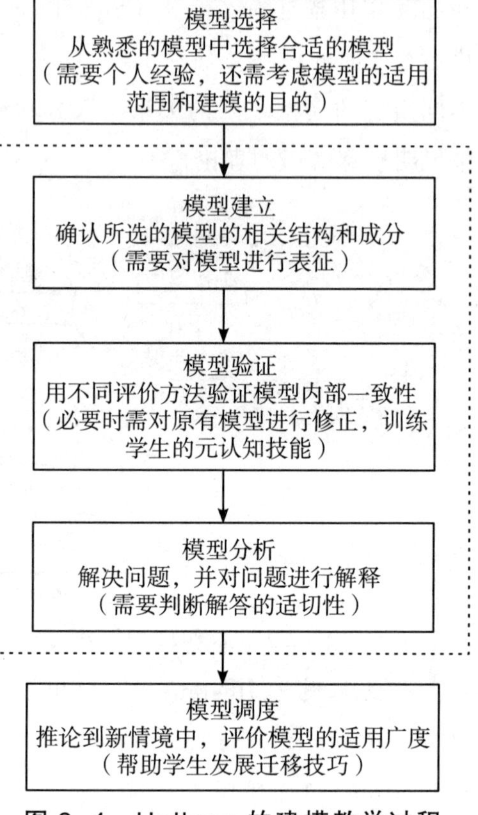

图2-4 Halloun的建模教学过程

（1）模型选择（Model Selection）。面对问题情境，从经验中挑选一些合适的模型并进行整合，通常是在熟悉的模型中选择一个适合的模型开始建模过程。这个选择的步骤需要考虑模型的适用范围，并且根据建模的目的，所选模型应能做出有效的解释。

（2）模型建立（Model Construction）。确认所选模型相关成分与结构，或重建更普适的模型来帮助学生更有效地描述与解释。在这一步骤中，应该引导学生建立数学模型解决问题，建立每一个模型的成分和结构。

（3）模型验证（Model Validation）。利用不同实验或评价方法来帮助学生检验模型的内在一致性，提供给学生进行批判性思考的机会。

（4）模型分析（Model Analysis）。学生可以通过数学模型找出课本上问题的答案，并且能够解释和辨别答案。一旦模型被验证，模型就是一致的，模型分析可回应建模的目的，对问题进行解释。

（5）模型调度（Model Deployment）。这个阶段是帮助学生发展迁移的技巧，用建立的模型来解释新情境，甚至在已建立模型的基础上进行延伸，再建构一个新的模型。

Hestenes认为在课程中加入建模教学，可以帮助一般的学生聚焦问题、组织知识，在科学的范畴下进行问题解决，并且丰富其知识。Halloun认为在教学中可以通过互动与辩证的历程，帮助学生在建模历程中发展其模型的有效性和迁移性，不过他也强调这五个阶段并没有等级的关系，甚至步骤会重叠。Hestenes认为模型的建立和模型的分析是建模步骤中非常重要的活动。

2. Clement的建模模型架构

另一个被科学课程经常采用的建模模型是Clement提出的“建模模型架构”[1]（见图2-5）。在科学课程进行时，所有的建模过程都是根据其目的，进行是否要描述现象，建立组成，找出原因和影响因素，预测在这样的情境下会发生的事情，依据其目的形成已有且一致的模型，修改已有模型或重新形成新的模型的选择或判断，这个过程包含了直接或间接的观察、质与量的分析和实验等，也包含了选择模型的来源，转化来源与目标之间的关系。当心智模型形成后，可以用具体物、口语、视觉或数学关系来表征，接着可以通过思考实验来检查所产生的心智模型。假如模型无法在思考实验中正确地预测结果，则需再修正模型，或者是将此循环步骤再从头开始；若是模型可以正确预测，就可进行实验检验，评估模型和检测其结果。若是模型在实验中被再次证实，则所建构出来的模型与目的相符；若是模型在实验中无法被证实，就需再次修正模型，或者是将此循环步骤再从头开始。值得注意的是，在Clement模型中，需考虑模型的范围和限制，而且这样的过程是一直循环的，直到最后的模型产生。显然，此模型的建模历程与Halloun（1996）所提出的架构并

[1] JUSTI R S，GILBERT J K. Modeling，teachers' views on the nature of modeling，and implications for the education of modelers[J]. International Journal of Science Education，2002，24（4）：369–387.

不冲突，只是更加清楚地呈现了模型建构的循环路径。

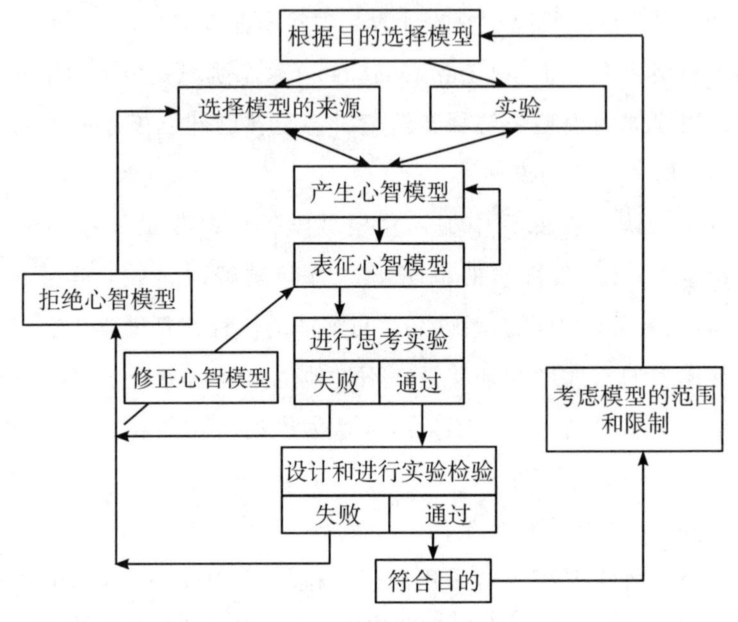

图 2-5 建模模型架构

（1989 年 Clement 提出，2002 年 Justi 和 Gilbert 进行修改）

二、近年建模教学的最新成果

近年来，在 Hestenes 团队的建模理论的影响下，不同国家的研究者开展了大量的研究，且提出了不同的建模教学模式。中国台湾的邱美虹等人[1]在 Halloun 的基础上提出建模的六个阶段——模型选择、模型建立、模型效化、模型应用、模型调度、模型重建，并将其用于教学设计中。该研究增加了模型重建环节，即在模型调度新情境中，若原本的模型无法解决问题，就必须重新进行相同的步骤，强调了建模过程的循环步骤。

美国佛罗里达国际大学的 Eric Brewe[2]在 Hestenes 和 Halloun 的基础上对建模教学进行了具体化，指出建模教学中的模型建构包括引入和表征、多重表征的协调一致、应用、抽象和概括化、拓展等五个阶段，

[1] 邱美虹，刘俊庚. 从科学学习的观点探讨模型与建模能力[J]. 科学教育月刊，2008（314）：2-20.

[2] BREWE E. Modeling theory applied：Modeling instruction in introductory physics[J]. American Journal of Physics，2008，76（12）：1155-1160.

更适合教学操作。Eric Brewe 以匀加速模型为例设计了教学目标和学生活动案例（见表 2-1），并从模型本质的角度归纳了建模教学与传统教学内容的差异(见表 2-2)。该研究的建模教学过程虽然十分具体，易于操作，但建模的主线并不明显，也未很好地体现模型的功能及学生心智模型的发展，且其主要靠学生的活动来建构模型，不适合大班教学。

表2-1　发展匀加速模型的建模教学环

步骤	教学目标	学生活动案例
引入和表征	现象——激发新模型的需要（加速运动不能用一般的匀速模型来解释），引入运动图像作为有用的表征	实验包括学生在速度感应器前加速运动
协调表征	将运动图像与一般表征（运动图）联系起来	实验和概念化活动
应用	开始应用知识和工具。发展基于经验开展探究和应用多种表征表述结论的能力	通过分析v-t运动图像来发展运动方程。问题解决强调模型工具的应用
抽象和概括化	确定包括各种匀加速运动情境表征的特征	评述匀加速运动并进行讨论
继续递增式发展	将匀加速模型与动力模型联系起来，并应用到一个新的情境中	结合能量和力的概念，继续回顾匀加速模型，并应用到电磁学中
	模型是区别于它们表征的现象的，能够包括因果的、陈述的以及语言的要素	内容与现象是不能区分的

表2-2　建模教学和传统教学内容的比较

建模教学	传统教学
模型是依据物理规律和限制条件建构的	定律以方程的形式给出，并且用于解决问题
模型是通过应用表征工具建构的，这些表征工具可以用于解决问题	问题解决主要是方程的定量计算
模型是暂时的，必须被验证、精炼和应用	内容是永不变化的，对内容的验证已经完成
一般模型用于具体的物理情境	定律应用于具体情境

续表

建模教学	传统教学
建模是一个过程，是通过积累经验习得的	问题解决是一个需要技巧的游戏，是通过解决大量问题习得的

Hestenes的建模理论同样遭到了一些质疑和修正。Shen和Confrey[1]认为，Hestenes虽系统描述了模型及建模过程的特征，但其关注的焦点是专家如何看待模型，并未讨论模型是如何由初始观念发展而来的，且其建模步骤相对还是一个线性过程。因此，Shen和Confrey提出“转换建模”（Transformative Modeling）的概念。按照转换建模的观点，学习者在相关情境中会首先形成一个初步的模型，然后在反复的观察以及与他人的交流中，添加新的要素，寻找局限，解决不一致，对模型进行修改、替换等，逐步形成较为稳固的模型。Shen和Confrey指出，通常建模教学集中在三种可能的方式上：其一，学生运用、探索和转换已有的工具和模型；其二，对相异模型进行比较和对照；其三，个体为当前的需要进行新模型的构建。他们强调，尽管研究者更多地关注第三种教学方式，即新模型的构建，但在一些情况下上述三种方式都会涉及，其中模型转换的作用是十分明显的。显然，Shen和Confrey的转换建模观点将关注的焦点从模型的建立转向学习者的心智模型的转换过程，这一点无疑是极有价值的。

密歇根州立大学Schwarz等人[2]则提出基本的科学建模教学顺序，其涉及的教学历程包括：定锚于自然现象→建构初始模型→实际地测试模型→评估模型→测试模型反驳其他想法→修正模型→使用模型进行预测或解释（见表2-3）。建模教学的顺序始于根据学生需要学习的科学概念而定锚于某个特定的自然现象，引导学生思考该现象所表征的问题，让学生建构、测试以及根据发现和证据评估与修正初始模型，并且比较竞争模型，

[1] SHEN J, CONFREY J. From conceptual change to transformative modeling: A case study of an elementary teacher in learning astronomy[J]. Science Education, 2007, 91 (6) : 948-966.

[2] SCHWARZ C V, REISER B J, DAVIS E A, et al. Devloping a learning progression for scientific modeling: Making scientific modeling accessible and meaningful for learners[J]. Journal of Research in Science Teaching, 2009, 46 (6), 632-654.

最后利用学生们达成共识所建构的模型去预测与解释其他现象。

表2-3　建模的教学顺序之课程成分（译自Schwarz et al，2009）

教学顺序	描述
定锚于自然现象	对某个特定概念，介绍引导性的问题与现象
建构初始模型	产生初始模型以呈现想法或假设，讨论模型的本质与目的
实际地测试模型	利用模型预测与解释需探讨的现象
评估模型	以实际的发现重新比较与检视模型。讨论模型的品质以便评估与修正模型
测试模型反驳其他想法	测试此模型反驳其他理论与（或）定律
修正模型	以新证据修改模型，比较竞争模型，并建构一个达成共识的模型
使用模型进行预测或解释	应用模型预测与解释其他现象

这个建模教学历程相对于其他的教学历程而言不仅相对完整一些，而且是立足于学生在教学过程中从个体的心智模型转变为科学模型的过程来设计的，但是却未将学生心智模型的发展过程显化出来，且未突出学生对心智模型的表征。

罗格斯大学提出ISLE（Investigative Science Learning Environment）[1]模式，这一模式具有两大特征。第一个特征是通过以下步骤发展学生自己的观点：（1）观察现象，并寻找模式（Patterns）；（2）建构这些模式的解释；（3）用这些解释预测验证性实验的结果；（4）判断预测和实验结果是否一致；（5）必要时修正解释。另一个特征是鼓励学生用多种方式来表征物理过程，进而帮助学生发展丰富的表征方式进行定性推理和问题解决，这种教学模式适用于250人的大班教学。

罗格斯大学的Eugenia Etkina、Aaron Warren、Michael Gentile[2]对模型在物理教学中的作用进行了研究。该研究将物理模型分为对象模型、相互作用模型、系统模型和过程模型（包括定性和定量），并表述

[1] ETKINA E. Investigative Science learning environment[EB/OL]. [2012-07-10]. http://www.islephysics.net/.

[2] ETKINA E，WARREN A，GENTILE M. The role of models in physics instruction[J].The Physics Teacher，2006，76（12）：1155-1160.

定量模型包括数学表征，例如相互作用方程、状态方程和因果方程（见图 2-6）。研究者认为建模过程是将实体简化或理想化为概念模型，包括选择某些方面建模而忽略另一些方面，或应用类比进行建模，在此基础上建构定量模型，确定物理量、物体类型以及相互作用方程、过程方程。该建模过程主要体现了对物理模型的分类和表征。

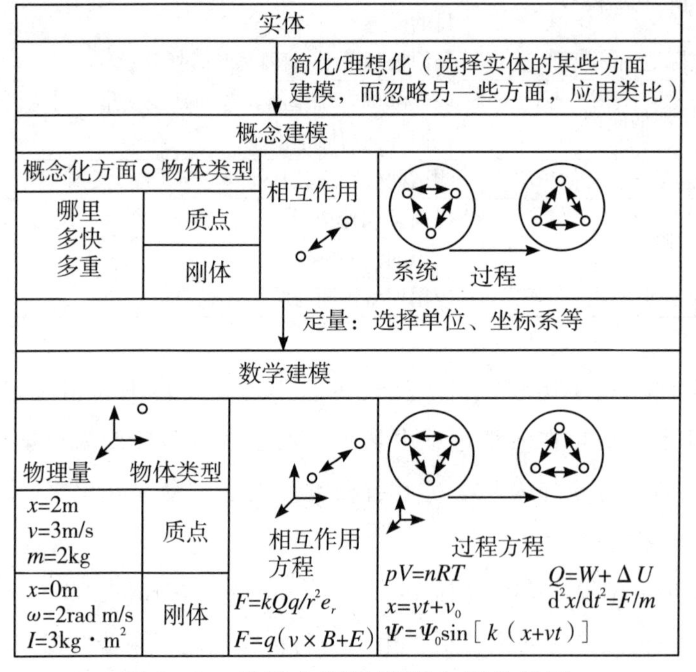

图 2-6 教学中四种模型之间的关系

除以上研究之外，美国科罗拉多大学科学教育计划—物理学习[1]和 Carl Wieman(PhET)[2],北卡罗来纳州立大学 Ruth Chabay(Vpython)[3]，以及南非开普敦大学 Andy Buffler 等致力于仿真动画的建模教学研究，巴西南里奥格兰德联邦大学 Greca 等人[4]对物理教学中心智模型、物理模型和数学模型间的关系进行了研究，亚利桑那州立大学[5]、密歇根州立

[1] POLLOCK S. Science education initiative[EB/OL].[2012-07-10]. http://www.colorado. Edu/sei/departments/physics_learning.htm.

[2] PAUL A. PhET interactive simulations[EB/OL].[2012-07-10]. http://phet.colorado.edu/.

[3] CHABAY R，SHERWOOD B. 3D lecture-demo programs for E&M[EB/OL].[2012-07-10]. http://www.matterandinteractions.org/Content/Materials/programs2.html.

[4] GRECA I M，MOREIRA M A. Mental，physical，and mathematical models in the teaching and learning of physics[J]. Science Education，2002，86（1）：106-120.

[5] HALLOUN I. Modeling instruction[EB/OL].[2012-07-10]. http://modeling.asu.edu/.

大学[1]、佛罗里达国际大学[2]、罗格斯大学[3,4]、麻省理工学院[5]、台湾师范大学[6]开发出大量实验素材用于建模教学。台湾师范大学科学教育研究所邱美虹教授、高雄师范大学科学教育研究所洪振方教授等对建模教学展开了大量研究，他们开发的素材和方法值得本书研究借鉴。

建模教学目前已在美国中学科学教学中广泛开展，全美接近 10% 的高中物理教师接受过正式的建模教学培训，其主要推动者为亚利桑那州立大学 David Hestenes 所领导的建模教学研究团队。该团队从 1980 年开始到 2012 年，持续得到美国国家科学基金会的资助，相继开发了“力学概念调查（Force Concept Inventory，FCI）”与“力学基础测试（Mechanics Baseline Test，MBT）”两项概念检测工具，提出了建模教育和课程设计的理论框架，在大学中的尝试取得初步成果并顺利地应用到高中物理教学的实践当中。在此基础上该团队成立了“建模工作坊”并在全美范围内开展培训工作，从而逐渐使得“建模工作坊”成为职前教师和在职教师的物理教学培训课程，并最终将该项目发展为科学相关方向学生的固定课程，同时促成了物理教学“自然科学硕士（Master of Natural Science，MNS）”学位的产生，有力地推动了建模教学的发展。2005 年，随着美国国家科学基金会对“自然科学硕士”项目的进一步资助，该项目逐渐扩展到了除物理以外的其他科学学科。与此同时，2010 年美国物理教师协会倡议美国教育部将建模教学作为全国性资源，由美国物理教师协会与美国物理学会共同组织，多所高等院校共同合作参与培训教师，促进理科在职教师的专业技能发展。[7]

[1] SCHWARZ C. The modeling designs for learning science[EB/OL]. [2012-07-10]. http://www.models.northwestern.edu/models/.

[2] Physics education research group of FIU[EB/OL]. [2012-07-10]. http://casgroup.fiu.edu/fiuperg/pages.php? id=2882.

[3] Rutgers University Physics and Astronomy Education Research (PAER) group. Modeling tasks[EB/OL]. [2012-07-10]. http://paer.rutgers.edu/ScientificAbilities/ Modeling Tasks/default.aspx.

[4] ETKINA E. Physics teaching technology resource[EB/OL]. [2012-07-10]. http://paer.rutgers.edu/pt3/index.php.

[5] LEWIN W. 麻省理工学院公开课：电和磁[EB/OL]. [2012-07-10]. http://v.163.com/ special/opencourse/electricity.html.

[6] 台湾师范大学. 物理教学示范实验教室[EB/OL]. [2012-07-10]. http://www.phy.ntnu.edu. tw/Demolab/.

[7] HALLOUN I. Modeling instruction[EB/OL]. [2012-07-10]. http://modeling.asu.edu/.

三、对建模及建模教学相关研究的述评

通过文献综述发现，模型和建模的相关研究已成为概念转变相关议题发展中的一个重要研究方向。Hestenes 的建模理论提出了真实事件、心智模型和概念模型的交互作用，是一个非常好的建模理论模型，但是他的建模教学过程主要是专家建模的过程。虽然后来的研究者将研究视角关注到建模教学的具体环节上，但并没有突出考虑如何通过有效的教学来促进学生心智模型的进阶。因此，如何建立建模教学、心智模型和学习进阶之间的联系，值得在理论和实践上开展研究。

第三章　研究问题聚焦及研究过程设计

在已有文献的梳理和综述的基础上，需要对已有研究进行讨论，并对本书研究的关键概念进行界定，确定本书研究的核心问题以及解决研究问题的任务与方法，进而选择研究工具与样本，设计研究过程。

第一节 研究问题聚焦

本书研究所要解决的有关心智模型进阶和物理建模教学的核心问题到底是什么？要明确这一问题，需要先对相关研究进行讨论，然后才能将问题进行聚焦。

一、对已有研究的讨论

科学教育研究最主要的任务就是给科学教师提供更好的教学模式来帮助学生更有效地学习科学知识。因此，过去四十多年，国际科学教育和物理教育研究领域开展了大量的关于学生概念发展的研究。早期的大部分成果来自对学习者迷思概念的研究，涉及学习者头脑中已经存在的经验、观点、认识方式等。在物理教育研究领域，这部分研究涉及了物理学的各个分支内容，研究对象涵盖从小学生到学习大学物理导论课的大学生。随着调查研究的深入，整个研究领域在学习者迷思概念存在的普遍性和顽固性，以及学习和教学都必须以学习者的迷思概念为出发点等方面基本达成了共识。

近年来，认知科学家们将迷思概念的研究拓展到更深的心理层面。学生可能有成千上万的迷思概念，我们无法一一去转变，因此我们需要从系统的角度来研究学生头脑内部的概念体系和结构——心智模型。但是关于大学生心智模型的研究并不深入，特别是我国尚缺乏有关研究。

学生科学概念的建构是在已有心智模型的基础上逐渐发展起来的，科学教育界的相关学者陆续提出了不同的理论或模型来描述学生的概念发展，但不同的研究者以不同的进阶变量建构理论框架。

此外，概念转变理论虽为转变学生的迷思概念提出许多具体教学策略，但教学效果仍不够显著。因此，科学教育研究开始从概念转变的相关议题转向模型和建模的有关研究：Clement 等人提出以模型为基础的共同建构理论，Hestenes 等人提出建模理论。显然，从概念转变的发展历史来看，现在的研究更加注重从模型和建模的角度来关注学生心智模型的发展，即弱化转变和冲突，注重建构过程。

二、概念界定

模型：是对真实世界抽象而简化的一种表征，可以表征物体、事件、系统、过程、物体或事件间的关系等，并能用实体、符号、图像、文字等多种形式进行表征，具有描述、解释和预测的功能。模型能够被检验，且是不断发展的。

心智模型：是指长时记忆中的要素与外在情境或刺激物相互作用所产生的内在表征，是对事物（情境或过程）的结构化类比，是个体根据特定目的所形成的动态的认知结构。心智模型可以当作是一种解释与预测外在世界的工具。因为心智模型具有内隐性和抽象性，本书研究通过分析学生在问卷和访谈中的回答，形成外显的图示和文字来表征心智模型。

心智模型的进阶：是指学生建构的心智模型逐渐科学、完整的发展过程。

建模教学：是指以帮助学生达到建构或发展其心智模型为目的的教学模式。建模教学一般需经历模型选择、模型建立、模型验证、模型分析、模型应用等过程。

三、本书研究的核心问题

本书研究的核心问题是：如何通过建模教学来促进学生心智模型的进阶和对模型本质的理解？

围绕上述问题，需要探索与思考以下三个子问题：

问题 1：如何描述和确定学生心智模型进阶中的各个层级？

（1）学生心智模型进阶中有哪些层级？如何描述和确定这些层级？

（2）以静电学为例，学生心智模型的主要类型和层级有哪些？

问题 2：为了促进学生心智模型的进阶和对模型本质的理解，如何修正已有建模教学模式，并进行有效实践？

（1）如何对已有的建模教学进行修正和补充，才能使其在大班课堂教学情况下有效实施，并能实现学生心智模型的进阶？

（2）如何针对学生心智模型的初始状态，应用建模教学开展教学设计和教学实践？

问题 3：建模教学实践对促进学生心智模型的进阶和模型本质理解的效果如何？

（1）实验组和控制组的学生的心智模型在教学后发生了怎样的变化？学生的心智模型的主要演化路径是怎样的？两组学生有何差异？

（2）实验组和控制组学生对模型本质的理解在教学后发生了怎样的变化？两组学生有何差异？

（3）实验组和控制组学生对建模教学和传统教学的感受和评价如何？两组学生有何差异？

第二节 研究任务及研究过程设计

下面讨论解决研究问题的任务与方法，研究工具与样本，研究过程设计。

一、研究任务与方法

1. 研究任务

针对上一节所述研究问题，可以确定本书研究的具体研究任务：

（1）通过对国内外关于心智模型和学习进阶研究文献的梳理和分析，以心智模型作为进阶变量，建构心智模型进阶的理论框架和判断矩阵。

（2）通过对物理学史和已有静电学相关研究成果的整理和分析，并应用心智模型进阶的理论框架，假设和描述学生静电学心智模型进阶中的各个层级。

（3）基于对学生静电学心智模型各个层级的预设，编制测试大学生静电学心智模型的量表，探索大学生静电学心智模型的主要类型和所处层级。

（4）基于已有关于学生模型本质理解的研究，编制测试大学生对模型本质理解的量表，探索大学生对模型本质理解的现状。

（5）通过对国内外已有建模教学的理论和实证研究结果的分析，结合我国大班教学的实际情况和学生心智模型进阶的特点，建构基于学生心智模型进阶的物理建模教学模式。

（6）结合学生心智模型的初始状态和大学物理需让学生达到的目标状态的分析，应用物理建模教学模式，开展建模教学设计和实践活动。

（7）通过实验组和控制组测试结果的比较，探索建模教学对学生静电学心智模型进阶和学生对模型本质理解的实践效果。

（8）通过编制课堂教学调查问卷和深入访谈，了解学生对建模教学和传统教学的看法和评价，并对建模教学存在的利弊进行反思。

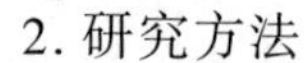

2. 研究方法

（1）文献研究法

查阅国际科学教育研究领域中关于模型、心智模型、学习进阶、建模与建模教学、静电学迷思概念的相关研究专著、学位论文和期刊论文等，多角度审视不同学科领域对模型、心智模型、建模、建模教学概念的界定，以及心智模型发展理论、建模教学理论、学习进阶相关理论的最新研究成果，了解建模教学在国内外开展的现状和存在的不足，了解物理学史中静电学相关主题的发展，以及已有研究中发现的学生在静电学中普遍存在的迷思概念。

对 diSessa、Vosniadou 等人的心智模型理论和 Stevens、Krajcik 等人的学习进阶研究的综述，为本书研究建构的心智模型进阶的理论框架奠定了基础。

通过对物理学史上静电学相关模型的发展和大量关于静电学迷思概念相关研究的综述，对学生静电学心智模型的类型和层级进行预设。

对 Hestenes、Halloun、Eric、邱美虹等人的建模教学理论和研究成果的分析，以及对亚利桑那州立大学、麻省理工学院、罗格斯大学、北卡罗来纳州立大学、科罗拉多大学、佛罗里达国际学院、台湾师范大学等高校的建模教学研究成果及相关教学录像、实验、动画素材和建模任务的收集，为本书研究所建构的建模教学提供了理论基础和实践素材。

（2）问卷调查法

基于已有研究和对学生心智模型层级的预测编制测试量表，通过测试和深入访谈的方式确定大学生静电学心智模型的层级。编制模型本质理解量表，通过测试了解大学生对模型本质的理解情况。编制大学物理课堂教学评价量表，通过测试和访谈了解大学生对两种不同教学模式的看法和感受。

（3）教育实验法

应用所建构的基于学生心智模型进阶的物理建模教学模式开展教学设计，并在两个对照班（实验组和控制组）进行教学实践，比较两组学生教学后心智模型在各层级的分布和主要演化路径，学生对模型本质理解的差异，以及学生对课堂教学模式评价的差异，并分析造成差异的主要原因。

二、研究工具与样本

1. 研究工具

（1）静电学心智模型测试量表

基于已有测试静电学心智模型量表[1-7]，围绕“实物物质的微观结构模型”“电场模型”“静电相互作用模型”来选题和编题。该量表有前、后测两套试题，后测相对较难且加入新学习内容。两套测试题由二阶多项选择题和简答题构成，特点是要求学生尽量用文字、图形、公式等多种表征形式外显其心智模型。题目总数（包括前、后测）为 67 题，前、后测采用垂直链接（Vertical Linking）方法设计锚题，共 31 题（见附录 1），符合链接题需占测试题总数的 1/3 的标准。前测和后测的测试时间均为 80 分钟。

（2）模型本质理解量表

测试学生对模型本质理解的量表的设计主要借鉴了 Treagust、Chittleborough 和 Mamiala 所建立的“Students' Understanding of Models in Science”量表[8]以及台湾研究者周金城（2008）、吴明珠（2007）等人的研究。此量表题目分为 5 个维度：①模型对应实物的关系，对应题目

[1] BASER M，GEBAN O. Effect of instruction based on conceptual change activities on students' understanding of static electricity concepts [J]. Research in Science & Technological Education，2007，25（2）：243–267.

[2] MALONEY D P，O' KUMA T L，HIEGGELKE C J，et al. Surveying students' conceptual knowledge of electricity and magnetism [J]. Amrican Journal of Physics，2001，69（7），s12–s23.

[3] DING L，CHABAY R，SHERWOOD B，et al. Evaluating an electricity and magnetism assessment tool：Brief electricity and magnetism assessment [J]. Physical Review Special Topics-Physics Education Research，2006，2（1）：010105-1 – 010105-7.

[4] BILAL E，EROL M. Investigating students' conceptions of some electricity concepts [J]. Latin-American Journal of Physics Education，2009，3（2）：193–201.

[5] 田春凤. 中学生电磁学概念发展研究 [D]. 北京：北京师范大学，2005.

[6] 莫艳萍. 基于PI教学法概念测试题的研究：以大学物理电磁学为例 [D]. 北京：北京师范大学，2012.

[7] 杨兆刚. 大学生对静电学概念理解的初步研究 [D]. 桂林：广西师范大学，2007.

[8] TREAGUST D F，CHITTLEBOROUGH G，MAMIALA T L. Students' understanding of the role of scientific models in learning science [J]. International Journal of Science Education，2002，24（4）：357–368.

为附录 2 中 1~8 题。②模型的表征内容，对应题目为附录 2 中 9~13 题。③模型的表征形式，对应题目为附录 2 中 14~18 题。④模型的功能，对应题目为附录 2 中 19~24 题。⑤模型的发展性，对应题目为附录 2 中 25~27 题。其中 1、8、14~18、25 题均来自周金城的研究，其他均来自 Treagust 的研究。该量表为李克特五点量表，共 27 道题，测试时间为 15 分钟。

（3）课堂教学评价量表

为了解学生对建模教学和传统教学两种教学模式的感受，本书研究借鉴台湾研究者钟小兰等人设计的课堂教学评价框架[1]，经过讨论与修改，设计了针对传统教学和建模教学的两套课堂教学评价量表（见附录 3）。此量表由两部分构成：①第一部分采用李克特五点量表，传统教学测试量表共 16 题，建模教学测试量表共 18 题，两套量表的前 16 题是相同的，仅在个别题目表述上略有差异。两套量表用以了解学生对教学模式提高学习兴趣（5 题）、概念理解（6 题）、解决问题能力（3 题）、造成学习负担（2 题）和小组讨论（仅建模教学，2 题）的认同度。②第二部分为开放式问题，了解学生对现有教学的看法和建议。该量表仅用于后测，采用自愿匿名的方式进行网上填写，以保证获得学生的真实想法。

2. 研究样本

本书研究的所有测试和教育实验样本均来自湖北某二本大学大二学生，学生为同一专业，但分属 4 个班级，所有学生的高考录取分数线是一样的。研究样本高中所在省份涉及湖北、湖南、河北、浙江、贵州、山西、广西、天津等，接近 90% 的学生来自湖北各市县。其中男生约占样本总数的 73%，女生约占样本总数的 27%。本书研究为了进行教育实验，将 4 个常规班分为 2 个班一组，分别为实验组和控制组。具体参与各个测试和教学实验的样本数见表 3-1。在选择访谈样本时，主要针对测试结果抽取不同省市、不同性别和不同分数段的学生进行访谈。

[1] 钟小兰. 以多重表征的模型教学探究高二学生理想气体心智模式的类型及演变的途径[D]. 台北：台湾师范大学，2006.

表3-1 研究样本

项目	控制组/人	实验组/人
静电学心智模型前测	69	68
静电学心智模型后测	69	71
模型本质理解量表前测	72	59
模型本质理解量表后测	64	68
课堂教学评价量表测试	27	46
教学实验	75	75
访谈	11	6

3. 数据分析与统计

本书研究采用基于项目反应理论（IRT）的拉什（Rasch）模型来计算学生在静电学心智模型测试量表上表现的能力值，题目赋值按照学生心智模型的层级分别赋值 0（无模型或非科学模型）、1（科学有瑕疵模型，以下简称“科瑕模型”）、2（科学模型），并通过 T-test 进行比较。将前、后测全部数据用 Winsteps3.72 进行一次运算，拉什模型通过锚题将前后两个不完全相同的测试量表放到同一尺度，计算出前、后测学生的能力值和各试题难度值，从而使前、后测结果可进行比较和差异检验，据此来描述学生的进阶情况。

模型本质理解量表和课堂教学评价量表第一部分采用李克特量表的记分方式进行统计，即勾选“非常同意”“同意”“不确定”“不同意”“非常不同意”，依序给 5~1 分，反向题则给分相反。模型本质理解量表赋值反向题题号为 1~8、25（见附录 2），课堂教学评价量表赋值反向题题号为 6、9、18。课堂教学评价量表第二部分采用质性分析方法，将学生的回答归类并进行编码分析。应用 Excel 2007 和 spss17.0 对模型本质理解量表和课堂教学评价量表第一部分进行信度和差异性检验。

三、研究过程设计

基于心智模型进阶的物理建模教学研究分为问题提出、理论研究与实证研究三个部分。针对研究问题，理论部分首先建构心智模型进阶的理论框架和构建基于学生心智模型进阶的物理建模教学模式，然后对学生静电学主要心智模型层级进行假设，并分析教学内容，确定静电学部分学生需掌握的科学模型（即目标状态）。在此基础上，开展实证研究：首先编制静电学心智模型的测试量表并进行教学设计，然后实施前测和开展教学实践，最后实施后测，并对测试结果进行统计分析。

整个研究过程框架如图 3–1 所示。

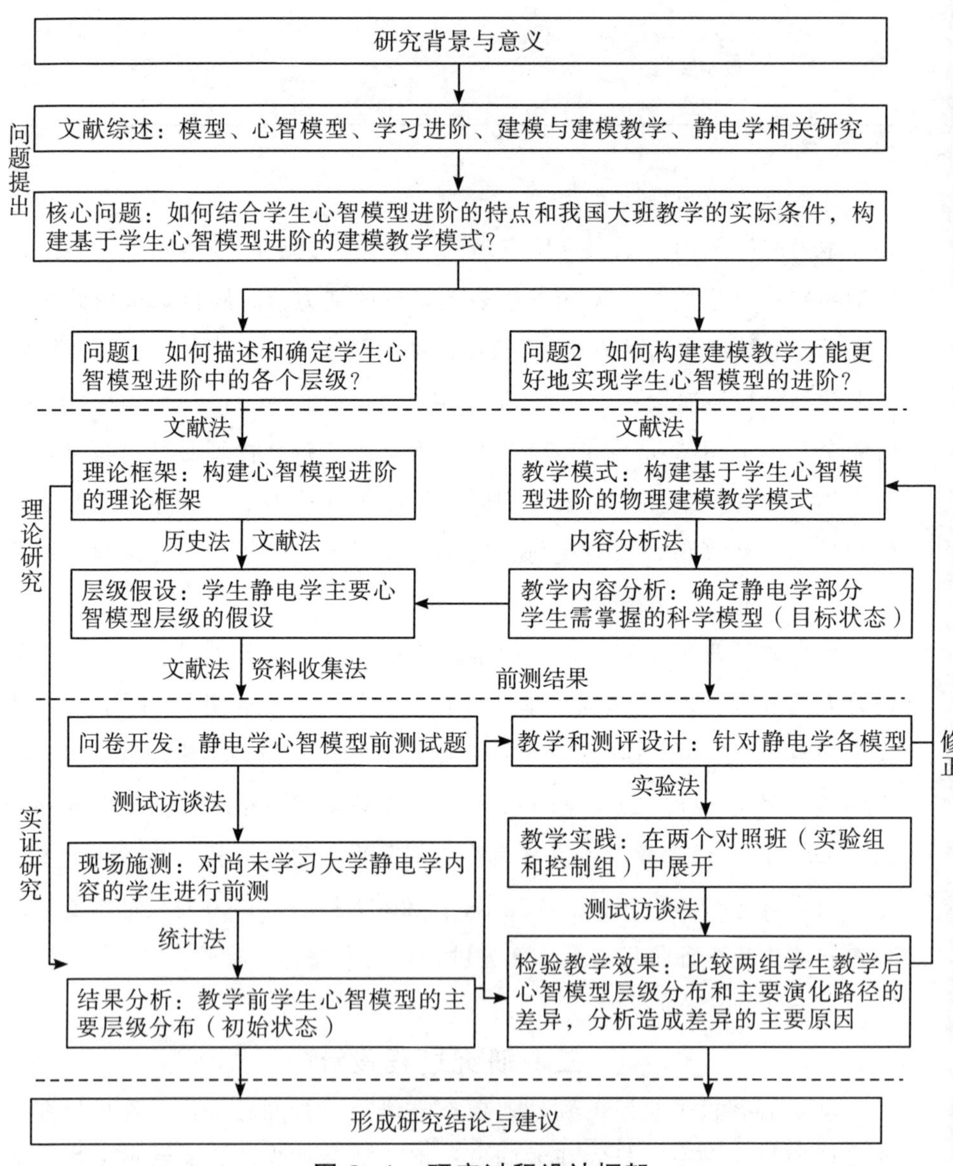

图 3–1 研究过程设计框架

第四章　心智模型进阶的理论框架

在前文的文献综述中概述了关于心智模型发展的不同理论，不同研究者对心智模型所包含要素和结构的不同观点，以及对心智模型的不同分类。综述表明关于心智模型发展理论的认识并未达成共识，反映了具有动态特征和内隐性的心智模型的复杂性。同时，近年来学习进阶成为一个研究热点，但其是基于研究者三十多年来对概念转变的研究发展起来的。为将心智模型和学习进阶的相关研究进行整合，从而构建心智模型进阶的理论框架，本书研究首先对已有的观点进行分析和借鉴，分析的角度主要有心智模型发展的理论研究、心智模型的组成及学习进阶的进阶变量、心智模型的类型。

第一节　对已有观点和理论的解析

一、心智模型发展的理论研究

科学教育研究领域普遍认为心智模型的形成首先始于个体不断地与相关的现象和系统相互作用，是在一系列同化和顺应，或概念转变，以及在社会环境中持续地受到刺激的基础上发展起来的。然而关于概念转变过程中心智模型发展的潜在具体机制并没有达成共识，目前存在两个相矛盾的理论用于解释心智模型的发展，对这两种理论进行辨析，有助于挖掘出对心智模型进阶理论框架建构有益的成分。

（1）碎片观。diSessa 的碎片观认为概念是通过个体孤立的现象本元所构建的，而现象本元是个体根据相关现象的感知经验抽象出来的，因此概念转变及心智模型的发展过程，是重组已有的、有效的现象本元。

（2）整体一致观。Vosniadou 和 Brewer 提出的框架理论认为概念及心智模型在一个普遍的框架理论中发展，其中一个基本的转变是朴素的心智模型转变为科学可接受的模型。

这两种观点的最大差异主要体现在以下两个方面。

第一，从学生的知识结构和概念转变方式的角度来看。碎片观认为学生的知识是一套零散的观念，这些观念来自对日常经验的简单抽象，就像碎片一样存在于学习者的头脑中，概念转变是转变已有概念之间的联结，以及新概念与已有概念之间的关系。整体一致观认为知识结构并不是由许多小的概念经由相似性所联结而成，而是先有一个大的框架之后才逐渐填充其中细部的概念，概念转变必须从丰富与修正两方面来探讨，逐步修正自己对外在世界的心智模型。丰富是指将新概念加入现有的理论框架，而修正是指将要学习的概念与原有框架不一致或受限于具体理论时，学生会修正原有的特定框架或预设、信念。

第二，从一致性的角度来看。碎片观认为学生对于世界的想法往往是片段的、破碎的，因为没有整合成系统的知识，所以不具有一致性。而整体一致观认为学生的信念其实已经形成内在一致的知识结构。

除此之外，Chi 整合了以上两个观点，认为心智模型分为三类：第一类为不一致的心智模型，即心智模型未形成系统或联结；第二类为一致但有瑕疵的心智模型，即心智模型中的概念形成系统或联结，但存在不科学的成分，学生答案具有一致性但却有错误；第三类为一致的科学心智模型。

虽然绝大多数的研究者持有整体一致观，但就目前来说，关于心智模型的形成与发展的理论研究并没有真正地解决这一复杂问题。本书研究认为，对于不同的物理概念，其认知结构和一致性程度可能是不同的。因此本书研究将在基于整体一致观的理论基础上，将碎片观中的现象本元要素以及建立要素与要素间关系的联结纳入心智模型进阶的理论框架中。本书研究通过对物理学史上建立物理概念过程的分析发现，对于某些物理学中特定的抽象概念，可能学生在学习之初的确没有形成相应的认知结构，例如场，学生可能只有一些零碎的认识，未形成系统。

二、心智模型的组成及进阶变量

由于心智模型的定义和理论基础并未达成共识，因此关于心智模型的组成要素和结构没有形成统一的结论，大多数研究者没有清晰地阐述心智模型的具体组成要素。Johnson-Laird（1994）提出心智模型是概念及概念间相互作用的组合，大多数研究者（Vosniadou，1992；Clement，2008；Staggers，1993；Redish，1994；Hammer，1996；diSessa，2002）则指出心智模型是依据外部感知系统中的各要素的空间排列及要素间的关系进行的内部表征，其对应一个想象的结构。虽然研究者们对心智模型的组成有不同看法，但从已有研究分析发现，心智模型应具有要素、结构和系统这两个基本组成。

而在关于学习进阶的进阶变量的选取中，已有研究最主要的两大派别倾向分别是以内容（Content）作为进阶变量和以认知（Cognition）作为进阶变量。但实际上这两类变量间存在内在关联，因此很多研究者并未完全将二者区分。为整合心智模型和学习进阶的研究，本书研究借鉴 Stevens、Krajcik 等人构建的多维度进阶假设模型的思想，以及心智模型本身的特点，将心智模型的科学性和完整性作为进阶变量。

三、心智模型的类型和层级

心智模型研究与迷思概念研究最大的差别就在于，心智模型类型的分类与架构可以将儿童零散的概念组成整体的概念结构，这部分的研究以 Vosniadou（1992）对地球形状与日夜循环的研究最具有标志性。Vosniadou 将学生的模型分为初始模型、综合模型和科学模型。学生在日常生活中形成初始模型，教学后，学生的初始模型与学习内容相互作用形成综合模型，最后才能形成科学模型。Vosniadou 的模型分类中已体现心智模型进阶的思想，后来大多数研究者沿袭了这一分类，并做了一些改进。例如，邱美虹等研究者将学生的心智模型分为非科学模型、科瑕模型和科学模型三类，但其并未明确地从学生心智模型发展层级的角度来描述，也未给出划分层级或类型的具体依据。本书研究可在此基础上，结合对心智模型组成和学习进阶变量的分析，来描述和划分心智模型的进阶层级。

第二节　心智模型进阶的理论框架建构

为了解决“如何描述和确定学生心智模型进阶中的各个层级”这一问题，本书研究在对已有研究解析的基础上建构心智模型进阶的理论框架。本书的理论框架主要整合了 diSessa、Vosniadou 等关于心智模型的研究成果和 Stevens、Krajcik 等人关于学习进阶的研究成果。

一、心智模型进阶的理论框架

本书研究将心智模型作为一种内部表征和动态的认知结构，基于已有研究认为心智模型是由组成要素和要素间的关系构成的系统，组成要素及关系应围绕某些核心要素进行组织，且学生的心智模型会随着要素和要素间关系的不断丰富、完善和修正而逐渐发展。本书研究提出以心智模型作为进阶变量，从科学性和完整性的角度，建构学生心智模型进阶的理论框架，将学生心智模型的层级分为无模型、非科学模型、科瑕模型和科学模型四个层级（见图 4-1）。

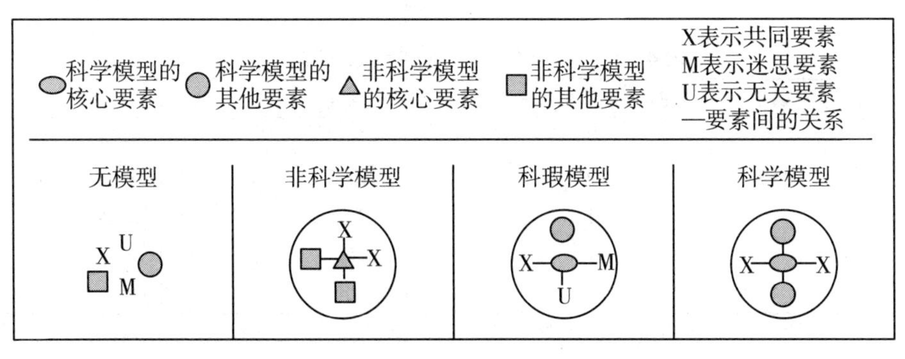

图 4-1　心智模型进阶的理论框架

无模型是学生的知识要素零碎且缺乏联系，未围绕核心要素构成知识结构和系统，学生更多表现出来的是零碎或迷思概念。

非科学模型则是学生的知识要素虽构成知识系统，但核心要素存在迷思或缺失，或要素间未建立科学联系。

科瑕模型则是学生的知识结构围绕核心要素组织，并构成系统，核心要素和要素间的关系基本科学，但其他要素可能存在迷思概念或要素缺失，或将其他无关要素纳入系统中，或要素间的关系存在少量错误或缺失。

科学模型则是学生的知识结构围绕科学的核心要素组织，且其他要素及核心要素与其他要素间的关系均为科学。例如静电学部分，学生的知识围绕电场这一核心概念组织。

为清楚地呈现划分这四个层级的依据，本书研究采用矩阵表征（见表4-1）的方式进行呈现。根据前述分析，本书研究将核心要素、结构（或关系）和系统、其他要素作为判断学生心智模型层级的因素，以缺失、迷思和科学作为各个判断因素的不同状态。结构和系统因素作为学生是否具有系统模型的关键因素，核心要素作为判断学生模型科学性的关键因素。例如，当学生的知识要素未能构成结构和系统时，则学生处于无模型层级；当学生核心要素迷思时，学生则很难建立科学的结构和系统，即使其他要素科学，但学生仍处于非科学模型层级；当学生核心要素科学，但其结构和系统存在迷思，或其他要素存在迷思或缺失时，则处于科瑕模型层级；只有核心要素、结构和系统、其他要素均达到科学状态时，学生的心智模型才处于科学模型层级。

表4-1　心智模型进阶层级的判断矩阵

核心要素	结构（关系）和系统	其他要素	心智模型层级
2	2	2	科学模型
2	2	1/0	科瑕模型
2	1	2	科瑕模型
1	1	2/1/0	非科学模型
2/1/0	0	2/1/0	无模型

[说明：0代表缺失，1代表非科学（迷思或错误），2代表科学]

二、心智模型进阶的理论框架对物理教学的启示

心智模型进阶的理论框架指出学生的心智模型是随着学习时间的增长而不断进阶的，因此教师在学生学习的不同阶段的主要任务是有差异的。学生在未系统学习科学知识之前，其心智模型层级大多属于无模型或非科学模型层级，因此教学之初应针对学生心智模型的现有水平，逐

渐通过教学转变学生的非科学模型或补充缺失的核心要素，并建立起各要素间的正确联系。但是对于某些非科学模型，需要通过不断的深入学习才能得以转变。一段时间的有效学习后，学生的心智模型可能达到科瑕模型层级，此时可通过进一步的教学来转变少数迷思概念或丰富要素，巩固各要素间的联系，进而达到科学模型层级。后续模型则可在此科学模型基础上，不断建立模型间的联系和丰富要素，最终形成整合化科学模型，实现心智模型逐渐向科学化和整合化方向发展。

心智模型进阶的理论框架指出学生的心智模型是由核心要素、结构和系统、其他要素构成，而其中核心要素、结构和系统的科学性和完整性决定了学生心智模型的层级。因此，在对科学学习内容进行整体设计时，应关注学生对核心要素的学习，并逐渐围绕这一核心要素建立起与其他要素间的联系，从而构成逐渐复杂的知识结构。不应在儿童学习科学的整个过程中，不断给予零碎的、未建立起联系的大量概念；或在学生对知识要素尚未建立起正确认识时，就让他们接触很多复杂模型；或为了让儿童能解释或被动接受一些复杂模型而采用存在迷思的要素，或以非科学的模型来代替科学模型。教师需要思考传统课程对知识内容的选择和顺序安排是否真正合理，是否学生真的无法在学习初期直接学习更科学的模型，是否真的需要学生绕很多弯路才能习得科学模型。例如，对于场的认识，如果教师在学生学习初期过分地强化实物物质这种形态，而未让学生建立起物质应有多种形态这一认识，到学生学习场时，则很难将场的认识纳入自身的认知结构中。因此，教师应该筛选出知识体系中最核心的概念，不断通过课程设计来强化和发展学生对这些核心要素的认识。

此外，若在某一学段，学生的认知水平无法习得科学模型，教师只能教给学生非科学或科瑕模型时，教师也需告知学生目前学到的模型是有待发展的模型，要学生在使用时注意其适用条件和局限性，那么学生在今后的学习中使用这些模型时才会更慎重，且在该模型需要发展时，更容易实现心智模型的进阶。

第五章 导引式物理建模教学模式

上一章将学生心智模型的层级分为无模型、非科学模型、科瑕模型和科学模型，显然学生要从前三种模型进阶到科学模型，教学在其中起到十分重要的作用。如何才能让学生在课堂教学中暴露其原有的心智模型，并在其原有心智模型基础上进阶为科学模型呢？本书研究采用导引式物理建模教学模式来实现学生心智模型的进阶。本章首先对已有的几种典型的建模教学模式进行分析，再从我国大学物理教学的现状和适切性角度进行分析，构建出基于学生心智模型进阶的导引式物理建模教学。

第一节　已有建模教学模式的分析

一、已有建模教学模式的比较

如前所述，Hestenes 和其学生 Halloun 提出的建模教学过程虽较完整地包含了建模的 5 个阶段，但其关注的焦点是专家的建模过程，未体现对学生原有心智模型的关注和如何暴露学生原有的心智模型，没有讨论学生原有心智模型如何进阶为科学模型，且其建模步骤是一个线性过程，对于教学实践并没有太大作用。由于其建模过程是以小组合作的工作坊（Workshop）形式完成，学生自主性较强，例如模型的建立和分析均由学生完成，因此对于大班教学并不适用，或很难实施。因此，Hestenes 的建模教学较适合已经对建模过程较熟悉的学生或专家。

1989 年 Clement 提出的建模模型理论注重模型建构的循环路径和模型的表征。但是由于其需要反复修正模型，因此若在大班教学中采用将会十分耗时，且其主要关注了模型的建立和验证过程，忽略了模型的应用和拓展，因此较适合活动教学等方式。

其他研究者（Brewe，2008；Schwarz，2009）虽在 Hestenes 和 Halloun 的基础上对建模教学进行了具体化，建模教学过程相对更加完整，且立足于学生从个体的心智模型转变为科学模型的过程，但其建模的主线并不明显，且未显化地从学生心智模型逐级进阶的视角设计教学过程，仍主要依靠学生的活动来建构模型，也不适合大班教学。

二、已有建模教学模式存在的困难和待解决的问题

建模教学自 20 世纪 80 年代应用于物理教学开始，受到了科学教育研究者的广泛关注，并产生大量研究成果。研究结果表明建模教学是一种十分有效的教学模式，但要在大学阶段广泛采用这一模式仍存在一些实际的实施困难。

（1）建模教学主要采用工作室（Workshop Studio）的形式，班级人数在 20~30 人，一般课程在实验室中进行，因此在大型课堂中很难成功

实施，特别是在没有相关配套实验室的情况下教学效果就更难保证。虽然现在美国很多大学针对建模教学开发出大量教学资源 ，但已有的教材或资源，以及教师自身对模型发展理解和对学生已有模型认识的不足，仍然成为基于模型为中心的物理教学的主要障碍。

（2）Hestenes 团队开展的中学教师的建模教学培训活动在中学虽有很大的影响力，但在大学物理教学中还没有形成稳定的形式被采用。

（3）建模教学由于围绕模型展开教学，因此会打乱原有的教材顺序，并减少内容覆盖，这会令惯用传统教学方法的物理教师感到不适应，且学生一开始需要花费时间来深入理解和训练发展建模的技能。然而，如果一旦意识到少量的基本物理模型及其关系的深入学习对发展学生物理认知结构的重要性，建模教学可能会因为它“少即是多（Less is More）”的理念而成为大学物理课程改革的特色之一。

综合前述比较和分析，已有的建模教学或注重从专家的建模过程来设计建模教学，或过程烦琐、耗时耗力，或将学生对模型本质的理解和学生心智模型的发展孤立开来，且大多数建模教学模式适合小班教学，因此如何实现学生对模型本质的理解和学生心智模型的发展，如何实现在大班教学中围绕少数核心模型开展建模教学，是需要在已有的建模教学模式上进行研究和改进的。

第二节　导引式物理建模教学模式的设计

一、理论构想

导引式物理建模教学模式从建模教学要素和学生心智模型进阶两个维度进行整合设计，每一教学要素对应学生心智模型的某一发展水平（见图 5-1）。由于我国大多数中小学生乃至大学生在学习过程中未系统经历建模过程，且受到教学场地和大班教学的限制，因此本研究的教学要素结合美国密歇根州立大学建模教学顺序和佛罗里达国际大学建模发展环中的相关元素，并借鉴概念转变教学模型（CCM）的修正方式，采用导引的方式来逐渐培养学生的自主建模能力。

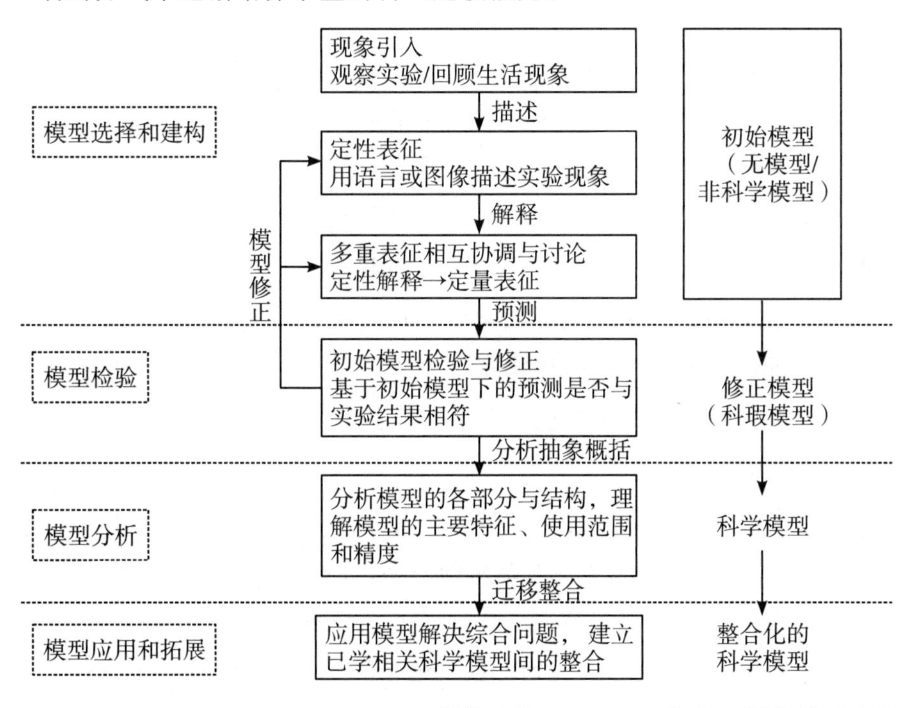

图 5-1　基于心智模型进阶的导引式物理建模教学模型

所谓导引式，即强化教师在科学建模活动中的引导作用，通过教师的有意设计（如视频和演示实验等）为建模活动建构脚手架，引导学生逐步进入主动建构的学习活动中。具体操作过程有如下四个要素（或环节）：

1. 模型选择和建构

结合某一物理模型设计一个引导性的实验或生活现象来引入课程，所设计的实验或生活现象一般是学生较熟悉的，学生在观察实验或回顾生活现象的基础上，从已有经验或知识中挑选合适的初始模型，或激发建构新模型的需要。由于在学习之初，学生仅有一些直观的生活经验或零碎的概念，此时学生的心智模型层级为无模型或非科学模型。为了充分了解和暴露学生的心智模型，可让他们应用逐渐复杂的表征方式进行表征。首先要让学生采用文字、图像等定性表征方式对现象进行描述和解释。定性表征能清晰地表征出学生的概念与概念之间关系的状态，特别是图像表征能更好地暴露学生的初始模型。例如，在解释金属网罩住验电器顶部金属小球，带电橡胶棒靠近验电器，指针不摆动（即静电屏蔽）现象时，可让学生作图表征出金属网、验电器上电荷的移动情况及空间电场的变化过程。在定性描述和解释现象的基础上，采用小组讨论的方式相互交流和协调表征，小组成员之间相互展示各自的描述和解释，基于证据进行辩论，实现个体心智模型的外显和互补。必要时要求学生应用曲线图、运动图、数学公式等数学模型进行表征。多重表征可更全面地暴露学生的原有模型。此时建构了一个初步达成共识的初始模型以呈现小组的想法或假设，则可以进入模型检验过程。

2. 模型检验

通过不同实验、现象或评价方法，引导学生应用初始模型来预测和解释新现象，比较实际结果与预测结果的差异，在此基础上评估初始模型，思考初始模型的不足和局限性，必要时基于新证据修正和完善初始模型或重新建构模型，并检验模型的内在一致性，给学生提供进行批判性思考的机会。当学生用初始模型无法解决新问题时，或应用初始模型对新现象进行的预测与实际结果不一致时，学生将会主动修正初始模型，从而形成科瑕模型。例如，当学生看到带电物体靠近一个塑料瓶时，塑料瓶会轻微移动，与大多数学生的预测（学生认为塑料瓶为绝缘体，内部电荷无法移动，预测塑料瓶不会移动）产生矛盾，学生就会尝试转变自己的绝缘体模型，与静电感应现象类比，但学生此时可能对内部机制并不十分清楚，因此需要教师的进一步引导。

3. 模型分析

教师应用图像、仿真动画等多种方式模拟真实情境，引导学生分析已建构模型的要素与结构，抽象概括该模型的主要特征，并讨论其适用范围，剔除模型中瑕疵或不合理的成分，帮助学生建构科学模型。教师提供的图像、动画可增强学生对抽象模型的认识和理解，弥补学生个体建构模型的不足。如教师通过多角度图片展示金属和绝缘体内部电结构，通过动画仿真模拟金属和绝缘体内部带电粒子在外电场作用下的表现，让学生看到微观过程，从而建构与科学概念一致的心智模型。

4. 模型应用和拓展

教师呈现包含多个模型的综合化新情境，引导学生应用所建构的科学模型解决问题，建立与已有科学模型间的联系，或为下一个建模过程创设情境，打通各科学模型间的关系，帮助学生建立整合化的科学模型，逐渐实现学生心智模型的进阶。如在学完静电学内容后，让学生通过建构概念图来整合概念之间的关系。

需要指出的是，在实际教学组织过程中，以上四个教学要素并非线性展开，有些要素可能需重复多次，例如当学生建构的初始模型无法解释实验现象时，学生需重新经历模型选择和建构以及模型检验过程。相对而言，模型建构和模型分析是建模过程中的重要要素。教师在设计建模教学过程时，应基于教学实际条件，结合教学内容和学生情况的特点，合理地选择和组织教学要素。

二、教学模式实施的影响因素

在使用导引式物理建模教学模式时，需要考虑以下六个因素对教学实施的影响，并可根据实际情况对教学模式进行必要的协调和改进。

1. 授课时间

课时数直接限制建模教学的设计和实施。虽然建模教学仅围绕核心概念或模型组织教学，在一定程度上可以节约课时，但每一次完整的建模活动至少需要 2~3 节课的时间，因此教师需对整个课程进行统筹安排，或将建模过程简化，主要让学生经历模型建构和模型分析过程。

2. 授课内容

由于建模教学耗费时间和精力，因此教师需考虑所讲授内容是否适合或有必要进行建模教学。建模教学更适合用来帮助学生建立抽象模型，对于相对具体的模型，可以渗透建模的思想，无须每节课均让学生完整地经历建模过程。

3. 班级人数

传统的建模教学的班级人数在20~30人，导引式物理建模教学模式在改进的基础上，虽可适用于100人以上的大班教学，但很多本应由学生自主设计的建模实验，只能采用演示实验、视频实验或仿真实验来代替，这样是否会影响教学效果还有待研究。而且在大班教学中，交流合作和课堂反馈环节也存在极大的挑战，因为学生不能全部进行展示交流，所以教师无法了解全班学生心智模型的状态并及时对课堂进行调整。若能够借助一些及时反馈设备（例如 clicker）可能会解决部分问题。

4. 学生的学习水平和初始状态

学生的学习水平和初始状态直接决定了建模活动的设计，建模活动应指向学生原有的心智模型层级，帮助学生丰富、转变和发展原有模型。因此教学前需对学生的初始状态进行检测，针对学生的实际情况设计建模活动。

5. 学生的学习动机、兴趣和对课程的认可度

建模教学是否能够有效实施在很大程度上取决于学生的学习动机、兴趣和对课程的认可度。由于大学物理为基础课程，学生往往重视程度不够，不愿意花费太多的时间和精力投入该门课程的学习，因此，在教学之初，应该让学生意识到建模在科学和工程学上的重要作用，可通过设计活动来调动学生的积极性，让学生体会到物理学和生活实际的紧密联系，并通过概念冲突等引起学生对物理知识的好奇和兴趣。

6. 评价内容和形式

评价的内容和形式同样在很大程度上决定了建模教学的成败。如果评价的内容和形式与教学内容和形式脱节，将直接影响学生学习的积极性，因此建模教学对应的评价内容和形式应侧重考查学生对真实问题的解决能力，重点考查学生对核心概念和概念体系的理解水平以及建模能力。

第六章 建模教学实践——以大学物理“静电学”为例

为有效保证建模教学的开展和实施，本书研究应用基于学生心智模型进阶的导引式物理建模教学模式对静电学内容进行了整体设计和具体活动设计，应用了多种教学策略，并与传统教学过程进行了比较。

第一节　静电学课程内容分析及进阶假设

电磁运动是物质的一种基本运动形式。电磁相互作用是自然界已知的四种基本相互作用之一，也是人们认识得较深入的一种相互作用。在日常生活和生产活动中，在对物质结构的深入认识过程中，都会涉及电磁运动。一般来说，运动电荷将同时激发电场和磁场，但是在某种情况下，例如当我们所研究的电荷相对某参考系静止时，电荷在这个静止参考系中就只激发电场。静电学正是研究静止电荷及其所激发的静电场的特性及规律的。

一、静电学课程内容分析

静电学部分由实物物质的微观结构模型、电场模型和静电相互作用模型构成（见图 6-1），要深入理解静电学的相关内容和电场对物质的相互作用，需要建立对电现象的本质以及实物物质微观结构的深入认识，因此本书研究将实物物质的微观结构模型作为静电学的第一个重要模型。

电场是整个静电学的核心，但其十分抽象，且要素众多。我们可以通过电场对电荷的作用来认识电场。放在电场中的电荷要受到电场的作用力；电荷在电场中运动时，电场力要对电荷做功。因此，可以从力和能量的角度来研究电场的性质和规律，并相应地引入电场强度和电势这两个重要的物理量。静电学部分应帮助学生建立电场模型，用电场强度和电势来解决静电学相关问题。因此，本书研究将静电场作为第二个重要模型，也是最核心的模型。在学生建立了实物物质的微观结构模型和静电场模型后，就很容易建立起静电场对物质的相互作用模型，本书研究将其作为第三个重要模型。通过对电磁学相关教材的研究[1, 2]，确定静电学各模型所包含的要素。

（1）物质的微观结构模型。该模型的要素包括电荷、电子、原子核、

［1］陈秉乾，舒幼生，胡望雨. 电磁学专题研究［M］. 北京：高等教育出版社，2001.

［2］赵凯华，陈熙谋. 电磁学［M］. 3版. 北京：高等教育出版社，2011.

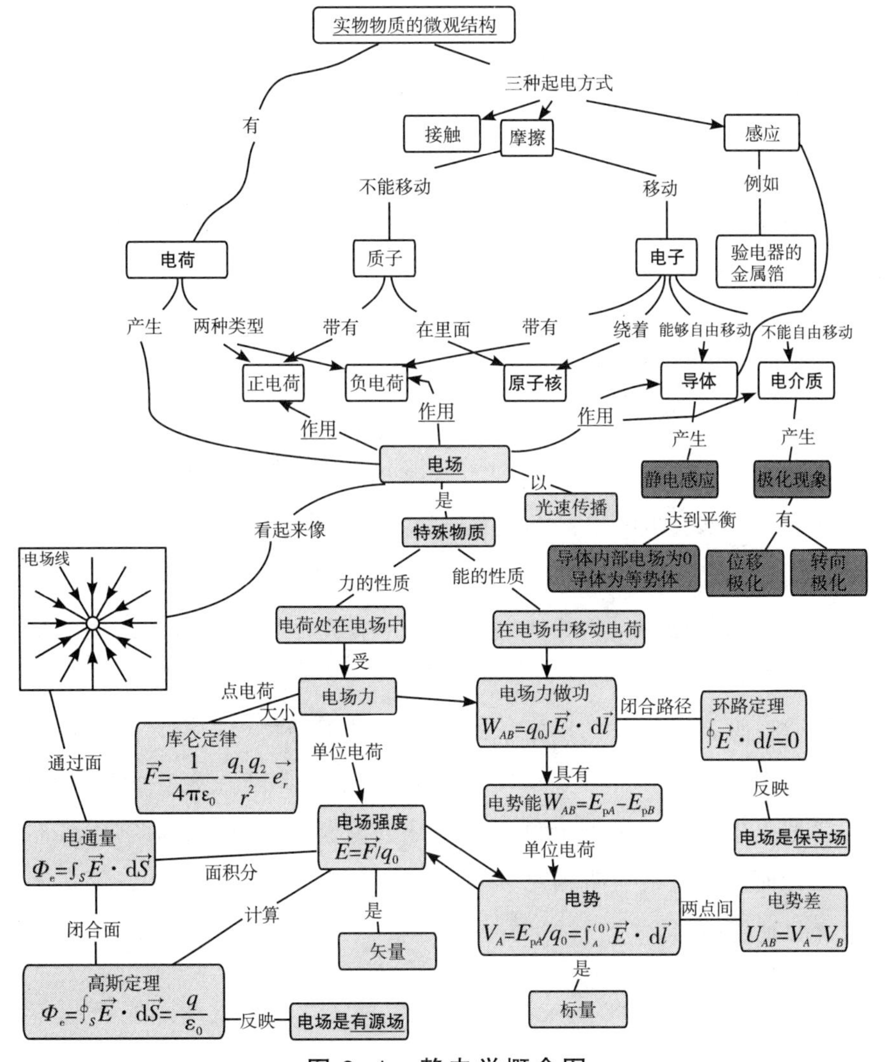

图 6-1　静电学概念图

（说明：概念图中模型主题用下画线表征，实物物质的微观结构模型的要素用白色填充，电场模型的要素用浅色填充，静电相互作用模型的要素用深色填充，每一模型的核心要素用黑体字加粗表征）

导体和电介质的微观结构，其中电荷、电子、原子核是该模型的核心要素，学生需首先对电的本质有正确认识。

（2）电场模型。该模型的要素包括电场的性质、电场强度、电势、电势能、电场线、电场强度通量和高斯定理等，其中电场的性质、电场强度、电势是该模型的核心要素。

（3）静电相互作用模型。该模型的要素包括电场与点电荷、导体、电介质的相互作用（库仑定律、静电感应、极化），其中场作用是该模型的核心要素。

各模型及组成模型的各要素之间的关系用概念图（见图6-1）表示，学生应围绕电场这一核心要素，建立起静电学中各模型要素之间的关系，最终形成整合化的科学模型。

二、静电学心智模型的进阶假设

本书研究以物理学发展过程中对静电学相关模型的认识发展[1, 2]和对学生静电学概念理解的已有研究为基础[3-6]，对实物物质的微观结构模型、电场模型、静电相互作用模型的进阶层级做出假设。

1. 实物物质的微观结构模型的进阶假设

实物物质的微观结构模型包括若干子模型：电荷、原子结构、金属导体、电介质。

电荷模型进阶假设的确定依据，主要是基于物理学家对电荷认识的发展和学生对于电荷模型从宏观到微观的认识发展（见表6-1）。其中非科学模型是电荷物质模型；科瑕模型是电荷宏观模型和电荷物质属性模型，相对而言，电荷宏观模型要更低一个层次，因为这一认识仅在宏观的角度看是正确的。

[1] 李艳平，申先甲. 物理学史教程[M]. 北京：科学出版社，2007：181.

[2] 郭奕玲，沈慧君. 物理学史[M]. 2版. 北京：清华大学出版社，2005：180.

[3] EYLON B S，GANIEL U. Macro-micro relationships：The missing link between electrostatics and electrodynamics in students' reasoning[J]. International Journal of Science Education，1990，12（1）：79–94.

[4] THACKER B A，GANIEL U，BOYS D. Macroscopic phenomena and microscopic processes：Student understanding of transients in direct current electric circuits[J]. American Journal of Physics，1999，67（7）：S25–S31.

[5] BASER M，GEBAN Ö. Effect of instruction based on conceptual change activities on students' understanding of static electricity concepts[J]. Research in Science & Technological Education，2007，25（2）：243–267.

[6] GURUSWAMY C，SOMERS M，HUSSEY R G. Students' understanding of the transfer of charge between conductors[J]. Physics Education，1997，32（2）：91–96.

表6-1　电荷模型的进阶假设

阶层	模型	特点
1	电荷物质模型（非科学模型）	电荷是一种物质或粒子
2	电荷宏观模型（科瑕模型）	电荷是带电体的基本属性，从宏观现象出发，认为带有电荷是带电体区别于不带电体的基本特征（该模型对电荷的认识处于宏观状态）
	电荷物质属性模型（科瑕模型）	从现代物理发现了实物物质的微观结构的角度，知道任何实物物质由原子组成，不带电的物体是因为其中的电子数和质子数相同，故不显示电性，不带电物体的电中性，乃至中子的电中性本身就与电荷概念有关
3	电荷微观粒子属性模型（科学模型）	从物质微观结构出发，并考虑基本粒子（电子、质子、中子等）的电性

原子结构模型进阶假设（见表6-2）的确定依据，主要是基于物理学家对原子结构认识的发展和学生的认识。其中非科学模型是实心球模型、葡萄干蛋糕模型，科瑕模型是卢瑟福行星模型、玻尔轨道模型和电子均匀分布电子云模型，科学模型是现代物理电子云模型。

表6-2　原子结构模型的进阶假设

阶层	模型	特点
1	实心球模型（非科学模型）	原子是一个坚硬的实心小球，是不能再分的粒子
	葡萄干蛋糕模型（非科学模型）	原子是可以再分的，原子有它的结构。原子是一个带正电荷的球，电子带负电荷均匀地镶嵌在正电荷之间，就像葡萄干蛋糕一样。原子中可能有多个电子，电子间有空隙，原子中正电荷跟负电荷相同
2	卢瑟福行星模型（科瑕模型）	原子的质量几乎全部集中在直径很小的核心区域（原子核）内，带负电的电子在原子核外进行绕核运动，就像行星绕太阳运转一样
	玻尔轨道模型（科瑕模型）	原子的全部正电荷且几乎全部质量均集中在原子核内，带负电的电子在原子核外空间的一定轨道上绕核做高速的圆周运动
	电子均匀分布电子云模型（科瑕模型）	电子均匀地分布在原子核的外空间，并做无规则运动

续表

阶层	模型	特点
3	科学电子云模型（科学模型）	原子核占据了原子的几乎全部质量，并且它周围的电子时时刻刻在围绕着核心做无规则的运动，靠近原子核的区域电子出现的概率高，远离原子核的区域电子出现的概率低。这是人们可以模拟出最相近的原子结构模型

金属结构模型进阶假设（见表6-3）的确定依据，主要是基于物理学家对金属导体认识的发展和学生的认识。其中非科学模型是电液模型，科瑕模型是自由电子模型，科学模型是自由电子晶格模型。

表6-3　金属结构模型的进阶假设

阶层	模型	特点
1	电液模型（非科学模型）	电子和质子如电液一般可自由移动
2	自由电子模型（科瑕模型）	金属导体内电子可自由移动
3	自由电子晶格模型（科学模型）	金属导体内电子可自由移动，带正电的晶格不能移动

电介质结构模型进阶假设（见表6-4）的确定依据，主要是基于学生的认识。其中非科学模型是电液模型和电介质不带电模型，科瑕模型是电介质条件固定模型，科学模型是有极无极电介质模型。

表6-4　电介质结构模型的进阶假设

阶层	模型	特点
1	电液模型（非科学模型）	电子和质子如电液一般可自由移动
	电介质不带电（电荷固定）模型（非科学模型）	电介质内的带电粒子无论如何都无法移动，因此其不能带电
2	电介质条件固定模型（科瑕模型）	电介质在一定条件下（摩擦起电）可以带电，但是不能发生类似静电感应过程（即极化）
3	有极无极电介质模型（科学模型）	构成电介质的分子中，电子和原子核结合得较为紧密，电子处于束缚状态，在电介质内几乎不存在自由电子。各向同性的电介质的分子分为无极分子和有极分子

2. 电场模型的进阶假设

电场模型进阶假设（见表 6-5）的确定依据，主要是基于学生对电场的认识。其中非科学模型是非物质模型、区域模型，科瑕模型是瑕疵物质模型，科学模型是物质模型。

表6-5　电场模型的进阶假设

阶层	模型	特点
1	非物质模型（非科学模型）	电场不是物质，因为电场看不见、摸不着，不是由分子、原子构成的。或电场并不真实存在，是为了描述电荷之间的相互作用而假想出来的
	区域模型（非科学模型）	电场是电荷间产生相互作用的区域、环境
2	瑕疵物质模型（科瑕模型）	电场是物质，但不能清楚描述电场的特殊属性
3	物质模型（科学模型）	电场是一种特殊物质，电荷间的相互作用是通过电场来实现的，因为电场具有物质的属性，对其他物质有力的作用，具有动量和能量，具有叠加性，占有空间而不独占空间，具有穿透性等

3. 静电相互作用模型的进阶假设

静电相互作用模型进阶假设（见表 6-6）的确定依据，主要是基于物理学家对电磁相互作用认识的发展和学生的认识。其中非科学模型是超距作用模型，科瑕模型是超距和场整合模型、单一角度场作用模型，科学模型是科学场作用模型。

表6-6　静电相互作用模型的进阶假设

阶层	模型	特点
1	超距作用模型（非科学模型）	电荷与电荷间的相互作用不需要介质和时间，应用库仑定律，牛顿三定律，同性相斥、异性相吸来判断相互作用的大小和方向
2	超距和场整合模型（科瑕模型）	电荷与电荷间的相互作用通过场传递，但大多数问题仍未调用场，仍应用超距作用模型

续表

阶层	模型	特点
2	场作用模型：从力或能的角度（科瑕模型）	电荷与电荷间的相互作用通过场传递，仅考虑场对带电体的力或能的作用
3	科学场作用模型（科学模型）	电荷与电荷间的相互作用通过场传递，学生对场有完整、科学的认识，知道场以光速传播，具有穿透性、叠加性，占有空间而不独占空间等属性，并能够从力和能的角度认识场

第二节　静电学建模教学的课程设计

一、静电学建模教学的整体设计

本书研究首先设计了“模型与建模教学简介”一课，目的是让学生整体了解模型和建模在科学研究和学习中的重要性以及模型的相关知识，并对建模教学有一定的感性认识。其次，设计了静电学绪论课，该内容是为了让学生了解静电学与STSE（Science，Technology，Society，Environment）的关系，以及静电学在物理学史和方法论上的重要性，引起学生的求知欲。具体内容设计时围绕实物物质微观结构模型、电场模型、静电相互作用模型来展开（见表6-7）。

表6-7　静电学建模教学的整体设计

主题	具体内容	课时数
模型与建模教学简介	模型的概念、科学模型的维度、建模教学的特点和要求	1
静电学绪论课	静电学学习的必要性和重要性	0.5
实物物质的微观结构模型	电荷、库仑定律、原子结构、导体、电介质	3.5
电场模型	电场、电场线、电场强度、电场强度通量、高斯定理、电势、环路定理、等势面、电场强度与电势的关系	12
静电相互作用模型	静电感应、静电屏蔽、导体上电荷的分布、电极化、电容器	5

本书研究于2013年春季开始，在大二学生中开展了为期一个多月的教学实践，授课时数为22节。选择长江大学电子信息工程专业2011级学生作为教学对象，控制组（75人）和实验组（75人）学生的高考分数相近，且前测静电学成绩无显著性差异，适合进行对照实验。两个班的任课教师均为教龄7年的年轻骨干教师，均在省级讲课比赛中获过奖，且在每年的学生评教中得分均排在前五名，因此教学技能和平时教学效果均较好。其中实验组教师为本书研究的研究者，从而保证对实践活动的理解。

二、静电学建模教学的教学策略

物理教学过程是一个十分复杂的认识过程，其复杂性是由于客观事物的复杂性和学生原有认识的复杂性共同决定的。因此，在分析学生初始心智模型的基础上，需要合理应用教学策略，才能发挥建模教学的良好教学效果。本书研究在实施建模教学的各阶段主要采用了以下教学策略。

1. 认知冲突策略

认知冲突策略[1]指的是建立在认知冲突和解决冲突基础上的教学策略。学生的认知冲突可分为两种，其中一种是学习者对某一物理现象的认知结构与真实的物理现象之间的矛盾与冲突。一般来说，解决冲突需要揭示学生初始的心智模型，并让学生明确自己以及别人的想法；然后尝试解决矛盾事件，引起概念冲突；最后教师鼓励和引导学生建构科学模型。

本书研究主要在“现象引入和初始模型检验与修正”环节采用这一策略。例如，以实物物质的微观结构模型为例，本书研究从学生熟悉的摩擦起电现象开始引入，虽然学生在初中就已经学习摩擦起电，但初中生仅获得了事实经验，并未获得科学解释，高中阶段课程也未给出相关解释，导致很多学生形成非科学模型，认为摩擦起电的关键在于摩擦，未理解摩擦的作用是使两物质能够紧密接触，增大接触面积，使接触面的温度升高，不理解摩擦起电的实质是两种束缚电子能力不同的物质的接触分离起电。

2. 类比架桥策略

类比架桥策略[2]指的是教师在学生的原有模型与科学模型之间提供一些过渡层次的经验、问题，作为学生学习的“脚手架”或“桥梁”，使学生的原有模型向科学模型发展和拓展。使用类比架桥策略的关键是找到学生原有认知中可以利用的基础，然后进行恰当的铺垫。

本书研究主要在“现象引入和初始模型检验与修正”环节采用这一

[1] 阎金铎，郭玉英. 中学物理教学概论[M]. 北京：高等教育出版社，2009：12.
[2] 卢慕稚，徐力，李娜. 科学教育中几种有效的教学策略[C]. 北京：全国数字媒体技术专业建设与人才培养研讨会，2011：62–65.

策略。

在实物物质的微观结构模型中，学生类比金属导体，在极化情境下建构的电介质的微观结构模型如图 6-2 所示：

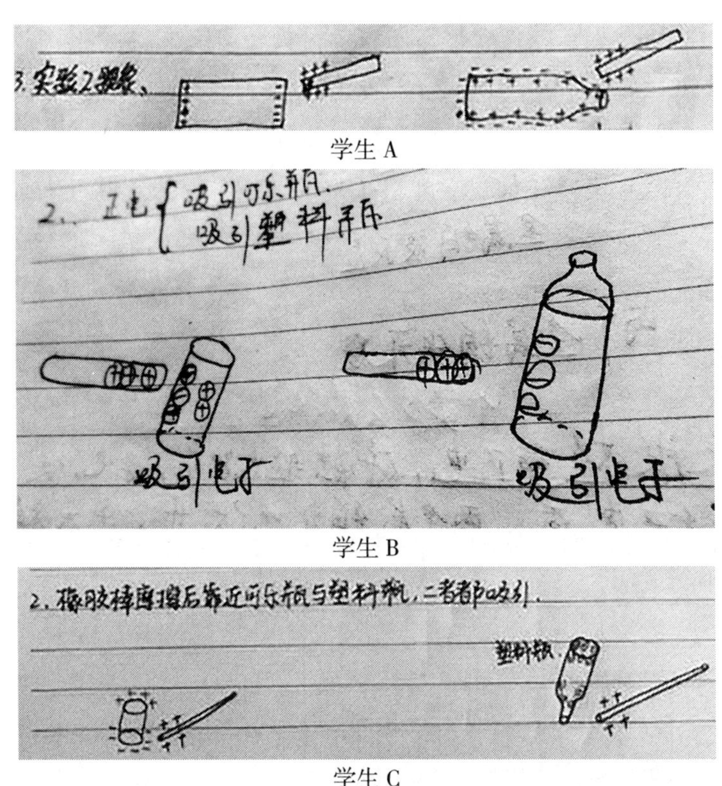

学生 A

学生 B

学生 C

图 6-2　学生在极化情境下建构的电介质模型

三名学生都认为毛皮摩擦过的橡胶棒带正电，并都类比金属导体的感应现象，建构了电介质的“极化现象”。学生 A 认为整个塑料瓶的外层上均匀带上负电荷，内层均匀带上正电荷。学生 B 类比金属导体，认为外电场吸引了塑料瓶内的电子，但图中未表征塑料瓶内带正电原子核的情况。学生 C 科学地表征了电偶极子在外电场中发生的变化。大多数学生在解释该实验现象时，并未将金属可乐罐和塑料瓶抽象为导体和电介质模型，仅仅尝试解释塑料瓶也被吸引这一现象，即塑料瓶在靠近带电体一端出现与带电体异号的电荷。学生很少根据自己对电介质（绝缘体）的已有认识，来建构电介质可能的内部结构模型。

3. 多重表征策略

多重表征策略[1]是指在学生对某一个现象或情境进行描述、解释或进行问题解决时，采用多种表征方式来表达自己头脑内部的想法，例如文字、图画、方程、数据表格、图表等（见图 6–3）。科学家用大量不同的表征方式去描述真实世界的不同事件和过程，学习去掌握它们并能够转换它们。在科学学习中，学生使用多种表征方式会有不同的认知效果。首先，多种表征方式（如视觉和口头）的使用能帮助学生更好地应用其工作记忆。其次，不同的表征方式本质上与学生尝试描述的数据或情境的不同特征有关。因此，使用多种方式表征，对于将某一情境中的不同方面建立联系是非常有效的。每一种表征方式都能在一定程度上比其他表征方式更有效地描述真实世界系统的某一方面，且表征方式之间的转换和联结可以帮助学生构建一个更为牢固清晰的心智模型[2]。本书研究希望通过多种表征来发现学生的学习困难和非科学模型，并帮助学生建立科学模型及模型间的联系。

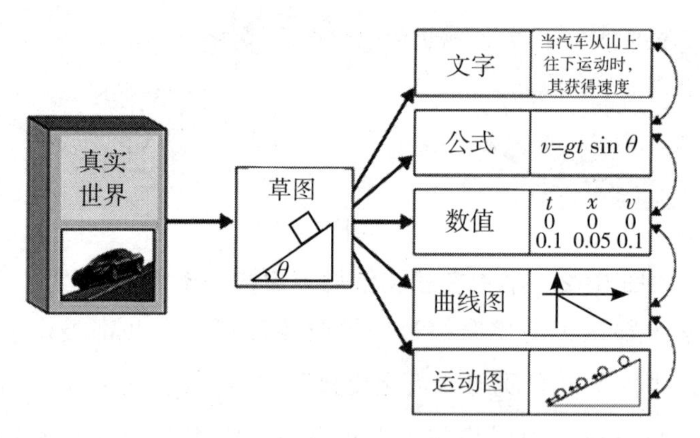

图 6–3　多种表征方式

本书研究主要在“定性表征和多重表征相互协调和调整”环节采用这一策略。

学生的多种表征范例：

图 6–4 为学生用文字和图形表征来解释用铜棒（或木棒）连接带电

[1] 梁树森，王文莲，张晓灵. 多重表征：建构主义物理教学的新思路[J]. 物理通报，2008，(2)：19–21.

[2] REDISH E F. Teaching Physics with the Physics Suite[M]. [S.l.]：John Wiley & Sons，2003.

验电器和不带电验电器后出现的现象。显然，从学生的表征中能发现学生的非科学模型，即学生认为金属导体内的正负电荷均可移动，还认为接地意味着带电体上的电荷被大地中和。

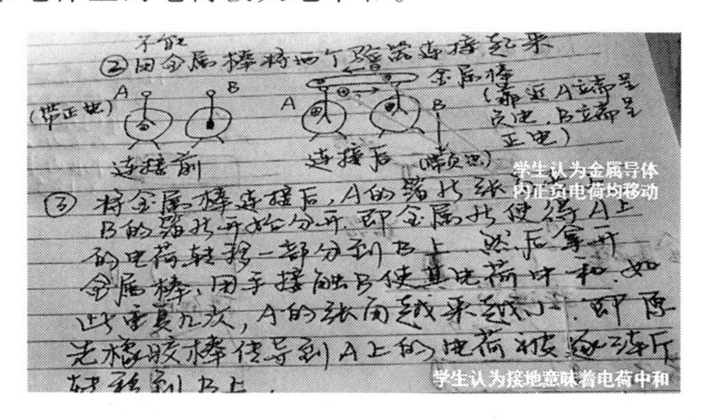

图 6-4　学生的多种表征范例（1）

图 6-5 为学生用文字和图形描述并解释气球与衣服摩擦的现象。通过对图形和文字的分析，发现学生存在的问题有：认为摩擦起电过程中正电荷在移动，认为摩擦后气球上电荷均匀分布，不能用准确的科学术语进行表述。

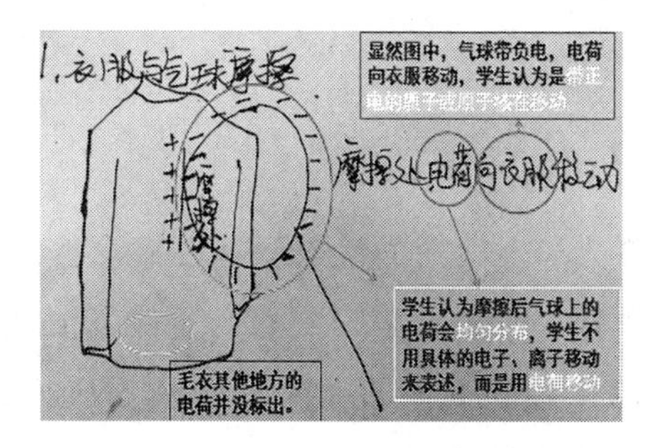

图 6-5　学生的多种表征范例（2）

4. 图示策略

图示策略[1]指将学生头脑中的概念及概念间的关系用直观的图表达出来，以此促进学生对知识的有意义建构，明确解决问题思路的教学策略。

本书研究主要在“建立已学相关科学模型间的整合”环节采用这一策略，通过让学生绘制概念图或知识结构图来了解学生的概念体系或知识结构。

[1] 卢慕稚，徐力，李娜. 科学教育中几种有效的教学策略[C]. 北京：全国数字媒体技术专业建设与人才培养研讨会，2011：62-65.

以静电学为例，为了解学生对静电学核心概念和核心概念间关系的理解情况，让学生作概念图表示。图 6-6 为两名学生建构的静电学核心概念之间的联系。虽然两者的概念图的呈现方式略有差异，但两名学生都将库仑定律（或电荷）、电场、电势选为静电学部分的核心内容。显然，两名学生均混淆了电场和电场强度的概念（图中“电场”均应为“电场强度”），且两名学生均认为电荷或库仑定律是静电学的核心内容。学生 E 认为电场强度通量和高斯定理是静电学的核心概念，研究中发现很多学生都有这一看法，可能的原因是教师在教学中十分强调用高斯定理计算电场强度。学生呈现的概念图表明两名学生均未真正建立起静电学核心概念之间清晰的联系，学生可能仅依据教师授课所用课时和强调程度来选择核心概念，而没有自己的深入思考和判断，对物理学知识体系没有形成整体一致的认识。

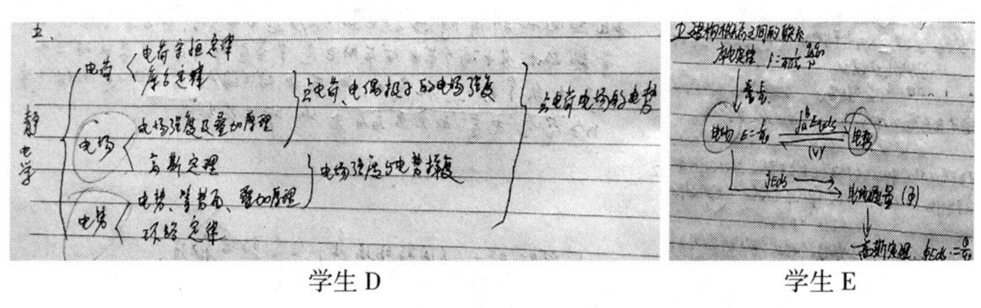

学生 D　　　　学生 E

图 6-6　学生建构的静电学核心概念模型范例

显然，静电学最核心的概念就是电场，而要描述电场这一特殊物质，则应从力和能量这两个核心概念进行描述，其对应描述的即为电场强度和电势。因此，教学中应给出静电学核心概念的联系（用数学公式进行表征，如图 6-7 所示）。

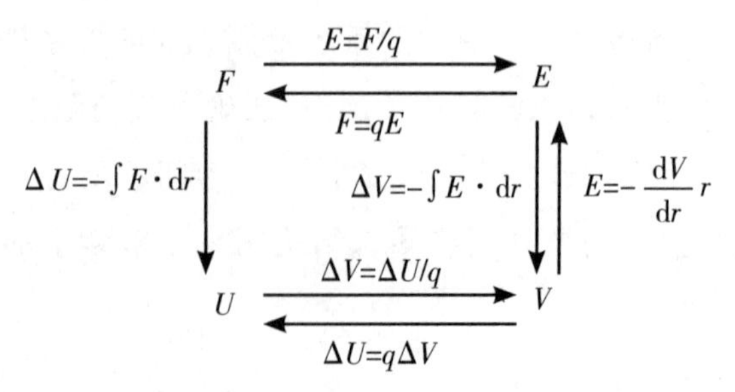

图 6-7　电场力、场强、电势、电势能间的关系

三、建模教学与传统教学活动的比较

表6-8　建模教学与传统教学活动对比（以实物物质的微观结构模型为例）

<table>
<tr><th>实验组</th><th>控制组</th></tr>
<tr>
<td>
一、模型选择和建构——导体和绝缘体
教师通过实验教学让学生预测实验现象，并自主建构解释模型。
实验1：①用毛皮摩擦过的橡胶棒与验电器1接触后，用木棒将验电器1和不带电的验电器2连接。
②换成铜棒连接两验电器，让学生预测实验现象。之后用手接触验电器2，然后用铜棒再次连接两个验电器。
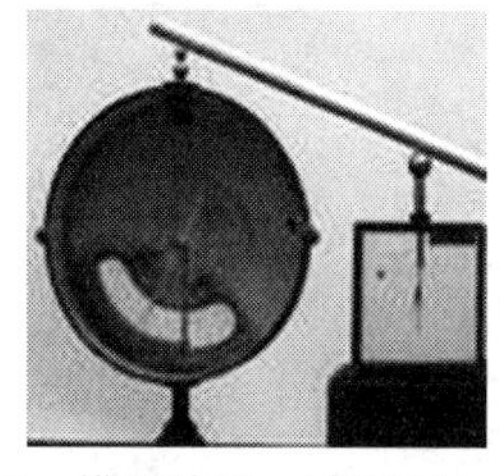 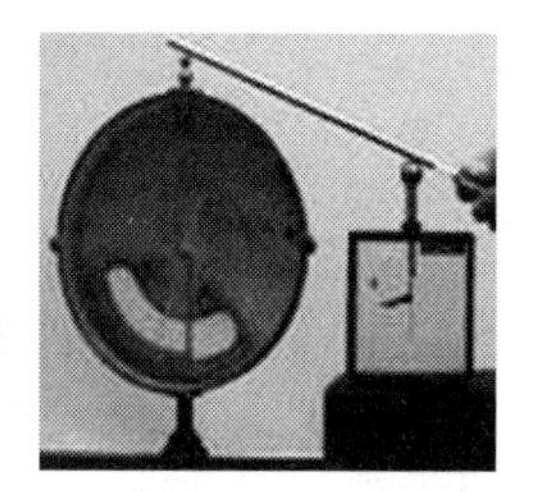
二、模型检验：感应起电
学生继续利用建构的初始解释模型预测以下实验，进一步完善所建构的金属和电介质的微观结构模型。要求学生用文字和图画的方式表征，当带电体靠近金属导体或电介质后，金属导体或电介质内部带电粒子的移动情况，用箭头进行标记，并比较金属和电介质的异同。
实验2：①将一根用毛皮摩擦过的橡胶棒靠近（不接触）一个放在可自由转动支架上的可乐罐（金属）。
②将一根用毛皮摩擦过的橡胶棒靠近（不接触）一个放在可自由转动支架上的矿泉水瓶（电介质）。

</td>
<td>
一、知识回顾
教师利用模拟动画帮助学生回顾高中所学的静电感应现象及静电平衡条件，并用数学形式进行表征。
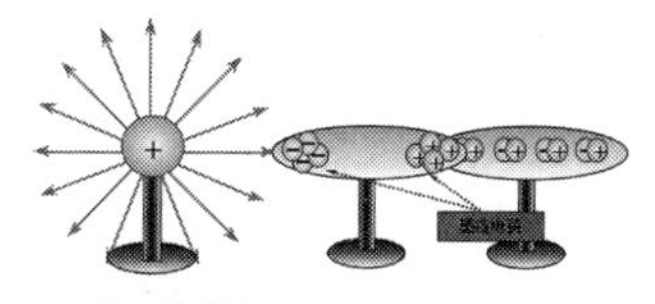
二、新课讲解
教师分实心导体、空腔导体两种情况进行讲解，利用高斯定理与学生共同讨论和推导静电平衡时导体上电荷的分布，教师得出结论。
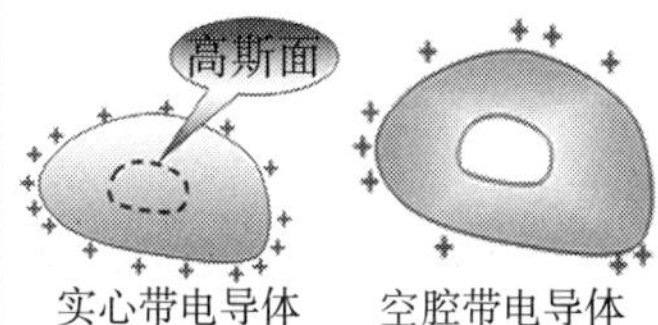

实心带电导体　　空腔带电导体
分析导体外表面附近电场强度与电荷面密度的关系$E=\dfrac{\sigma}{\varepsilon_0}$，以及导体表面电荷分布规律，教师得出结论$\sigma \propto K=\dfrac{1}{\rho}$。
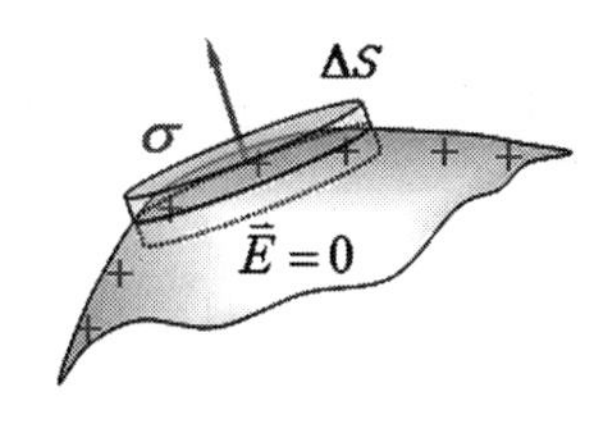

</td>
</tr>
</table>

续表

实验组	控制组
三、模型分析 教师引导学生回顾所学的化学知识，并用多重表征将金属铝和非金属氢、氧的微观结构表征出来。应用多角度动画展示金属和电介质内部的微观结构，以及金属和电介质内部带电粒子在外电场作用下的表现。 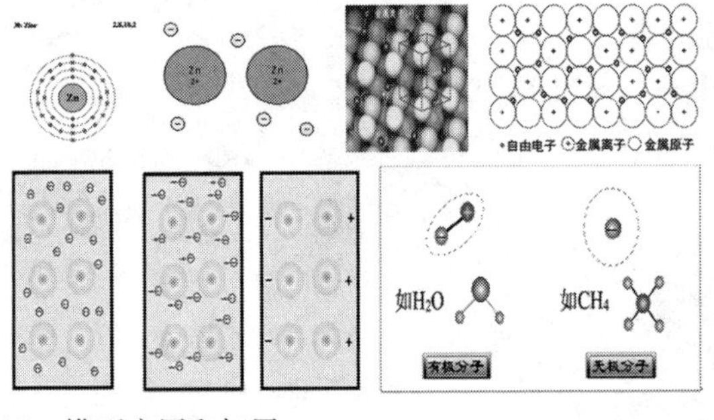 	三、知识应用 教师展示生活中有关的现象，例如尖端放电、静电屏蔽等应用，即避雷针、静电除尘、屏蔽电缆等。
四、模型应用和拓展 问题1： 网上一位妈妈的求助："刚刚在把晚上吃剩的菜用保鲜膜裹起来放冰箱时，女儿突然问我：'为什么保鲜膜不用胶带就能粘住啊？'我真是没办法回答。" 有没有哪位同学能够帮助这位妈妈呢？ 问题2： 在元旦晚会上，我们要将气球挂在墙上来增加节日气氛，如果不用胶带和绳子，能不能运用物理知识让气球粘在墙上呢？大家看，图中有一件毛衣、一个气球和一堵墙，你们能想到办法吗？画出整个过程中毛衣、气球和墙上电荷的变化情况。	四、习题讲解 例　有一外半径R_1=10 cm，内半径R_2=7 cm的金属球壳，在球壳中放一半径R_3=5 cm的同心金属球，若使球壳和球均带有$q=10^{-8}$ C的正电荷，两球体上的电荷如何分布？球心电势为多少？ 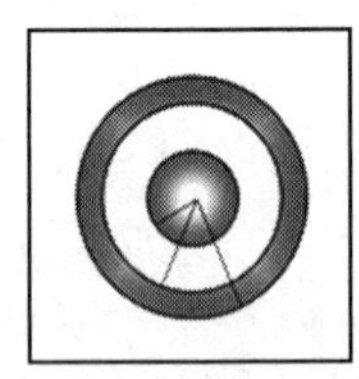
作业：学生自己制作一个验电器，并设计与验电器相关的实验来进一步验证所学内容。	作业：课后习题或习题集上的练习。

以实物物质的微观结构为例，建模教学与传统教学的差异主要在于以下几点。

（1）建模教学是在教师的引导下学生经历自主建构过程，而传统教学主要是教师主导下接受式的学习过程。建模作为一种建构式的学习方

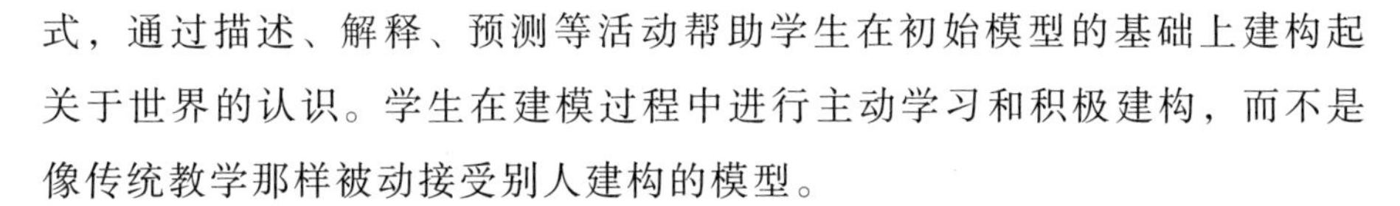

式，通过描述、解释、预测等活动帮助学生在初始模型的基础上建构起关于世界的认识。学生在建模过程中进行主动学习和积极建构，而不是像传统教学那样被动接受别人建构的模型。

（2）建模教学注重在真实世界中建构模型，而传统教学则是从已经抽象出来的模型开始讲解，最后才是模型应用。传统教学背离了科学家认识世界的过程，而建模教学让学生经历从真实世界中抽象模型的过程，用建构的抽象模型解决真实性问题，加强了物理概念模型与真实世界的联系。

（3）建模教学更关注学生心智模型的进阶，而传统教学大多仅关注初始状态和目标状态，忽略了中间过程。建模教学针对学生原有心智模型的层级，有目的性地设计一系列教学活动，帮助学生逐渐从原有的较低层级逐渐发展到较高层级，注重迷思概念的转变，缺失要素的补充和概念体系的建构。

（4）建模教学让学生应用多种方式进行表征，而传统教学中学生几乎没有表达的机会，或主要采用数学表征的单一方式。建模教学给学生提供展示与交流自己心智模型的平台，学生需要对问题进行多重表征，例如采用文本、曲线图、运动图、代数公式等表征方式。通过不断训练，学生将能够逐渐转化不同表征，从而对一些不可见或无法直接感触的概念建构清晰的概念模型。

（5）建模教学围绕核心模型展开，而传统教学概念多且零碎。建模教学围绕物理学中的基本模型展开，因此教学内容是对教学主题进行模型化的整合，且注重各模型之间的联系，力图促使学生形成结构化的知识，从而减轻学生的认知负担。

第三节　教学设计案例

一、“模型与建模教学简介”教学设计案例

表6-9　“模型与建模教学简介”教学设计

课题名称	模型与建模教学简介	授课时间	1课时
学情分析（基于前测结果）	1.学生对模型本质的理解存在迷思概念，例如认为模型是实物的复制品，模型应该与实际事物相近似，不认为模型可以是符号、过程。整体来说，学生对模型的认识处在对实物模型的认识层面上。 2.学生缺乏对科学模型和建模重要性的认识。 3.学生缺乏建模的经历，且忽略对过程模型和系统模型的建构。		
表现期望	1.学生能够说出科学模型的维度。 2.学生能够描述建构模型的基本步骤。		
教学内容	1.科学模型的内容。 2.建模的主要步骤。		
教学设计思路	从学生在考试周经常遇到“等待图书馆自习室座位”的实际问题引入。此问题并不是一个物理问题，因此学生并不存在物理知识上的差异，通过这一问题让学生体会建模在生活中的重要性。接着引入一个物理问题，让学生意识到建模在物理学习过程中的重要性。 在此基础上引导学生说出他们认为的模型有哪些，模型具有什么特征，并罗列学生熟悉的玩具模型、实物模型、地图、类比模型、过程模型、方程式，让学生选择哪些是模型，从而了解学生对模型的认识，并逐渐转变学生的错误认识。 结合前面的模型实例，与学生共同分析和总结模型的特点、功能和类型。结合前面等座位的问题和物理问题，与学生共同总结建模的过程和科学模型包含的维度。 最后向学生介绍建模教学及其对学生的要求和本课程相比传统教学的主要变化，以期让学生了解和尽快熟悉这种教学模式。		
教学过程		学生活动	设计意图
一、模型选择和建立 实际问题1： 原始题目：星期一的下午，你到学校图书馆自习室转了一圈后，发现没有空位。你决定等在图书馆自习室的门口，一个可以看见（并		学生思考，并讨论。	从一个学生在考试周经常遇到的实际问题开始。

续表

教学过程	学生活动	设计意图
能支配）大约20个座位的地方。你需要多长时间等待某人空出一个座位？ A.少于10分钟　B.大约15分钟　C.大约30分钟　D.超过1小时　E.不确定 增加条件：每个人平均在自习室待的时间为2小时。 再增加条件：假设同学们离开的时间间隔相同。	学生回答并解释。 学生讨论。	题目通过逐渐增加条件，从一个实际问题变成一道模型化试题，让学生比较实际问题和常见的模型化试题的差异，并体会在解决实际问题中提出假设和进行估计，构建模型，并应用模型解决问题的重要性。
实际问题2： 演员正在进行杂技表演。由图可估算出他将一只鸡蛋抛出的过程中对鸡蛋所做的功最接近于（　　）。  A. 0.3 J　B. 3 J　C. 30 J　D. 300 J	学生选择并解释。	本题为2011年江苏高考题，让学生体会物理问题中建模的重要性，以及高考对建模能力的关注。
教师提问：同学们，你们想到的模型有哪些？你认为什么是模型呢？模型具有什么特征呢？   是玩具模型吗？  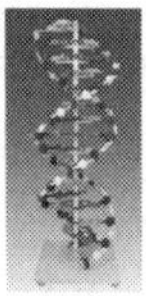 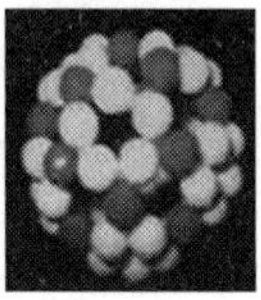 是实体模型吗？ 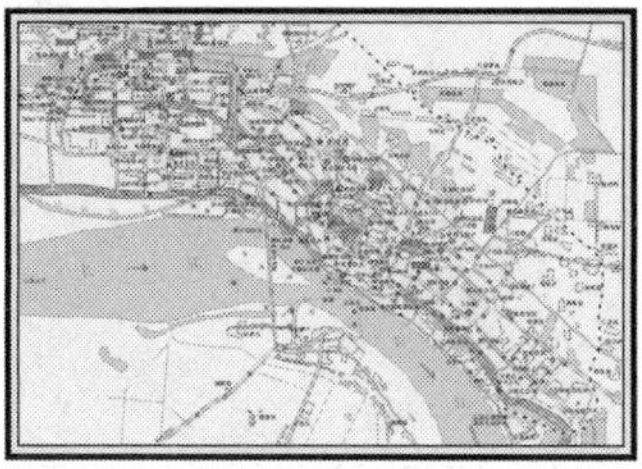	学生列举。 学生对给出的表征进行判断。	给出一系列不同的模型类型，从学生最熟悉的实体模型，到学生不熟悉或不认可的图像与符号模型、类比模型、过程模型和数学模型，让学生经历与其原有模型认知的冲突，从而建立起对模型的科学认识。

续表

教学过程	学生活动	设计意图
CO_2 $O=C=O$ 是图像或符号吗？ 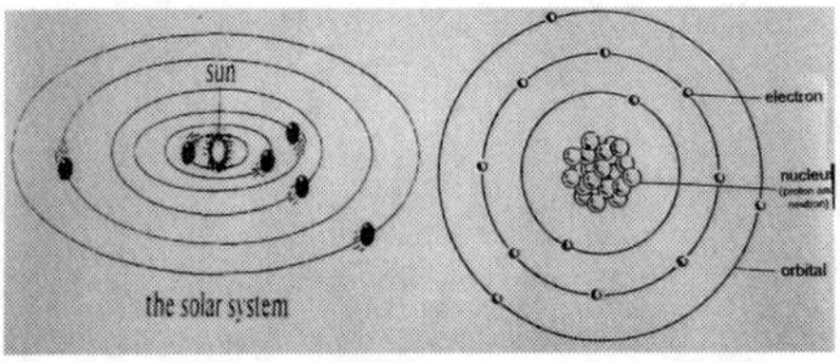 是类比吗？ 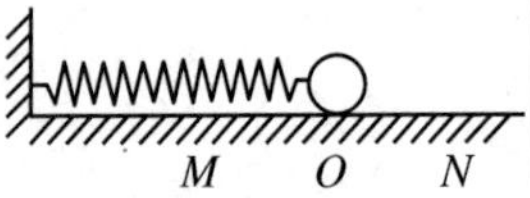 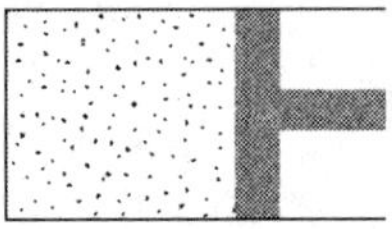 M O N 是过程吗？ $\vec{F}=m\vec{a}$ $\vec{M}=J\vec{\alpha}$ $aA+bB\rightarrow cC+dC$ ${}^{235}_{92}U+{}^{1}_{0}n\rightarrow{}^{144}_{56}Ba+{}^{89}_{36}Kr+3{}^{1}_{0}n$ $Cu+4HNO_3(浓)=Cu(NO_3)_2+2NO_2\uparrow+2H_2O$ $pV=nRT$ 是方程式吗？	学生逐步建构对模型的理解，归纳出模型的共同特征。	
二、模型检验 教师提问：什么是模型呢？ A. 模型是一个实物 B. 模型的目标是复制实物 C. 模型必须尽可能准确 D. 假如模型包括错误，则模型是可以改变的	学生基于自己对模型的理解进行判断。	结合前测中学生主要的错误认识，要求学生进行判断，检验学生对模型的理解，让学生反思自己对模型的认识，并进行有意识的转变。
三、模型分析 1.定义：模型是一种表征，可以对物体、事件、系统、过程、物体或事件间的关系等进行表征。例如，可以用不同大小的球来表征不同的行星，从而建构出太阳系的模型；也可以使用图像、图表或数学公式来表征一个系统；可以建构原子行星模型、气体粒子模型等。这些都可称为模型。 2.模型的类型：对象模型、概念模型、过程模型、理论模型、尺度模型、数学模型、图像、符号和表格等。	学生与教师共同总结归纳模型的定义、类型和功能。	由于学生对模型的相关知识比较欠缺，因此以案例的方式引导学生得出模型的定义、类型和功能，帮助学生建立起与已有的关于模型的认识的联系。

续表

教学过程	学生活动	设计意图
3.模型的功能：模型被发展用来描述、解释复杂现象所蕴含的关系、类型和结构，当模型被建构出来之后，它还会被用来预测接下来可能会发生哪些情况。		
四、模型应用与拓展——如何建模 教师提问：根据上课一开始我们举的两个例子，能不能总结出建构模型的主要特点。 总结：模型的建构必须把复杂的现象简化，从复杂的现象抽取出能描绘该现象的最主要的元素或参数，并且找出这些元素或参数之间正确的关系，在此基础上，找出最重要的几个元素及这些元素之间正确的交互关系，才能形成具有正确结构的模型，从而描绘出原本复杂的现象。	学生思考建模的过程。	结合实例，引导学生总结建模过程中的主要环节。
教师提问：科学模型应该包括哪些维度呢？ 总结：范围（Domain）——模型所涉及的对象，是一套具有共同结构或行为特征的物理系统，具有一定程度的近似和精度，具有适用范围。 成分（Composition）——模型的内容、环境、对象描述符和相互作用描述符。 结构（Structure）——表征模型对象的物理性质的描述符之间的相互关系。 组织（Organization）——同一理论中不同层次、不同组别的模型之间的关系。	学生讨论。	学生对科学模型应包含的维度只有模糊的认识，在学生思考讨论的基础上进行总结，强调模型的精度和近似，模型的适用范围，模型的发展性、不唯一性，模型有其组成成分、结构及组织。
教师提问：建模需要经历的主要步骤有哪些？ 1.模型选择：根据研究目的，在熟悉的模型中选择一个适合的模型，需要考虑模型的适用范围。需要关注以下问题：（1）问题中描述了什么物理系统？每个系统由哪些对象组成，在每个系统之外什么物体与系统内的物体作用？（2）每个系统经历的运动类型是什么？（3）选择什么参考系？（4）每个物理系统最适合建构的模型是什么？	学生体会建模的主要步骤。	与学生详细讨论建模的主要过程，从而让学生体会建模的主要步骤和建模过程中需要关注的问题。

续表

<table>
<tr><th>教学过程</th><th>学生活动</th><th>设计意图</th></tr>
<tr><td>2.模型建构：确认所选模型的相关成分与结构，引导学生建立数学模型。需要关注以下问题：（1）什么坐标系能够最好地描述所选的参考系。（2）每个对象需要哪些参量（质点、转动惯量、电量等）来描述。（3）需要哪些概念来描述每个对象或系统，每个概念需要什么定律来描述。（4）用一个合适的图来表征这一过程。（5）数学表述——写出相应的数学方程，画出曲线图。（6）约束条件、初始条件、最终条件分别是什么？用数学形式详细说明和表征。
3.模型检验：利用不同的实验或评价方法来帮助学生建立模型，并检验模型的内在一致性。需要关注以下问题：（1）这样建构的模型是否能够充分地表征问题中的对象或问题。（2）完备性评价，每个对象的所有主要属性都在对应模型中进行表征了吗？在表征的模型中有没有任何次要属性可以忽略？建构的数学模型是否足以回答问题？（3）一致性评价。

教师介绍：建模教学的基本要求。
1.模型：在问题解决中需清楚陈述所应用的模型。
2.设计：设计一个相关的实验或描述一个现象。
3.预测：如果模型是正确的，你预测会看到什么样的现象或结果。
4.实验和结果：描述你的实验步骤，实施实验，并记录你观察的现象或结果。
5.结论：讨论你的预测和结果之间的明显差异。
建模包括：
<table><tr><td>1.对象和系统</td><td>简化模型</td></tr><tr><td>例如：金属球</td><td>刚体，导体</td></tr><tr><td>例如：玻璃棒</td><td>刚体，绝缘体（或电介质）</td></tr></table></td><td></td><td>

教师强调建模教学的基本要求，以期让学生了解和熟悉建模教学中的主要活动和内容。</td></tr>
</table>

续表

教学过程		学生活动	设计意图
2.相互作用和过程			
例如：金属球和带电玻璃棒间有相互作用	定性的电相互作用（带电体在电场中的受力）		
重力和拉力	可忽略		
3.能量			
金属球内的电子在外电场作用下获得动能	动能，势能		

二、“实物物质的微观结构模型”教学设计案例

表6-10　“实物物质的微观结构模型”教学设计

课题名称	实物物质的微观结构——是什么将世界连在一起	授课时间	3.5课时
学情分析（基于前测和访谈的结果）	1.学生对电荷是一切实物物质的基本属性有较正确的认识，但在实际问题中却不能很好地调用（教师平时的语言，如“5库仑的电荷”等表述，让学生对“电荷”和“带电”有误解）。 2.学生对不同物质的微观结构缺乏科学的认识，大多数学生认为金属内的正、负电荷均可移动，而绝缘体（或电介质）中的电荷无法移动，也无法带电（因为大多数学生没有选修高中物理选修3-3）。前测结果表明，28.6%的学生认为电荷会均匀分布整个玻璃棒，17.1%的学生认为摩擦使正负电荷分离，分布在玻璃棒两端或内外侧。 3.学生很难将所学知识整合成一致的心智模型，并用于解决实际问题（例如不能将化学中关于化学键的知识与物理学中的电磁相互作用联系起来，不能将化学中的化学能、键能与物理学习中的热能、电势能等进行区分或整合）。 4.学生的表征方式单一，主要采用文字表征的方式。		
表现期望	1.学生能够说出电荷的本质和性质，并在不同情境中应用。 2.学生能够区别电荷和带电的不同。 3.学生能够利用静电相互作用来解释分子、原子的结构。 4.学生能够描述并画出原子结构图。 5.学生能够描述库仑定律的成立条件和适用范围，及其在电磁学中的重要性。		

续表

<table>
<tr><td>课题名称</td><td>实物物质的微观结构——是什么将世界连在一起</td><td>授课时间</td><td>3.5课时</td></tr>
<tr><td>表现期望</td><td colspan="3">6.学生能够从能量的角度来描述核外电子的稳定程度，并能区别电离能、内能、电势能、键能的差别，逐步建构能量的核心概念。
7.学生能够根据所给现象和研究问题的精度要求，建立实物物质的微观结构模型。
8.学生能够区别导体和电介质微观结构的差异，并能利用这一差异来预测其功能上的差异，逐步建构结构与功能的跨学科概念。
9.学生能够明确表述、区分并解释以下术语：分子、原子、电子、离子、电负性、化学键（共价键、离子键和金属键）、电荷、电量、带电、金属、电介质。</td></tr>
<tr><td>教学内容</td><td colspan="3">1.从原子结构来认识物质的电性，引出库仑定律、电离能、电负性。
2.从不同物质的结构（共价分子、金属、离子化合物）来认识其不同的功能。</td></tr>
<tr><td>教学设计思路</td><td colspan="3">本设计打破原有教材的设计，并不是一开始就从抽象的电荷、库仑定律和电场开始讲解，而是从学生最熟悉的摩擦起电现象入手，从而引出实物物质微观结构这一主题。虽然学生从初中就开始学习摩擦起电，但是由于初中、高中老师并未对其进行详细的解释，因此导致学生形成了诸如摩擦是摩擦起电的关键的认知，对摩擦起电的实质未形成科学认识。为转变这一错误认识，教学中设计撕胶带的实验帮助学生形成认知冲突，学生在描述、解释和预测实验现象的过程中，进一步建构对实物物质微观结构的认识，并理解电荷、原子的微观结构模型，及描述电荷间相互作用的库仑定律等内容。
在此基础上，通过接触起电、感应起电等系列实验，让学生比较金属导体和电介质实验现象的异同，从而建立金属导体和电介质的结构模型。其中，带电体靠近可乐罐和塑料瓶的实验中应用了认知冲突和类比架桥策略，通过学生的多重表征和小组交流，帮助学生认识到自己对金属导体和电介质的非科学模型，转变学生认为金属导体内正、负电荷均能移动，绝缘体不能带电或绝缘体内的电子完全不能移动的非科学模型，并在学生比较导体和电介质的结构和功能时，促进学生这一跨学科概念的发展。
教学过程中应用系列实验和仿真动画，帮助学生建构对物质微观结构的形象表征。最后，让学生解决生活中的问题，建立物理学与生活的联系。</td></tr>
</table>

续表

教学过程	学生活动	设计意图
一、模型选择和建立——摩擦起电的实质 生活现象：气球与毛衣摩擦。  教师提问：请作图和用文字描述出电荷在毛衣和气球上的分布情况（摩擦前后），并解释为什么两个物体摩擦会起电。 教师播放仿真动画。 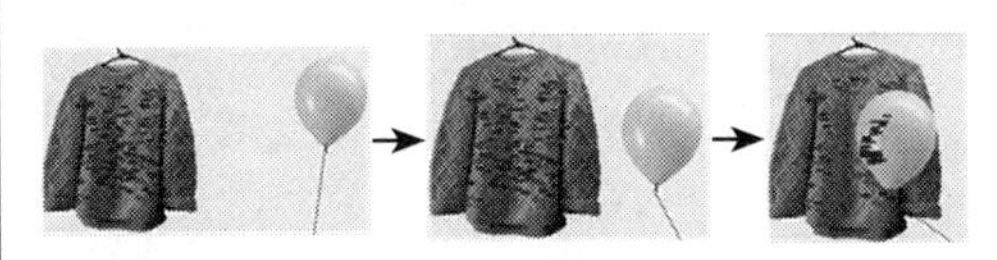 教师提问：起电是否源于摩擦？你认为摩擦的作用是什么？两个不摩擦仅相互接触的物体，当它们分离时是否会带电？同学们在生活中是否遇到过这种现象？	学生根据研究目的，选择研究系统，并选择适当的模型进行表征。用图画和文字表征，并尝试解释摩擦的作用。 小组交流和讨论，建立初始模型。 观看仿真动画。	从学生非常熟悉的毛衣摩擦起电现象创设情境，减轻学生的认知负担。通过学生的多重表征，暴露学生对电介质（绝缘体）及摩擦起电过程中电荷的运动的认识（初始模型）。学生虽熟悉摩擦起电现象，但并不一定形成科学模型。 通过仿真动画帮助学生建构模型，并教会学生用图像进行表征（大多数学生不知道如何用图像进行表征）。
二、模型验证 学生实验1：将一根胶带贴到桌面上，按紧，揭下来后贴在一根悬挂的木棒上。 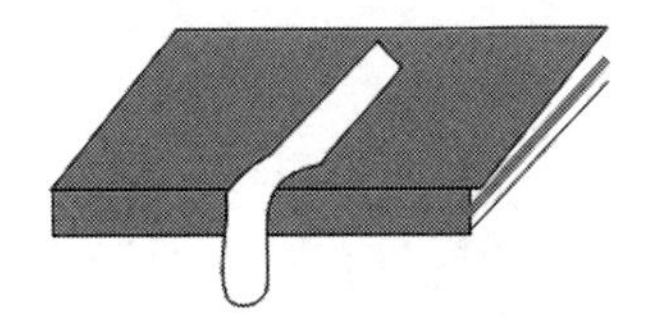 教师要求：（1）预测实验结果，并描述你的推论。鼓励学生作图。（2）完成实验，如何证实你的推论呢？胶带是否带电？带何种电荷？（3）设计和实施一个额外的实验来判断胶带上带何种电荷。 学生操作：用已知带电体靠近胶带，观察会发生什么现象。 教师要求：记录实际的实验结果，讨论预测和实验结果间的差异，并进行正确解释。	独立思考。 学生应用初始模型预测实验现象。 学生自己进行实验，观察实验，比较预测和实验结果的差异。	引起认知冲突。大多数学生认为摩擦是产生电荷的根本原因，通过胶带实验，学生看到不经摩擦的物体也能带电。转变或修正学生的非科学模型。

续表

教学过程	学生活动	设计意图
观察现象：将两根胶带分别贴到同一桌面上，均按紧，揭下来后，将两根胶带靠近，观察会发生什么现象。 教师要求：学生记录实验结果，并进行解释。 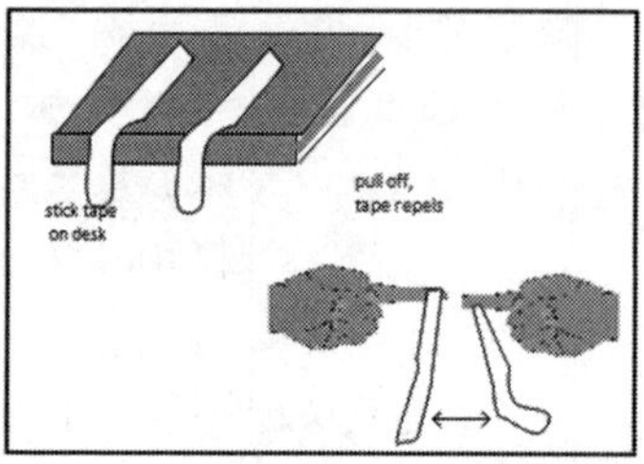	学生进行小组讨论，检验模型，并修正初始模型。	通过两根胶带的实验，帮助学生发现胶带的特殊结构，发现胶带两面的物质存在差异，进一步帮助学生建立科学模型。
教师提问：若将一根胶带贴到桌面后，将第二根胶带贴到第一根胶带上，将两根胶带揭下来，再靠近，会发生什么现象？你们还能想到更多的现象吗？ 教师提问：记录实验现象，同学们观察到了什么现象？为什么两次实验结果不同呢？ 三、模型分析 师生共同分析：摩擦起电系统中均有两种以上不同的物质，摩擦起电不一定需要摩擦，两物体接触分离也会起电，摩擦的作用是使两种不同物质能够紧密接触，增大接触面积，使接触面的温度升高。	应用修正模型预测实验现象，比较差异。	
小结：摩擦起电的实质是两种束缚电子能力不同的物质的接触分离起电。 四、模型应用和拓展——原子的微观结构模型 教师提问：如果想要摩擦起电效果好，应如何正确地进行实验操作呢？同学们在生活中还遇到过哪些接触分离起电的现象呢？	分析模型的构成和主要特征。	教师引导学生对观察到的现象和建构的模型进行分析，帮助学生建构科学模型。
教师引导：例如生活中撕包装纸（在家撕保鲜膜，保鲜膜粘到一块）、脱毛衣等。 教师引导：回顾前两个实验的结果。	学生解释生活现象。	将实验结果与生活现象结合，进一步巩固学生的科学模型。

续表

教学过程	学生活动	设计意图
教师提问：接触分离过程中物体带了电（例如摩擦的玻璃棒带上正电），那么在玻璃棒未带电前，它里边有没有电荷呢？什么是电荷，电荷的本质是什么？电荷具有哪些性质呢？下面我们进入实物物质里面看看，以氦（He）为例，看看是什么将世界联系起来的。 教师引导：一切实物物质都是由带电的基本粒子构成的，在接触分离过程中，物体带电表明电荷并不是无中生有的。那么是哪种微观粒子发生了转移？为什么不同物质或原子核束缚电子的能力不同？请从原子结构的角度进行分析。 教师提问：原子由什么构成？原子核由什么构成？请画出氦的原子结构图。	学生区分电荷和带电。学生回顾电荷的本质和性质。	大多数高中生由于没有学习高中物理选修3–3，因此对于物质的微观结构没有清楚认识，教师需帮助学生建立科学的原子微观结构模型，才可能让学生能够正确地解释大量现象，并为后续学习奠定基础。
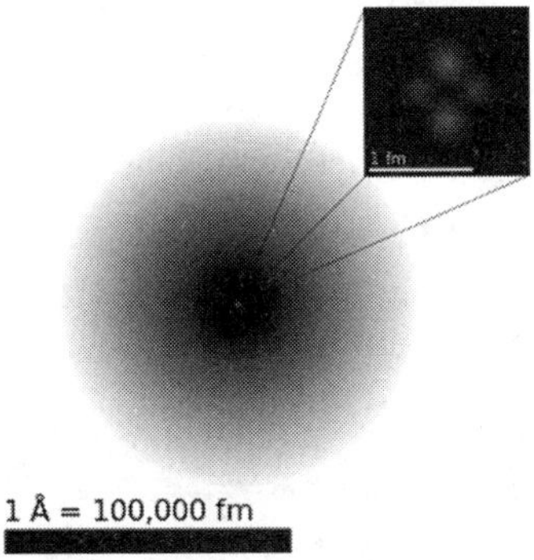 1 fm 1 Å = 100,000 fm	学生画图表征原子的微观结构模型。	通过作图暴露学生关于原子结构的初始模型。
教师引导：原子为什么会构成如此稳定的结构？什么力在其中起到了作用？质子为什么能够在原子核内存在，而没有因为斥力的作用飞出去？为什么核外电子在靠近原子核的地方出现的概率高？为什么不同物质接触分离时，有的带正电，有的带负电呢？ 师生讨论：电磁相互作用、强相互作用、核外电子的能量。	学生在解决问题过程中，验证初始模型。	在教师提出的问题的引导下修正模型。首先让学生意识到构成所有物质的原子中是电磁力起到支配作用，其次让学生认识到强相互作用的存在及原子核内带正电的质子是不能脱离原子核的。为后续学生建立金属导体和电介质科学模型奠定基础。
教师引出：电离能、电负性。	学生建立科学模型。	将化学的有关知识引入，帮助学生形成整合的认知结构。

续表

教学过程	学生活动	设计意图
建立定量模型——库仑定律 显然，原子之所以能构成稳定结构，是因为库仑力的存在，我们如何研究电荷与电荷间的相互作用呢？库仑定律有适用条件吗？库仑定律是否是牛顿第三定律在静电学中的应用呢？牛顿第三定律是否普适呢？	学生自学，并小组讨论问题。	这部分是学生比较熟悉的内容，因此采用讨论的方式进行讲解。
一、模型选择和建构——导体和电介质 教师提问：物质的内部结构是怎么样的，相互作用是怎么样的？金属（如锌、铜、铝等）、电介质（如氢气、氧气、水、玻璃、橡胶等）等物质，它们的内部结构是否存在差异？我们可以通过什么方式来了解物质的微观结构呢？能不能举出在生活中遇到的现象或例子来说明它们的差异？我们学过的什么物理量可以描述它们之间的差异呢？	学生独立思考问题，建构导体和电介质的初始模型。	系列问题的设计是希望学生意识到对于物质的微观结构的认识可以从物质相互作用的外在表现来研究。
实验仪器：毛皮、橡胶棒、验电器1、验电器2、铜棒、木棒。 演示实验1：①用毛皮摩擦过的橡胶棒与验电器1接触后，用木棒将验电器1和不带电的验电器2连接，预测实验现象，并进行解释。 ②若换成铜棒连接两验电器，预测实验现象。之后用手接触验电器2，然后用铜棒再次连接两个验电器，会发生什么？解释你所做的预测。	学生应用初始模型预测实验现象，并表征出木棒和铜棒内部电荷的分布情况及电荷的移动情况。	通过对熟悉现象的预测和观察，以及对现象的解释和表征，暴露出学生关于金属导体和电介质的初始模型。
观察实验现象： 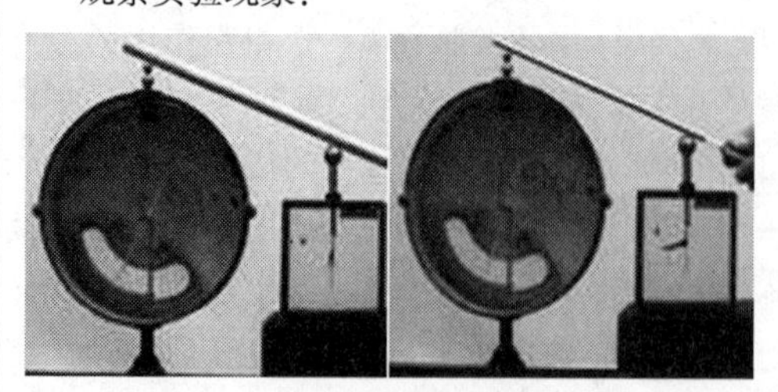 教师提问：这些实验现象是否能支持你对于金属和电介质的想法呢？是不是在某些材料中有些电荷可以自由移动，有些电荷不能自由移动？解释你的答案。	学生观察实验现象，记录实验结果，比较实验现象和预测的差异，回答教师提出的一系列问题，修正初始模型。	学生在回答教师提出的系列问题时，不仅可以修正初始模型，还能学到建模应基于证据。

续表

教学过程	学生活动	设计意图
二、模型检验：感应起电 提出问题：金属和电介质的微观结构是怎样的呢？能否用你建构的模型来预测以下实验的结果，并描述你的推论？		
演示实验2：①将一根与毛皮摩擦过的橡胶棒靠近（不接触）一个放在可自由转动支架上的可乐罐（金属）。 ②将一根与毛皮摩擦过的橡胶棒靠近（不接触）一个放在可自由转动支架上的矿泉水瓶（电介质）。 教师提问：它们会动起来吗？ 	学生独立对实验结果进行预测。	实验2的①为学生熟悉的带电体靠近金属导体，学生很容易预测现象，并用中学所学的感应起电进行解释。但学生不一定对金属导体形成科学模型，因此需通过文字和图形表征来了解学生存在的主要非科学模型。
教师演示实验2的①。	学生观察实验现象。	
教师提问：描述观察到的现象，并解释现象。思考若要解释观察到的现象应如何假设可乐罐内部的结构。注意摩擦过的橡胶棒并未接触物体。要求画出金属导体（可乐罐）在带电体靠近前和靠近后内部的变化。用文字和图画的方式表征在带电体靠近后金属导体（可乐罐）内部带电粒子的移动情况，用箭头进行标记。	学生呈现各自对金属导体内部结构的表征并进行讨论。	学生们呈现的不同模型可能形成冲突和互补。
师生讨论：教师与学生展开讨论。 得出结论：金属导体（可乐罐）的内部结构，及在电场作用下金属导体内部发生的变化。		师生互动，帮助学生转变非科学模型。
教师继续提问：我们刚才看到的是可乐罐的现象，并知道了金属导体的内部结构，那么若将可乐罐换成塑料瓶，会有什么现象呢？ 教师演示实验2的②。	学生观察实验现象。	学生自主建构建模过程。

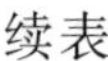
续表

教学过程	学生活动	设计意图
教师引导：观察并记录实验，比较该实验现象和上一个实验（①）的区别。你们在上个实验中所建构的模型能否解释这个实验的现象？思考一下，若要解释观察到的现象，应如何假设矿泉水瓶内部的结构？注意摩擦过的橡胶棒并未接触矿泉水瓶。 教师提问：两个实验现象解释的相似之处是什么，不同之处是什么？你认为金属和塑料内部的结构有什么差异？如果你熟悉化学知识，化学知识中有哪些观点可以支持你的推理？	学生呈现各自对电介质内部结构的表征并比较其与金属导体的差异。	在金属导体的基础上，比较两者的异同，类比电介质所发生的现象，修正电介质的初始模型。
三、模型分析 教师引导：金属和电介质在外电场中都会极化，但是显然金属的极化电荷多，与带电体之间的相互作用力大。金属能够传导电荷，但是电介质却不能，表明电介质和金属的不同外在表现反映了它们不同的内部结构。	学生得出结论。	渗透研究方法的体会，帮助学生分析建构模型的要素及关系。
教师引导：学生回顾所学化学知识，并用多重表征将金属铝和非金属氢、氧的微观结构表征出来。	学生建构科学模型。	
图片展示：多角度动画展示金属和电介质内部微观结构，以及金属和电介质内部带电粒子在外电场作用下的表现，让学生看到微观过程，加深印象。 仿真动画：模拟当带电体靠近时，可乐罐或塑料瓶内部的带电粒子的运动情况。	学生比较教师给出的模型与自己建构的模型的一致性。	通过图片、仿真动画的演示，帮助学生建立对导体和电介质内部的形象认识，学生通过比较教师给出的模型与自己建构的模型，转变自己心智模型中错误的成分或关系，从而促进导体和电介质科学模型的建构。

续表

教学过程	学生活动	设计意图
四、模型应用和拓展 问题1：网上一位妈妈的求助：“刚刚在把晚上吃剩的菜用保鲜膜裹起来放冰箱时，女儿突然问我：‘为什么保鲜膜不用胶带就能粘住啊？’我真是没办法回答。”有没有哪位同学能够帮助这位妈妈呢？ 问题2：在元旦晚会上，我们要将气球挂在墙上来增加节日气氛，如果不用胶带和绳子，能不能运用物理知识让气球粘在墙上呢。现在有一件毛衣、一个气球和一堵墙，你们能想到办法吗？画出整个过程中毛衣、气球和墙上电荷的变化情况。	学生应用模型解决问题。	在应用建构的模型解释生活现象的同时，将摩擦起电和感应起电结合起来，让学生对起电现象形成整体认识，并对电介质的微观结构模型形成科学模型。
作业：学生自己制作一个验电器，并设计与验电器相关的实验来进一步验证所学内容。		

三、“电场模型”教学设计案例

表6-11　电场之电场强度（从力的角度）教学设计

课题名称	电场之电场强度	授课时间	1课时
学情分析（基于前测和访谈的结果）	1.学生对电场并未形成正确清晰的心智模型，容易将电场与电场力、电场线、电场强度混淆（教师在将电场形象化时，经常用形象化的电场线来代替电场），前测中超过一半的学生不认为电场是物质。学生对物质的认识仅限于实物物质，一提到电场学生很容易想到的是两个电荷相互作用的区域、环境或范围，学生头脑中未真正将场纳入物质模型，未建立物质的大概念。学生存在的主要迷思概念：电场不是物质，电场是假想的，电场是电场力，电荷与电荷之间的相互作用不需要电场进行传递。学生在处理问题时也很难调用电场这一要素。 2.学生在问题解决中容易调用电荷与电荷相互作用模型（同性相斥，异性相吸），不易从空间中场的分布来分析问题。		
表现期望	1.学生能够定性描述静电相互作用的特征。 2.学生能够陈述电场力和电场之间的关系，并区别这两个概念。 3.学生能够描述判断物质的依据，并能够体会场的物质性。 4.学生能够归纳出物理学研究物质的主要维度。 5.学生能够陈述建构电场强度概念的意义，并能够陈述电场强度和电场力的区别。		

续表

课题名称	电场之电场强度	授课时间	1课时
表现期望	6.学生能够应用微积分思想，计算简单形状带电体空间的电场强度。 7.学生能够明确表述并区分以下概念：电荷、电场力、电场强度、点电荷、带电体、电偶极子。		
教学内容	1.场的物质性，拓展学生对物质的认识。 2.电场强度概念及计算。		
教学设计思路	电场是电磁学的一个核心概念，后续学习将围绕这一核心概念的讨论展开，形成一系列描述电场的概念和规律。通过高中学习，学生对电场及描述电场的物理量已有初步认识，但学生很难真正建构电场的物质模型，且存在大量的迷思概念，例如：电场不是物质，电场是假想的，电场是电场力，电荷与电荷之间的相互作用不需要电场进行传递。学生不能区分电场力、电场线、电场强度、电势能、电势等概念，当多个概念出现时极易混淆。由于初中、高中教师在初中、高中的静电学部分反复强调电荷与电荷间的相互作用力（同性相斥，异性相吸）、库仑定律等结论，且库仑定律的数学表达式中没有任何场的信息，导致学生在处理实际问题时易调用的是心智模型中电荷和电荷相互作用这一要素，很难调用电场这一要素。学生通常不会首要从空间中电场的分布情况来思考问题。因此为真正帮助学生建立电场模型，本设计首先从实验现象入手，让学生发现观察到的实验现象无法直接用电荷和电荷的相互作用力进行解释，引起学生的概念冲突，从而引导学生从场的角度来分析问题，并帮助学生真正建构起电荷间的作用力是通过场来传递的科学模型，且场的传递需要时间。在后面的教学中，我们将反复强调“A电荷产生的电场对B电荷的库仑力”和“B电荷产生的电场对A电荷的库仑力”，并要求学生掌握这种表述。 在学生通过实验认识到场的客观存在的基础上，帮助学生建立场是物质的科学概念。关于“电场是一种特殊形式的物质”的建立，需首先让学生对物质有一个正确认识，前测表明学生对于物质这个核心概念尚未建立科学概念。本设计从学生关于物质的认识入手，暴露学生关于物质的心智模型，在此基础上引导学生发现自已关于物质的错误认识，从而帮助学生建构物质的科学模型，了解物质有两种存在形式：一种是由原子和分子构成的实物物质（独占空间），一种不是由原子和分子构成的场（不独占空间）。而关于场的物质性可通过后续的学习逐渐建构（包括电场的能量）。		

续表

教学过程	学生活动	设计意图
一、模型选择和建立——电场 实验1： 观察现象：毛皮摩擦过的橡胶棒靠近验电器上端的金属球，验电器指针会张开（前面已经做过）。 教师提问：验电器的指针为什么会张开？我们前面说是因为验电器中的自由电子受到橡胶棒上电荷的作用。 教师提问：在前面的学习中，无论是实验现象，还是库仑定律，都证实了两个静止电荷之间有相互作用。那么电荷与电荷的相互作用是如何实现的呢？ 给出观点1：一个电荷对另一个电荷的作用是不需要介质而直接作用的，也不需要时间而即时作用，你们认为正确吗？	根据研究目的，选择研究系统，学生独立选择适当的初始模型进行解释，并用文字和图形的方式表征验电器中金属箔、金属杆、金属球上电荷的移动和分布。 学生对观点1进行判断。	从前面的学习和学生原有的心智模型入手，让学生直面这些问题，暴露学生原有的心智模型。 该实验是前面介绍验电器原理时做过的实验，学生此时可能仍然选择用超距作用模型来解释问题。
二、模型验证 实验2：（强化金属模型）金属笼罩住验电器上端的金属球，将毛皮摩擦过的橡胶棒靠近验电器，预测验电器的指针变化。  教师演示实验。 教师引导：描述实验现象，并作图进行解释，观察预测与实验结果是否一致，比较实验1、2的实验结果的差异。你建构的模型是否能够很容易地解释实验1、2的两个现象。	学生用初始模型预测实验现象。 观察实验。 作图进行解释，比较两次实验结果的不同，对自己的模型进行反思，修正初始模型。	引起认知冲突，此时学生发现用超距作用模型来解释实验现象比较麻烦，意识到超距作用模型的局限性，将转向用电场模型来思考问题，建构更科学的模型。
三、模型分析 引导学生得出结论：电荷与电荷之间的相互作用是依靠电场来实现的。除此之外，物体与物体间的引力相互作用是通过引力场来实现的，磁性物质之间的相互作用是通过磁场来实现的。 教师提问：空间中若有A、B两个电荷，B电荷受到的电场力是A电荷产生的电场贡献的，还是A、B两个电荷产生的合场强贡献的？	学生总结结论。 学生思考问题	拓展知识与知识间的联系。 对该问题很多学生存在迷思。通过对问题的思考，引导学生转变迷思概念。

续表

<table>
<tr><th>教学过程</th><th>学生活动</th><th>设计意图</th></tr>
<tr><td>四、模型应用与拓展（强化电介质模型）
实验3：用塑料瓶罩住验电器上端的金属球，将用毛皮摩擦过的橡胶棒靠近验电器，预测验电器内的指针是否会张开。比较并解释3个实验中验电器指针张角的不同。
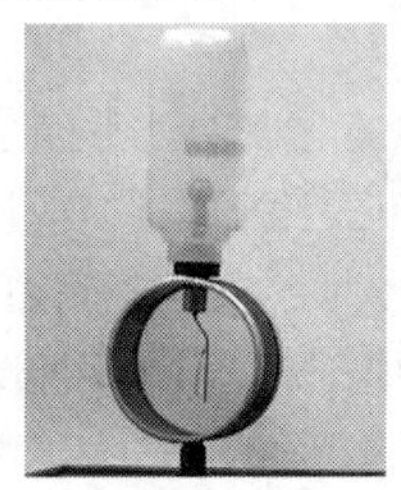</td><td>学生应用初步建构的电场模型解决问题，并逐步感受其科学性和高效性。</td><td>通过实际问题的解决，引导学生从电场的角度来分析问题，进一步巩固学生的科学模型。</td></tr>
<tr><td>教师引导：通过前面的实验和讨论我们发现，电场是客观存在的。物理学研究的是物质的微观结构，物质间的相互作用和运动规律，那么你们认为场是物质吗？你们是怎么认识物质的呢？
教师列出学生判断物质的依据（前测中得到的信息），并进行分析。
在此基础上教师引导学生列表比较场与实物物质二者的共同点和差异，引导学生说出场作为一种特殊物质的特殊之处。
<table>
<tr><th>实物物质</th><th>电场</th></tr>
<tr><td>由原子、分子构成</td><td>不由原子、分子构成</td></tr>
<tr><td>占有空间（独占空间）</td><td>占有空间（不独占空间）</td></tr>
<tr><td>具有物质的属性：与其他物质有相互作用，具有质量、动量、能量</td><td>具有物质的属性：与其他物质有相互作用，具有质量、动量、能量</td></tr>
</table></td><td>学生写出自己关于物质的认识。之后进行小组讨论，每组给出判断物质的依据。
学生回顾。学生区分实物物质和电场的异同。</td><td>学生关于物质的认识大多停留在实物物质的认识上。教师要帮助学生建立物质的科学模型。首先暴露学生原有的心智模型，再用证据来说明其关于物质认识的局限性。通过实物物质和场的比较，真正帮助学生将场纳入物质中，拓展学生对物质的认识，从而建立物质这一核心概念的科学模型。</td></tr>
<tr><td>五、模型选择和建立——电场强度
教师提问：对于场这种看不见、摸不着的特殊物质，你们想用什么方法来研究它呢？如果通过物质的性质来研究，物质具有哪些属性呢?同学们回忆一下，我们是如何研究实物物质的，比如生活中的钟摆、小车的运动、跳水运动员、分子热运动，物理学一般从什么角度来研究物质呢？回顾一到四章，并总结一下。</td><td>学生在归纳总结力学、热学研究的主要问题，建立主要物理模型和概念模型的基础上，总结物理学研究问题的主要特点和规律，并说出电场的研究维度。</td><td>帮助学生归纳物理学主要研究的问题，用宏观物质的研究方法和维度来研究场这种特殊物质，让学生感受物理学的统一性。引导学生从力和能量这两个核心概念的角度来研究场，从而引导学生建立电场强度和电势这两个概念。</td></tr>
</table>

续表

教学过程	学生活动	设计意图
模型　　描述 力学：质点→质点系→刚体 从力的角度：牛顿第二定律 从能量角度：动能、机械能 热学：理想气体 从力的角度：p 从能量角度：T、内能 静电学：点电荷→带电体 从力的角度：电场强度 从能量角度：电势能、电势 教师引导：带电体在其周围空间产生电场，电场对放入其中的电荷有力的作用。利用已有知识，你将引入什么物理量来描述电场的这一性质呢？你将如何定义引入的物理量？引入这一物理量的意义何在？	学生回顾以往定义物理量的方法，建构对电场强度的定义，并体会电场强度的物理意义。	
在建立这一物理概念时需引入试探电荷。教师与学生共同讨论试探电荷的要求，对书本上的说法提出质疑。在场源电荷为点电荷时，试探电荷的电量不需要小。	学生思考引入试探电荷的目的，以及对试探电荷的要求。	暴露学生对试探电荷电量要小的认识，并让学生体会任何模型都是有适用范围的。
引导学生给出电场强度的定义，并分析其物理意义。 六、模型验证 教师提问：$\vec{E}=\dfrac{\vec{F}}{q_0}$表明什么？ A. E与F成正比，与q_0成反比，因为公式中F出现在分子上，q_0出现在分母上。 B. E与q_0、F无关，因为电场强度反映的是场源电荷的性质。	学生进行判断。	验证学生对电场强度定义式的认识，厘清电场强度和电场力之间的关系。 通过点电荷的决定式，进一步帮助学生理解电场强度的物理意义。

续表

教学过程	学生活动	设计意图
七、模型应用 1.学生根据库仑定律和电场强度的定义式，推导出点电荷的定义式，并根据点电荷的定义式，计算点电荷系和带电体的电场强度。 2.计算电偶极子中垂线和延长线上一点的电场强度。电偶极子模型是自然界中常见的一种模型，让学生设计实验得到电偶极子模型，并讨论电偶极子在外电场的偏转现象。 3.计算圆环和圆盘轴线上一点的电场强度，并讨论得到的结论的物理意义。	学生体会从最简单的点电荷模型到点电荷系再到带电体模型的建立过程，强化数学模型，并应用相关知识解决问题。	引导学生认识物理学的研究过程是从最简单模型到逐渐复杂模型的研究过程，并进一步掌握在力学、热学中学过的用微积分方法处理问题的思想。
作业：设计得到电偶极子的实验，理解电场强度的含义和建构过程。		

表6-12　电场之电场线、电场强度通量和高斯定理（电场及性质描述）教学设计

课题名称	电场之电场线、电场强度通量和高斯定理	授课时间	4课时
学情分析（基于前测和访谈的结果）	1.学生对电场线的表征方式缺乏真正理解，将其与电荷的轨迹线混淆，中学教师虽强调两者的区别，若考查概念性问题时，学生可能能够判断，但是在考查真实情境问题时仍不能真正区别二者。 2.学生在高中未接触电场强度通量、高斯定理等相关内容，但在高中接触过类似概念，例如磁通量、电流强度、水流量等。 3.电场强度、电场强度通量、高斯面内电荷量、高斯定理等概念及其关系是学生容易混淆的。		
表现期望	1.学生能够画出几种重要带电体模型的电场线，包括正点电荷、负点电荷、等量异号电荷、等量同种电荷、带电平板。 2.学生能够描述出电场线的特征。 3.学生能够描述出电场强度与电场线密度的关系。 4.学生能够建立电场强度通量的概念。 5.学生能够说出电场强度通量和电场强度及高斯面内电荷间的关系。 6.学生能够定量陈述出高斯定理的内容。 7.学生能够应用高斯定理计算电荷具有某种对称性的电场强度。 8.学生能够明确表述并区分以下概念：电场线、电场线密度、电场强度通量、电场强度。		

续表

课题名称	电场之电场线、电场强度通量和高斯定理	授课时间	4课时
教学内容	1.应用多种表征方式让学生体会描述电场方式的多样性，体会电场线描述的优势。 2.建立电场线密度和电场强度的关系。 3.类比磁通量，建立电场强度通量的概念。 4.通过多个问题情境的比较，定性和定量地找出封闭曲面的电场强度通量的规律，得出高斯定理。 5.分析高斯定理的物理意义，并应用高斯定理进行计算。		
教学设计思路	本节课有两个重要概念，一个是电场线，另一个是电场强度通量。虽然学生在高中已经学习电场线，但是学生对这一表征电场的方式并未真正理解，这一表征方式并不能很好地帮助学生建构对电场的认识。因此本课程首先通过一个实例让学生寻找合适的表征方式来表征空间的电场分布，以期发挥学生的想象力，在此基础上，给出三种表征电场的方式，弥补单一表征方式的不足，让学生体会到电场线只是用来直观表述电场分布的方式之一，增强学生对电场的感性认识。 本节课的重点和难点内容是电场强度通量概念的建立，以往教学发现学生即使学完这部分内容，掌握情况也并不好，因为学生在中学并未接触这一概念，十分陌生。因此教学过程中为了避免传统教学中过早给出计算公式所带来的问题，可以通过一系列问题情境的设计，让学生自主建构对电场强度通量物理意义的理解，之后再建立数学模型。		

教学过程	学生活动	设计意图
一、模型选择和建立——电场线 创设情境：用梳子给猫梳毛，猫带上$+q$电荷，梳子带上$-q$电荷，请用你喜欢的方式表征出A、B、C、D、E、F各点电场强度的大小与方向。 A　$+q$　C　E　$-q$　F D B	学生用各自的表征方式表征出各点的电场强度的大小与方向。 学生相互展示自己的表征结果，并进行小组讨论——哪种表征方式更好地反映出空间电场的分布。	学生在表征过程中感受空间各点电场的分布，通过作图感受用图形表征看不见、摸不着的电场的优势。 学生间不同的表征方式可以互补，增强彼此对电场的感性认识。
二、模型分析 教师提问：若仅想表征出空间中各点的电场分布及电场强度的大小，即不考虑方向，还能怎么表征呢？	学生思考不同的表征方式。	应用多重表征策略，并用仿真实验进行模拟。

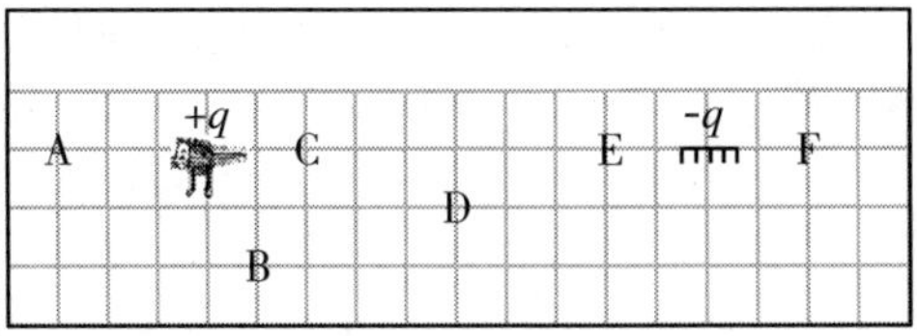

续表

教学过程	学生活动	设计意图
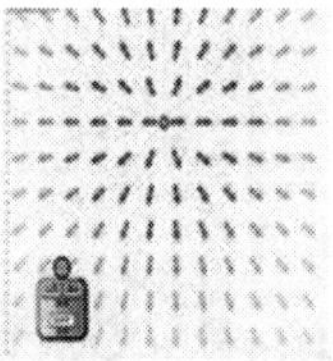 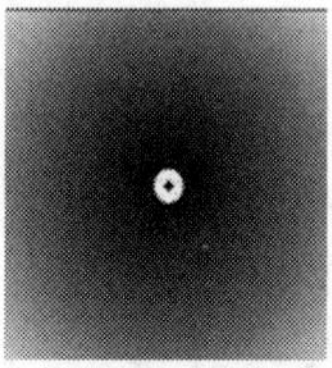 方法1：用电场强度矢量箭头来描述。通过箭头长短和有规律的疏密排列来描述电场强度的大小和方向。 方法2：如果不考虑电场强度的方向，那么可采用一种特别简单的方法——用不同灰度来描绘电场强度的大小，电场强度的量值较大的地方用黑色或深灰色表示，较小的地方用浅灰色表示。 方法3：用电场线来描述电场。 教师提问：我们常用的电场线是如何表征电场强度方向的呢？请同学们画出正点电荷、负点电荷、等量异号点电荷、等量正点电荷、$+2q$和$-q$电荷、+4 C和−1 C电荷的电场线。电场线的特点是什么呢？ 引导学生给出电场线的特点： （1）始于正电荷,止于负电荷（或来自无穷远,去向无穷远）。 （2）电场线不相交。 （3）任何两条电场线不闭合。 我们如何通过实验的方法来探测空间电场分布呢？ 三、模型选择和建立——电场强度通量 教师提问：电场线可以表示方向，是否可以表示大小？如何表示呢？ 学生若提出用电场线密度表示，则要求学生给出具体定义及如何进行计算。给出以下四种情况，让学生判断通过哪个面的电场线数最多。	学生比较几种表征方式。 学生绘制几种重要电场的电场线，体会电场线的特点，体会电场强度为0的点。 学生设计实验，类似磁场。 学生建立电场线密度的概念，尝试建立其与电场强度的关系。	让学生知道电场线是用来直观表述电场分布的一种方式，但电场线并不存在，我们可以通过多种方式表征电场的存在。 通过图像表征和实验加强学生对电场的认识。 建立电场和磁场的联系。 高中时学生仅知道可通过电场线密度来描述电场大小，但并未建立其与电场强度的联系。引导学生建立电场强度和电场线之间的关系，并给出电场线密度的定义，体会为何要做垂直于电场线的单位面积。

续表

教学过程	学生活动	设计意图
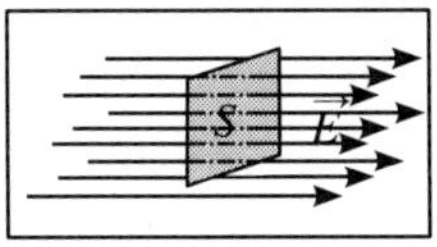 图1 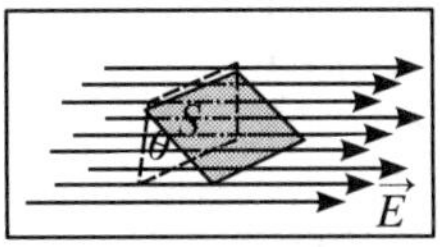 图2 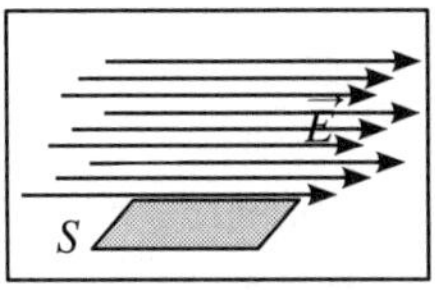 图3 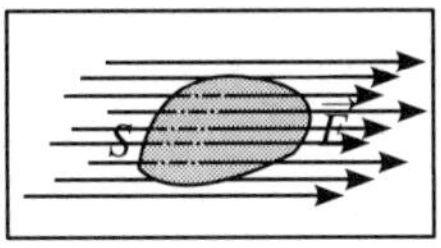 图4 引导学生给出：$E=\frac{\mathrm{d}N}{\mathrm{d}S}$。 教师提问：若已知空间各点的电场分布，是否可以计算通过某个给定面的电场线？继续讨论上面四种情况。学习磁场时是否学习过类似概念？让学生给出定义和计算公式，建立电场强度与电场强度通量之间的联系。 $\Phi_e=\int_S\vec{E}\cdot\mathrm{d}\vec{S}$	学生根据四个图形找出通过不同面的电场线数的计算方法。	帮助学生回忆磁通量的概念，进行类比架桥。
组织学生讨论：判断电场强度和电场强度通量的关系。电场强度大的地方，电场强度通量大；电场强度通量大的地方，电场强度大；电场强度为0的地方，电场强度通量为0；电场强度通量为0的地方，电场强度为0。电场强度与什么有关？电场强度通量与什么有关？		通过实际问题的解决，引导学生从电场的角度来分析问题，进一步巩固学生的科学模型。
四、模型验证 教师提问：判断下图中通过哪个面的电场线数最多（电场强度通量最大）。 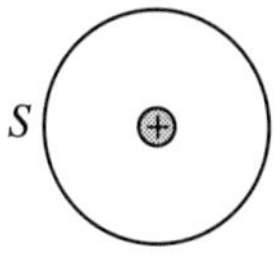 图1 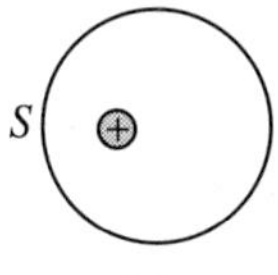 图2 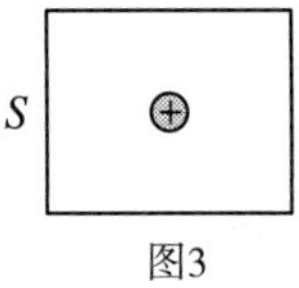 图3 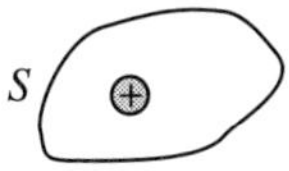 图4	学生参与讨论闭合曲面的电场强度通量问题。	通过问题情境的创设，让学生定性地找出封闭曲面电场强度通量的规定，并利用物理学从特殊到一般的归纳法得出结论。

续表

教学过程	学生活动	设计意图
五、模型分析 引导学生选择任意图进行计算并得出结论: 高斯定理 $\Phi_e=\oint \vec{E}\cdot \mathrm{d}\vec{S}=\frac{1}{\varepsilon_0}\sum_{i=1}^{n}q_i$ 讨论高斯定理的适用范围和应用范围，讨论高斯面的电场强度通量与高斯面内电荷量的关系，讨论高斯面上各点电场强度与高斯面的电场强度通量及高斯面内电荷量的关系。 讨论为什么要建立电场强度通量，为什么要建立高斯定理。我们关注的是空间中电场的分布，即空间各点电场强度的大小和方向，用叠加法计算电场强度并不简单，因此希望从电场线的角度来描述空间的电场分布。电场强度通量概念的建立将电场线和电场强度的概念联系起来，通过高斯定理不仅可以进一步了解电场的性质，还可以较容易地计算电场具有某种对称情况下的电场强度。	学生思考为什么选择图1的情况进行计算。 学生小组讨论，体会建立电场强度通量的概念和高斯定理的意义。	建立与已有知识的联系。通过小组讨论，体会高斯定理中的S、E、q的内涵，消除学生对公式中电场强度E和电荷量q的错误认识。后续将通过实际例子帮助学生理解公式中各物理量的含义。
六、模型应用和拓展 应用1：计算均匀带电球壳的电场强度，讨论计算结果，并设计实验验证。 问题：如何获得均匀带电球壳？猜测均匀带电球壳内外的电场分布。 演示实验：范式起电机带电后，用一根钓鱼竿悬挂一个金属球，将其与范式起电机接触带电后，在范式起电机附近移动，让学生观察实验结果。 用起电盘让一个有开口的金属球壳带电，随后让两个金属小球靠在一起，放在金属球壳外附近，当金属小球分开后，用验电器检验金属小球是否带电。然后将金属小球的电放掉，将两个小球放入金属球壳内，两金属小球拿出后用验电器检验其是否带电。 再通过高斯定理，建立定量模型。 应用2：计算均匀带电圆柱壳的电场强度，讨论计算结果，并设计实验验证。	学生通过观察实验，体会如何获得这些真实的模型，如何通过实验验证自己的猜想，如何通过数学模型进行验证。	进一步进行实际例子的讨论可以增强学生对高斯定理的理解。

续表

教学过程	学生活动	设计意图
应用3：计算均匀带电无限大平板的电场强度，讨论计算结果，并设计实验验证。 演示实验：将一平行板与范式起电机接触，然后用一根钓鱼竿悬挂一个金属球，将其与范式起电机接触带电后，在金属平板附近移动。金属平板可看作无限大，通过金属小球的移动角度，预测平行板附近的电场。再通过高斯定理，建立定量模型。		
作业：解释静电跳球的实验。		

表6-13　电场之电势能、电势（从能的角度）教学设计

课题名称	电势能、电势	授课时间	3课时
学情分析（基于前测和访谈的结果）	1.学生在高中已学习过相关内容——电场力做功、电势能、电势、等势面、电势差，但都是在均匀电场中讨论。由于概念较多，学生大多只能记住公式，而未能真正建立起各个概念间的联系。此外，由于学生存在思维定式，因此容易首先选择从力的角度来分析问题，在实际问题中很难首先考虑从能量的角度思考问题。 2.学生很容易将本节课所学概念与前面所学的电场强度等概念混淆。前测表明，37.5%的学生认为电场强度为0的地方，电势必为0；电势为0的地方，电场强度为0。18%的学生认为电场强度相等的地方，电势必相等；电势相等的地方，电场强度必相等。 3.概念越多，学生越容易混淆。学生并未真正建立起对电场从力和能量两个角度相融合的心智模型。		
表现期望	1.学生能够从能的角度来描述电场。 2.学生能够描述势能的主要特征，并能够对势能进行判断。 3.学生能够利用力学中已学的相关知识，建立功能关系，从而找到电场力做功的特点，并建立电势能的概念。 4.学生能够在电场强度定义的基础上，定义电势。 5.学生能够在实际问题中体会建立电势概念的意义。 6.学生能够建立起电场力做功、电势能、电势、电场强度之间的关系。 7.学生能够应用本节课的知识解决实际问题。 8.学生能够明确表述并区分以下概念：电势能、电场力做功、电势、电场强度。		

续表

课题名称	电势能、电势	授课时间	3课时
教学内容	1.通过实际问题，让学生体会有些问题从力的角度去解决十分复杂，引导学生从能量的角度思考问题（从能量的角度解决问题，是学生比较欠缺的）。 2.通过已有的力学知识，帮助学生建立起各概念之间的联系，并体会电势概念建立的意义。		
教学设计思路	电势是静电学中又一重要概念，它从能量的角度描述了电场的物质性，学生通过高中的学习，基本建立了相关概念的定量关系，但对建立各物理量的意义并未深刻体会，在实际问题中很难从能量的角度来解决静电学的有关实际问题。因此，本节课首先从学生们在高中就十分熟悉的静电跳球实验开始，引导学生思考小球是否会跳动，并要求学生根据实验条件，计算出小球到达导体板的速度，从而暴露学生的原有模型。在此基础上，给出一个电场分布十分复杂的实际问题：将一个可乐罐和一个垃圾铁桶分别接上不同的直流稳压电源，要求学生计算一个电子从可乐罐（金属圆柱壳）运动到铁桶（下窄上宽）时的速度和动能。学生若想从力的角度（分析电场分布→电场力→电场力做功→动能定理，或者分析电场分布→电场力→牛顿第二定律→加速度→运动公式算出时间→速度）解决此问题，将不易实现，于是形成概念冲突，引导学生转而从能量的角度思考问题。在此基础上，通过一系列的问题串帮助学生建立模型，并体会电势概念建立的意义，引导学生建立势能的大概念，转变学生对于电势能、电势已有的错误认识。		

教学过程	学生活动	设计意图
一、模型选择和建立——电势 情境1：若你在实验室做静电跳球实验，实验装置如下图所示，装置由在竖直方向上的有一定距离的两个互相平行的导体板构成，下极板上有一些用锡箔纸团成的小球，小球既轻又导电。用导线将上下极板接上直流电源的正负极，打开电源，小球是否会运动？解释你的答案。若小球运动，请你计算小球到达上极板时的速度。 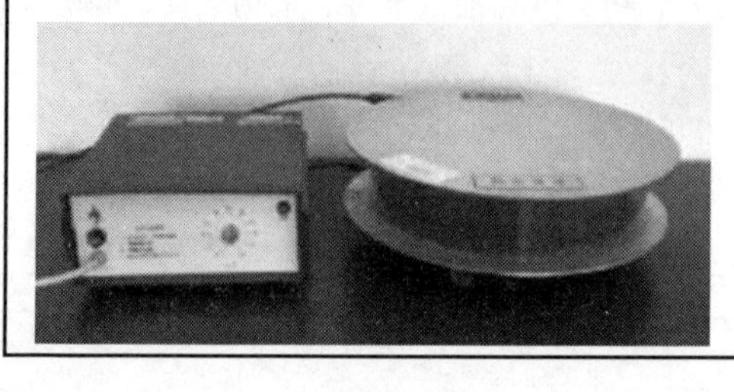	学生独立思考，预测实验结果，并用多种表征方式建立解释模型，从定性到定量描述实验结果。学生小组讨论，相互交流各自的预测和解释。	通过实验情境，帮助学生从实验情境中抽象出熟悉的匀强电场模型，并开始讨论问题。 通过学生的表征来暴露学生原有的模型和思维习惯。

续表

教学过程	学生活动	设计意图
二、模型检验 情境2：若将可乐罐（金属圆柱壳）和铁桶（下窄上宽）分别接上50 V和150 V电压，可乐罐上有一个电子，将从可乐罐向铁桶运动，当其到达铁桶时，其速度和动能如何？ 50 V 150 V A B	学生思考问题，并进行定量表征，思考在电场分布比较复杂或未知的情况下如何分析问题。	通过情境2形成认知冲突。同样的问题，类似的问题情境，但无法用解决上一个问题的方法来解决，从而引导学生从能量的角度思考问题，逐步帮助学生形成对能量这一核心概念的深刻认识，并建构对电势概念建立的必要性的认识。
教师提问：1.在情境1中，若从能量的角度考虑，锡箔纸团成的小球在运动过程中，获得的动能和重力势能一定是由其他形式的能量转化而来，那么这个其他形式的能量属于我们前面学习的什么能量呢？	学生回顾已有知识，并回答问题。	
2.如果它是势能，满足什么特征的能才能被称为势能？ 3.为什么物体由于受到重力而具有的能（重力势能）由物体的质量与物体和地球的相对位置所决定呢？ 4.点电荷在电场中移动时电场力做功与路径有关系吗？	学生建立重力势能、弹性势能间的联系，回顾它们的共同特征。	通过一系列的问题，引起学生的头脑风暴。引导学生从做功的特点来判断带电体处在电场中的能量是否是势能。
三、模型分析 学生分析：从情境1的匀强电场入手分析电场力做功的特点，再从点电荷产生的电场情境分析电场力做功的特点。	学生展开分析。	通过功能关系，帮助学生建立电势能的概念。
教师提问：1.点电荷经相同的起点和终点沿不同路径运动，释放或存储的电场里的能相同吗？ 2.点电荷在电场中具有的能，可以叫势能吗？ 3.可以运用功能关系找出点电荷在电场中具有的这种能量与哪些因素有关吗？	学生建立电势能的概念。	

续表

教学过程	学生活动	设计意图
与学生共同推导，得出电势能的数学表述及物理意义： $$E_{pA}=\int_{AB}q_0\vec{E}\cdot \mathrm{d}\vec{l}$$		
教师提问：电场对放入其中的试探电荷能产生力的作用，我们用电场强度来描述电场的这种性质；放入电场中的试探电荷会具有一定的电势能，我们能不能找一个物理量来描述一下电场的这种性质呢？	学生思考如何建立从能量的角度来描述电场性质的物理量。	类比电场强度的建立方法，建立电势的概念，让学生体会比值定义法。
与学生共同讨论：点电荷、点电荷系和带电体的电势问题。 教师提问：现在我们是否可以解决情境2中的问题？		
与学生共同分析：从力的角度分析问题，我们是否能够知道其周围的电场分布，从而得到电子在空间中的受力情况。 从能量的角度分析，我们只需要知道电子到达铁桶时的速度和动能，不需要考虑中间过程。现在我们只知道可乐罐和铁桶上的电压，是否能够通过已学知识解决这一问题呢？ 引导学生总结：建立电势概念的意义。	学生解决情境2中的问题。	通过情境2让学生了解通常带电体的电荷分布是十分复杂的，其周围的电场也是十分复杂的，因此我们从力的角度来分析问题就比较困难，从而帮助学生体会从能量的角度建立电势概念的必要性。
四、模型应用 应用1：半径为30 cm的范式起电机的电势如何。已知： R=30 cm　V=3 × 10^5 V R=60 cm　V=1.5 × 10^5 V R=3 m　V=3 × 10^4 V R=∞　V=0 V 如果现在你要将带电量为1 C的小球装在兜里从无穷远处走到范式起电机（30 cm）处，你需要做多少功呢？美国有一栋高为381 m的帝国大厦，假设你的体重为60 kg，要爬上顶楼你需要做多少功呢？ 应用2：辉光球发出辉光颜色的特点，解释其原理。 应用3：如何将日光灯管在不接入电路的情况下点亮？	学生在问题解决过程中应用初步建构的电势模型，并逐步感受其科学性。	通过实际问题的应用，将物理知识与生活、技术相联系，帮助学生逐渐掌握在实际问题中建模的方法，培养学生的建模能力。

四、“静电相互作用”教学设计案例

本次课程采用课外活动的形式开展。

1. 模型选择和建立

教师通过演示实验的方式引出目标物理模型，并要求学生仔细观察实验现象。首先从韦氏起电机的起电过程（图 6-8）开始，要求学生讨论以下两个问题。

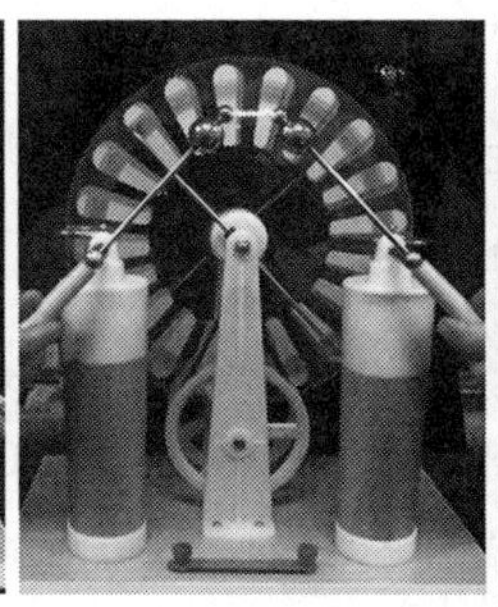
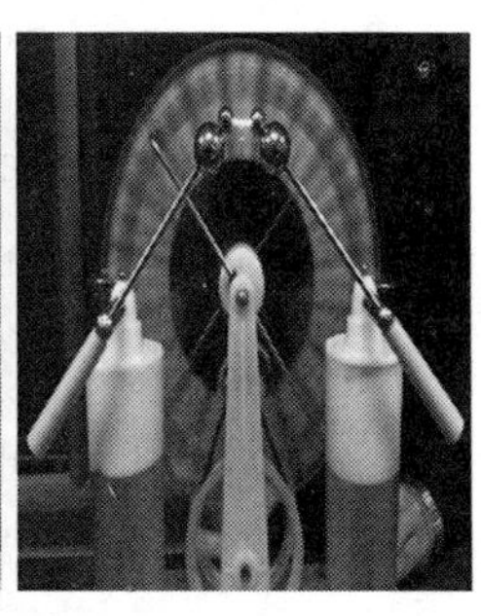

图 6-8　韦氏起电机的放电现象

问题 1：在连续摇动韦氏起电机的手柄时，为什么两带电球之间会发生火花放电现象？

问题 2：在摇动韦氏起电机时，若未出现火花放电现象（如图 6-8 中的左图），采用何种方式才能产生火花放电呢？如何应用已学静电学相关概念及概念间的联系来解释这种不放电现象？（设计意图：本问题是引导学生区分电场强度和电势这两个概念）

解释起电过程中出现火花放电的原因，以及若起电过程中未出现火花放电，可采用何种方式产生火花放电。学生在电荷、电场力、电场强度、电势等模型中选择能够解释和表征现象的模型，并基于模型展开定性解释。有学生可能在解释火花放电产生原因时采用“摩擦→带电→高电势差→放电”的推理模型，认为高电势差是产生放电的原因。

2. 模型检验

显然，学生此时仅选择高电势模型，并未选择电场强度模型，表明电场强度模型尚未真正建立起来。电势模型虽然可解释问题 1，但却无法解释问题 2，学生发现基于电势的推理并不合理，由此激发学生寻找科学模型的欲望。

引导学生观察图 6-8 中的实验现象，当两金属球距离较远时，很难产生放电现象，若将两金属球靠近（金属球上所带电量不变），则出现放电现象，引导学生分析两带电球的电势及电势差仅与带电球上积累的电荷量有关。$V=kq/r$，$\Delta V=V_{+}-V_{-}$，当两带电小球上所带电量一定时，两小球之间的电势差恒定。实验中减小两带电小球之间的距离 Δr，根据 $E=\Delta V/\Delta r$，ΔV 一定，则 $E\propto 1/\Delta r$，学生由此发现放电现象与两带电小球周围的电场强度有关，但学生可能仍不能基于电场强度解释放电现象。

3. 模型分析

在学生无法独自建构电场强度模型时，教师引入“介电常数”和“击穿场强”的概念能起到架桥作用。电介质在足够强的电场强度作用下失去其介电性成为导体，电介质击穿时的电场强度为击穿场强。给定一个大气压，干燥的空气在室温下，电子和分子碰撞的平均频率是 10^{-6} 米 / 次，氧气的电离能为 12.5 eV，氮气的电离能为 15 eV，空气中的电子在电场力的作用下，获得一定动能，当与氧气分子或氮气分子碰撞时，氧气分子或氮气分子获得能量，当得到的能量达到电离能时，气体分子电离为带正电的离子和带负电的电子。当这些离子变成中性的时候，就发生了火花放电，其能量以光的形式辐射出来。引导学生对这一过程做粗略计算。

假设氧气和氮气的电离能约为 10 eV，电子在与分子碰撞过程中移动的距离为 $\Delta x=10^{-6}$ m。

根据电势能 $\Delta U=e\Delta V=10$ eV，得出电子到分子之间距离对应的电势差为 $\Delta V=\Delta U/q=10$ V。

则空气电离需要的电场强度为 $E=\Delta V/\Delta x=10^{7}$ V/m

实际中，干燥空气的击穿场强为 $E_{b}=3\times 10^{6}$ V/m，引导学生理解高场强才是发生火花放电的根本原因。学生在教师引导下建立并完善电场强度模型，并利用电场强度模型定性描述和解释问题 2，在此基础上发展数学表征来定量解决问题。

4. 模型应用和拓展

学生建立起电场强度和电势模型后，需要对模型进行验证。可以通过进一步的两个实际问题来强化学生的模型（见图 6-9）。

问题 3：电枪两极之间的电势差为 200 kV~300 kV，能够瞬间让人触电。（a）为什么电枪能产生火花放电？（b）如果要计算使电枪能产生火花放电的最小电势差，需要测量电枪中的哪些物理量，你如何计算最小电势差？

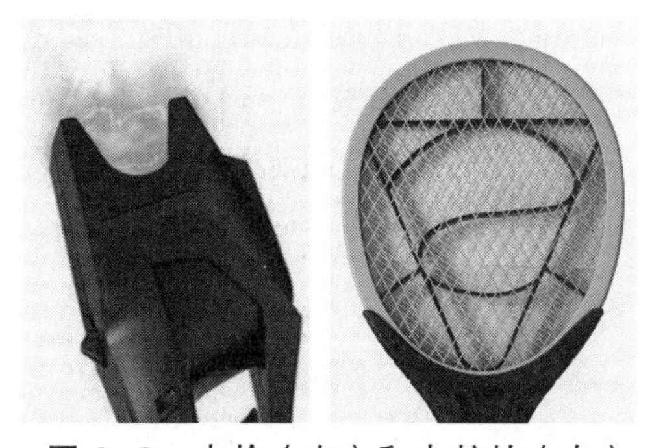

图 6-9　电枪（左）和电蚊拍（右）

问题 4：由平行金属丝构成的电蚊拍，两相邻金属丝之间的电势差高达几千伏。（a）为什么电蚊拍可以杀死蚊子？（b）为什么电蚊拍不能产生火花放电，而电枪却可以？（c）如果两相邻金属丝之间的电势差为 5000 V，如何才能让电蚊拍产生火花放电？

学生进一步理解火花放电的实质是空气中的电场强度需达到空气的击穿场强，而不仅仅依赖于高电势差，并利用 $|\Delta V|=E\Delta r$ 来解决问题，从而校正原有模型，强化电场强度模型，区分电场强度和电势的概念，且加强它们之间的联系。

一旦学生建构电场强度和电势模型及其关系，教师可呈现一个涉及更多静电学概念和概念间联系的真实性情境问题，将电场力、电场强度、电势差与能量模型联系起来，并将其应用到新的情境中，在电场强度和电势模型得到拓展的同时，让学生将科学概念应用于解决真实问题。此时引入辉光球（图 6-10）问题，要求学生在实验室进行实验探究，并解决以下问题：

图 6-10　辉光球

问题 5：你如何解释辉光球的技术需要？（a）玻璃球中央有一个黑色球状电极，球的底部有一块振荡电路板，通过电源转换器，将 12 V 低压直流电转变为高压电压加在电极上。（b）内部充有低压气体。

问题 6：观察辉光球发出的辉光，你发现有哪些特点？（a）辉光发

出的路径。(b)辉光从靠近电极到远离电极的颜色有什么变化？为什么？(靠近电极处为蓝紫色，远离处为红色)

问题7:把手放到辉光球上某处时，辉光球内的辉光发生了什么变化？为什么？人体与辉光球之间有很高的电势差，为什么人接触球体的时候没有电击的感觉？

问题8：应用辉光球是否能点亮一个未接入任何电路的荧光灯？是否能点亮一个未接入任何电路的灯泡？你采取的办法是什么？

学生在这一过程中充分应用了模型的描述、解释和预测的功能(见图6-11)，体会模型的本质。以上问题涉及电势能、动能、内能和光能的转化，涉及电场强度、电势、电场力做功、电势能等多个概念，新的建模过程将会继续循环，从而打通模型要素之间的联系，建立整合化的模型。

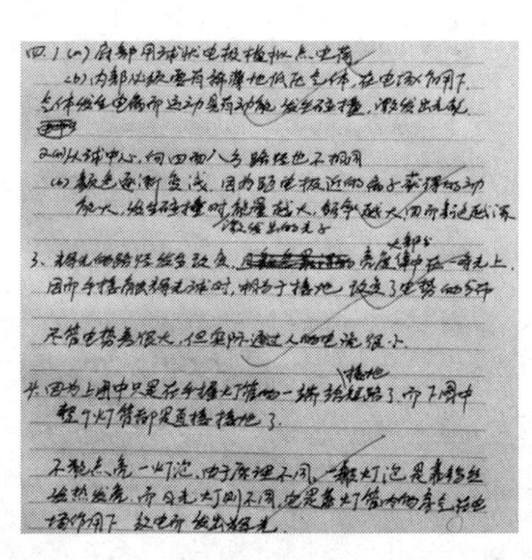

图6-11 学生对现象的解释

教师要引导学生找出问题中涉及的关键概念。首先学生自己找出关键概念，并建立关键概念间的联系，之后学生相互呈现各自的表征。随后，如图6-12所示，教师将核心概念力 F(电场力)放在图中左上角，核心概念能量 U(电势能)放在图中左下角，然后要求学生将电场强度和电

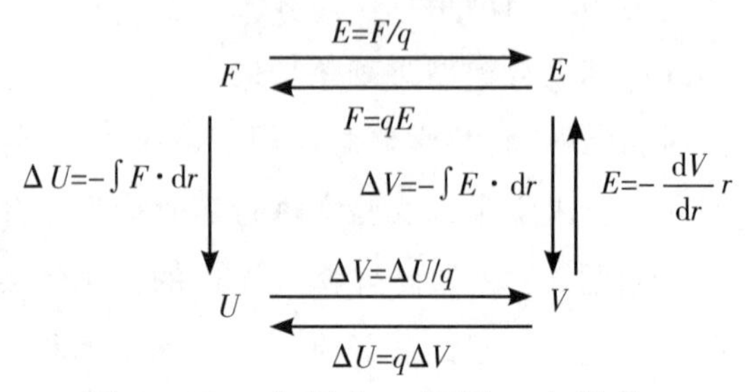

图6-12 电场力、场强、电势差、电势能的关系模型

势放到图中合适位置，并选择合适的公式建立核心概念间的联系，将电场力、电场强度、电势差、电势能之间的关系表征出来，实现整合化电场模型的建构。

5. 课后建模任务

在天气干燥的季节，当手碰到门的金属把手时，常常会有触电的感觉，有时还会出现电火花。你如何解释这种火花放电现象？你认为产生火花放电跟哪些因素有关，为什么？如果火花放电时，你的手距门把手的距离为 3 mm，则你的手和门把手之间的电势差为多少？摸门把手时电流可达 100 mA，为何我们没有触电？

第七章 建模教学实证研究结果与讨论

为了了解导引式物理建模教学的实践效果，本书研究比较和分析了建模教学和传统教学关于学生静电学心智模型进阶，学生对模型本质的理解，以及学生对教学模式的感受和评价的差异，并采用 Rasch 模型、集中度分析等多种统计方法进行统计。

第一节　建模教学和传统教学对促进学生心智模型进阶的比较

一、应用Rasch模型整体分析试题和学生表现

本书研究应用 Rasch 模型对前测和后测所有试题的质量及不同组学生的表现进行整体分析，检验测试量表的信度、单维性等，比较实验组和控制组在教学前后整体表现的差异。

1. 测试工具的信度分析

（1）学生能力和试题难度的分离度和信度

在 Rasch 模型中，一般将测验试题难度平均水平设置为 0，被试能力平均水平（即学生测试平均分）则随不同测试有所不同。如图 7-1 所示，学生能力平均分为 -0.09logit，接近测验试题难度，说明该测试题相对于被试学生能力而言难度相当，整份试卷的难度估计误差为 0.12，被试学生能力估计误差为 0.04。问卷整体的 Infit MNSQ 值为 1.00,ZSTD 为 0.1；Outfit MNSQ 值为 1.01，ZSTD 为 0。问卷接近理想水平（即 MNSQ 接近 1，ZSTD 接近 0），表明测试数据与理论构想模型具有良好的一致性。问卷的整体的试题分离指数为 6.34，样本分离指数为 2.08，均大于 2，表明试题对样本的分离度和样本对试题的分离度均较好。问卷的整体信度是表征问卷项目可靠性的重要指标，结果显示测试样本信度为 0.81，测试项目信度为 0.98，表明问卷的综合信度较高。

SUMMARY OF 277 MEASURED PERSON

	TOTAL SCORE	COUNT	MEASURE	MODEL ERROR	INFIT MNSQ	INFIT ZSTD	OUTFIT MNSQ	OUTFIT ZSTD
MEAN	36.8	46.7	-.09	.26	1.00	-.1	1.01	.0
S.D.	16.4	8.6	.61	.05	.26	1.2	.25	1.1
MAX.	87.0	56.0	2.67	.41	2.22	4.0	2.75	4.6
MIN.	11.0	30.0	-1.55	.20	.45	-3.6	.54	-2.9

REAL RMSE .28 TRUE SD .54 SEPARATION 1.96 PERSON RELIABILITY .79
MODEL RMSE .26 TRUE SD .55 SEPARATION 2.08 PERSON RELIABILITY .81
S.E. OF PERSON MEAN = .04

SUMMARY OF 65 MEASURED ITEM

	TOTAL SCORE	COUNT	MEASURE	MODEL ERROR	INFIT MNSQ	INFIT ZSTD	OUTFIT MNSQ	OUTFIT ZSTD
MEAN	156.7	198.9	.00	.15	1.00	.1	1.01	.1
S.D.	101.8	68.1	1.00	.05	.09	1.3	.14	1.4
MAX.	458.0	277.0	2.85	.32	1.23	3.7	1.59	3.4
MIN.	11.0	124.0	-2.27	.06	.74	-2.8	.70	-2.8

REAL RMSE .16 TRUE SD .99 SEPARATION 6.24 ITEM RELIABILITY .97
MODEL RMSE .16 TRUE SD .99 SEPARATION 6.34 ITEM RELIABILITY .98
S.E. OF ITEM MEAN = .12

图 7-1 Rasch 处理后的测试工具信度报告

（2）数据与 Rasch 模型的拟合

Rasch 模型根据被试在一系列项目上的反应，来估计被试的能力水平和测试题目的难度，即参数估计。因此，这就存在实际数据与期望模型的拟合问题。由于测验所得数据不可能完美地吻合理想模型，或多或少都存在着偏差，因此，需要进行检验，考查测量数据在多大程度上拟合理论模型，这叫数据模型拟合检验（model-data-fit 或简称 fit）。只有工具具有较好的 fit，被试水平和项目难度的参数估计才是可信的。因此，fit 值是反应测量质量的一个重要指标[1]。从 item measure 可知，本测试的 Infit MNSQ 的取值范围在 0.89~1.10，Outfit MNSQ 的取值范围在 0.75~1.14，Infit MNSQ 和 Outfit MNSQ 的取值均在诊断性测试可接受范

[1] 韦斯林. 应用Rasch模型构建基于计算机建模的中学生物质结构认知测量的研究[D]. 上海：华东师范大学，2010.

围（0.7~1.3）内，说明本次测量数据与 Rasch 模型的拟合较好。

（3）单维性

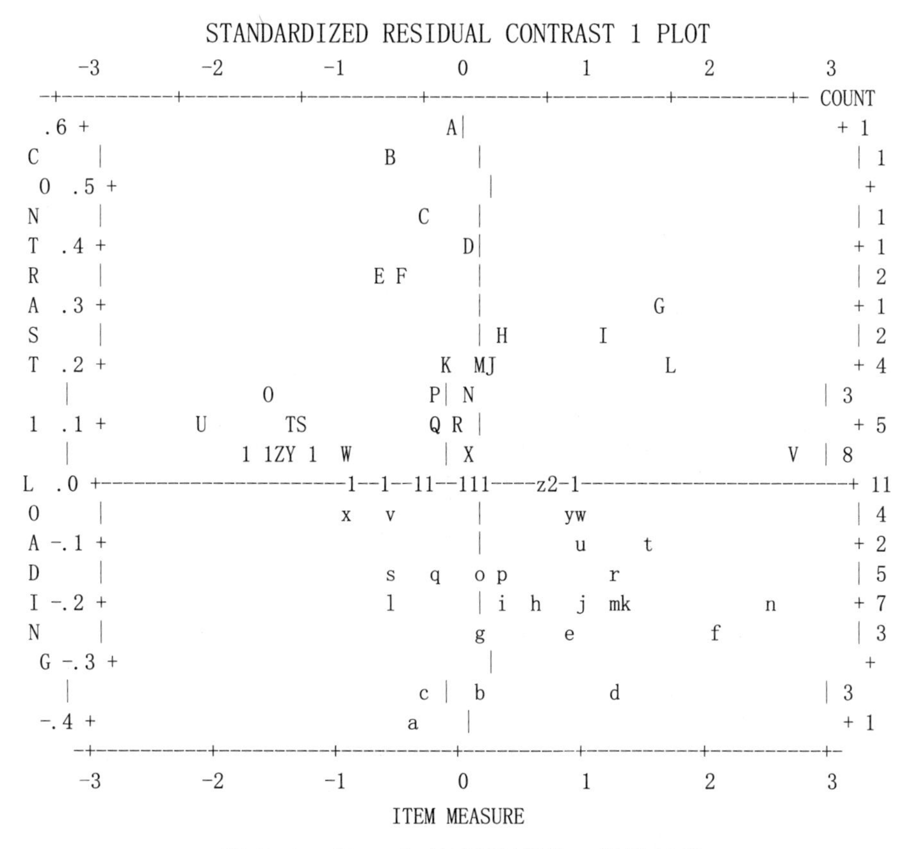

图 7-2 Rasch 处理后试题一维性检验

测量变量结构的单维性是 Rasch 模型的基本假设和要求。图 7-2 为标准残差的因素坐标，主要鉴别是否有可能的维度影响着被试的反应。图中横坐标是题目难度；左侧纵坐标是当主要变量或结构被控制后，题目分数与另一潜在变量之间的相关系数；右侧纵坐标是某一相关系数上对应的题目数；图中的英文字母 A、B 等代表各个题目。通常认为，测试题目落在相关系数 -0.4~0.4 的区间较好，超出该范围则表明测试题目可能测量的是某种其他的结构。从图 7-2 可以看出，大部分题目分布在 -0.4~0.4，题目 A、B、C、a 超出范围，可能测量另外的潜在特质。综合来看，该测量工具中明显存在着一个主要的结构。

(4)怀特图

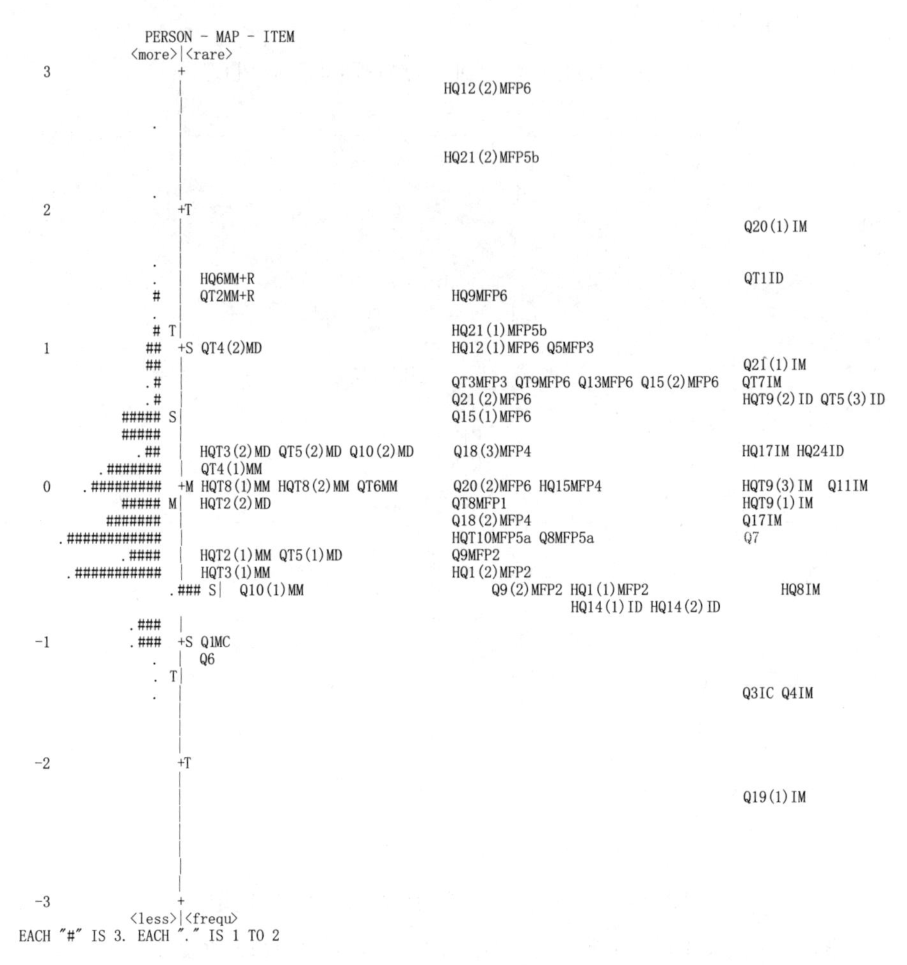

图 7-3 前后测学生能力-题目难度怀特图

从图 7-3 可看出,试题的难度分布约为 4.3logit,学生的能力分布约为 4logit,这说明试题的内容覆盖了所有能力水平的学生,大多数试题难度水平的分布与学生能力水平的分布接近,可以对学生的能力水平做出精确的估计。同时图中也清晰地呈现了试题难度的顺序,其中题 Q19(1)IM 最简单,题 HQ12(2)MFP6、HQ21(2)MFP5b 最难。大多数试题集中分布在 ±1.5logit 范围内,试题间难度的分布合理。

为了了解学生在各核心概念或基本模型(要素)上的表现情况,怀特图(图 7-3)在不改变数值的情况下,将各题目的左右位置进行了人为调整。整个图分为三列:第一列为"实物物质的微观结构"模型,其中

M 表示实物物质，其下分为电荷、金属导体、电介质三类，分别用 MC、MM、MD 表示；第二列为电场物质，用 MF 表示，场的内容比较多，其各要素与附录 1 中细目表对应，用 P1、P2 等表示要素；第三列表示相互作用，分为场对电荷的作用，场对金属导体的作用，场对电介质的作用，分别用 IC、IM、ID 表示。由此可以很清晰地看到学生在各模型上的表现情况。其中用来表征题目的编码规则是，用 Q 表示前测（一）试题，QT 表示前测（二）试题，HQ 表示后测（一）试题，HQT 表示后测（二）试题，各题号则对应试题题号。

（5）评分者信度

由于静电学心智模型测试（二）为开放性试题，因此由两位评分者对学生的回答进行编码，两位评分者都具有物理学和学科教学背景，各自独立编码。编码前已完成学生数据录入工作，编码者仅需根据编码说明（见附录 6）进行赋值。首先对一个班学生的答案进行预编码，之后根据预编码中存在的问题，两位编码者进行分析和讨论，找出分歧较大的编码，协商后进行重新编码，最终两位编码者对所有学生在每个题目上回答的编码的信度达到 0.891（见表 7-1），一致性高。最后，找出不同的编码相互协商，达成一致。

表7-1 静电学心智模型测试（二）评分者信度统计

Cronbach's Alpha	Cronbach's Alpha Based on Standardized Items	N of Items
0.890	0.891	2

2. 基于 Rasch 模型分析学生静电学心智模型测试整体表现

（1）实验组和控制组前后测直方图

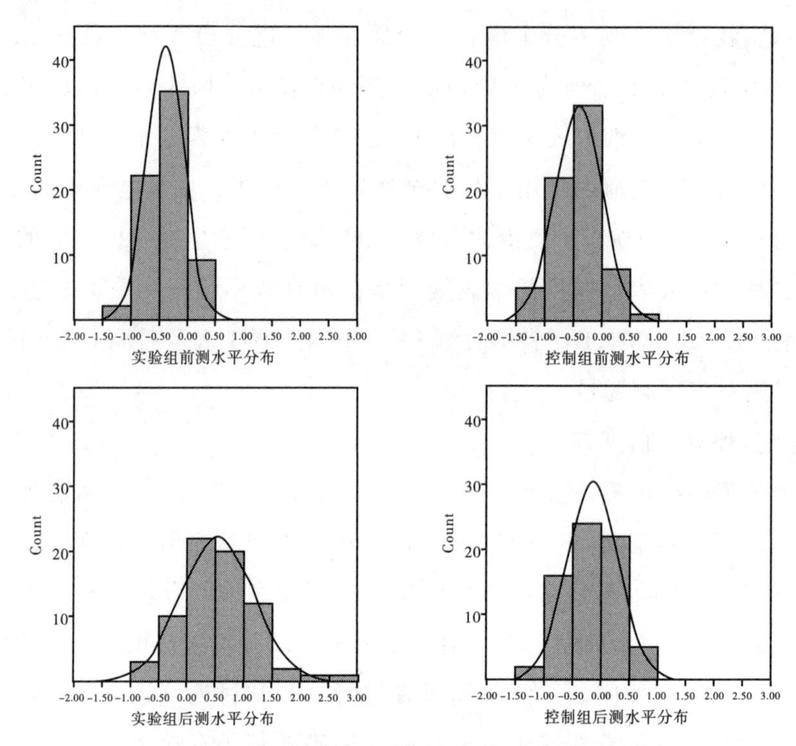

图 7-4 实验组和控制组前后测直方图

本书研究将 Rasch 模型得到的 277 名（前后测总学生数）学生的能力值（Peason Measure），按实验组和控制组、前测和后测分别提取出来后，在 spss17.0 中运行得到其直方图（图 7-4）。由图 7-4 可看到，实验组和控制组在前测中，学生能力值均集中在 -1 到 0 之间，教学后，实验组的学生能力值集中在 0 到 1 之间，而控制组的学生能力值集中在 -0.5 到 0.5 之间。

（2）实验组和控制组前后测箱图

为了更直观地看到实验组和控制组前后测的差异，在 spss17.0 中运行得到实验组和控制组前后测箱图（图 7-5）。由图 7-5 可看到，实验组和控制组前测的中位数、最高分、最低分、平均分、数据集中程度等均无太大差别。教学后，实验组和控制组成绩均有提高，但实验组的中位数、平均分均高于控制组。

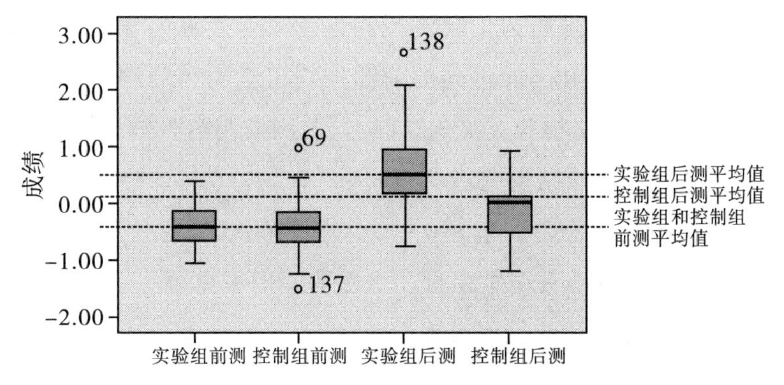

图 7-5 实验组和控制组前后测箱图

（3）学生整体静电学前后测表现

表7-2 学生整体静电学前后测表现

测验类别	测试人数	平均分（标准差）	独立样本 t 检验		
			平均分差	t 值	显著性
前测	137	-0.3921（0.37）	0.5977	9.371	0.000
后测	140	0.2056（0.65）			

为研究教学对学生静电学测试结果是否有影响，本书研究将 Rasch 得到的前测和后测的学生能力值进行独立样本 t 检验（见表 7-2）。前测总人数为 137 人，平均分为 -0.3921；后测总人数为 140 人，平均分为 0.2056。由样本计算的 t 值为 9.371，显著性概率为 0.000（小于 0.05），检验结果不接受零假设，推论两总体均值有显著差异，表明教学对学生静电学测试结果是有显著影响的。

（4）控制组静电学前后测表现

表7-3 控制组静电学前后测表现

测验类别	测试人数	平均分（标准差）	独立样本 t 检验		
			平均分差	t 值	显著性
前测	69	-0.3903（0.42）	0.2506	3.36	0.002
后测	69	-0.1397（0.45）			

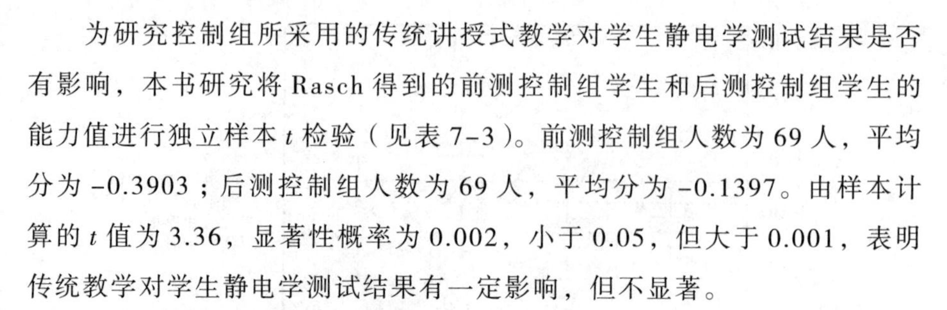

为研究控制组所采用的传统讲授式教学对学生静电学测试结果是否有影响，本书研究将 Rasch 得到的前测控制组学生和后测控制组学生的能力值进行独立样本 t 检验（见表 7-3）。前测控制组人数为 69 人，平均分为 -0.3903；后测控制组人数为 69 人，平均分为 -0.1397。由样本计算的 t 值为 3.36，显著性概率为 0.002，小于 0.05，但大于 0.001，表明传统教学对学生静电学测试结果有一定影响，但不显著。

（5）实验组静电学前后测表现

表7-4　实验组静电学前后测表现

测验类别	测试人数	平均分（标准差）	独立样本 t 检验		
			平均分差	t 值	显著性
前测	68	-0.3937（0.32）	0.9350	10.80	0.000
后测	71	0.5413（0.64）			

为研究实验组所采用的建模教学对学生静电学测试结果是否有影响，本书研究将 Rasch 得到的前测控制组学生和后测控制组学生的能力值进行独立样本 t 检验（见表 7-4）。前测实验组人数为 68 人，平均分为 -0.3937；后测实验组人数为 71 人，平均分为 0.5413。由样本计算的 t 值为 10.80，显著性概率为 0.000，小于 0.001，表明建模教学对学生静电学测试结果有显著影响。

（6）实验组和控制组前后测表现比较

表7-5　实验组和控制组静电学前测表现

实验组（$N=68$）	控制组（$N=69$）	独立样本 t 检验		
前测得分（标准差）	前测得分（标准差）	平均分差	t 值	显著性
-0.3937（0.32）	-0.3903（0.42）	-0.0034	-0.052	0.958

为比较两个专业学生的静电学前后测表现是否有显著差异，本研究将 Rasch 得到的学生能力值进行两组学生的独立样本 t 检验（见表 7-5 和表 7-6）。前测控制组 69 人，平均分为 -0.3903；前测实验组 68 人，

平均分为 -0.3937。由样本计算的 t 值为 -0.052，显著性概率为 0.958，大于 0.05，检验结果接受零假设，推论两总体均值无显著差异，即两组学生静电学测试结果无显著差异，表明两个专业学生静电学学习的初始状态无差异，后续研究可采用不同教学模式来进行研究。

表7-6　实验组和控制组静电学后测表现

实验组（$N=71$）	控制组（$N=69$）	独立样本 t 检验		
后测得分（标准差）	后测得分（标准差）	平均分差	t 值	显著性
0.5413（0.64）	-0.1397（0.45）	0.6810	7.271	0.000

实验组和控制组学生在前测表现上并无显著差异，但是后测差异性检验表明，两种教学模式对学生静电学测试结果的影响有显著差异，实验组显著优于控制组。

（7）学生在各基本模型上的表现分析

对怀特图（图 7-3）和各基本模型所对应试题的难度值进行分析后发现，题目中考查同一内容系列的题的难度值差异较大，例如 Q12~Q15、HQ12 考查学生在接地问题中应用电势相关知识的能力，Q19~Q21 考查学生解决当导体处在外电场中，导体上电荷的分布和电势问题的能力。由于这些题目为选择题，各题情境有所变化，在某些题目上学生即使调用错误模型或仅凭记忆，也能获得正确选项，例如 Q12、Q14、Q19。因此，为了更准确地得到学生在各模型上的表现差异，本书研究删除了这些会引起研究者对学生错误判断的题目，在此基础上抽取出 Rasch 模型计算得到的各题难度值，并对各模型对应题目的难度值取平均。从表 7-7 中可以看到，物质的微观结构模型试题难度最小，相互作用模型试题难度居中，电场模型试题难度最大。研究表明，虽然学生在相互作用部分的试题表现居中，但是学生大多是用超距作用模型或超距作用 + 场作用模型解决问题，并未真正达到科学模型。

表7-7 各模型对应试题难度值分布

题目编码	难度	题目编码	难度	题目编码	难度
Q1MC	-1.02	Q3IC	-1.5	HQ1（1）MFP2	-0.72
Q10（1）MM	-0.77	Q4IM	-1.47	Q9（2）MFP2	-0.7
HTQ3（1）MM	-0.67	HQ8IM	-0.8	HQ1（2）MFP2	-0.69
HTQ2（1）MM	-0.5	HQ14（2）ID	-0.8	Q9（1）MFP2	-0.49
TQ5（1）MD	-0.48	HQ14（1）ID	-0.72	HTQ10MFP5a	-0.4
HTQ2（2）MD	-0.08	Q17IM	-0.2	Q8MFP5a	-0.33
HTQ8（2）MM	-0.06	HTQ9（1）IM	-0.17	Q18（2）MFP4	-0.27
TQ6MM	-0.04	Q11IM	-0.02	TQ8MFP1	-0.1
HTQ8（1）MM	-0.01	HTQ9（3）IM	0.02	HQ15MFP4	-0.05
TQ4（1）MM	0.13	HQ17IM	0.2	Q20（2） MFP6	0.05
HTQ3（2）MD	0.19	HQ24ID	0.2	Q18（3）MFP4	0.2
Q10（2）MD	0.2	HTQ9（2）ID	0.68	Q15（1）MFP6	0.47
TQ5（2）MD	0.24	TQ7IM	0.81	Q21（2） MFP6	0.6
TQ5（3）MD	0.59	Q21（1）IM	0.86	TQ9MFP6	0.69
TQ4（2）MD	0.96	QT1ID	1.56	TQ3MFP3	0.7
QT2MM	1.34	Q20（1）IM	1.88	Q15（2）MFP6	0.71
				Q13MFP6	0.79
				Q5MFP3	1.05
				HQ12（1）MFP6	1.05
				HQ21（1）MFP5b	1.16
				HQ9MFP6	1.36
				HQ21（2）MFP5b	2.34
				HQ12（2）MFP6	2.85
平均难度 0.00		平均难度 0.03		平均难度 0.45	

二、应用成绩-集中度方法分析学生心智模型教学前后的变化

本书研究应用成绩-集中度方法来分析学生在客观题［测试（一）］上心智模型的正确率和集中程度，以及两种不同教学模式对学生心智模型的正确率和集中度的影响。

1. 教学前后测试（一）成绩-集中度散点图

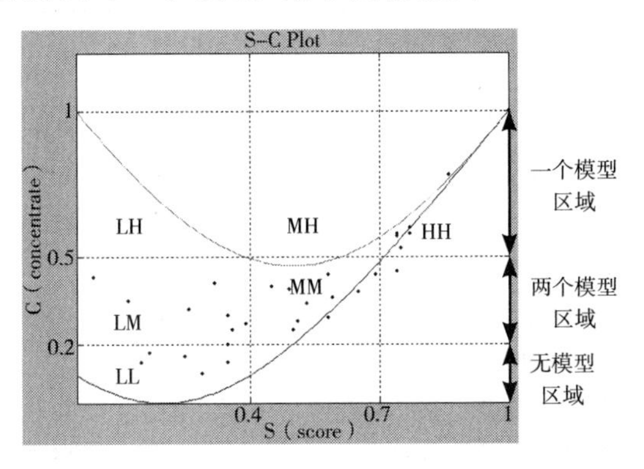

（a）前测（一）

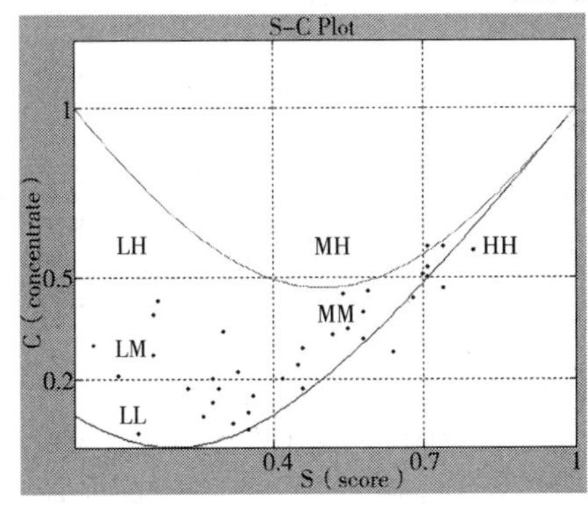

（b）后测（一）控制组

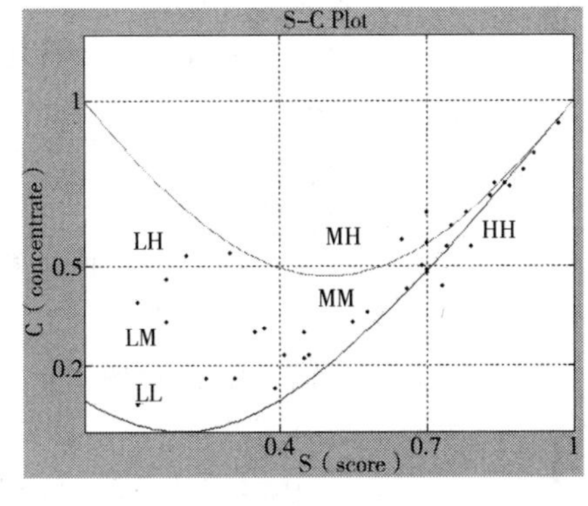

（c）后测（一）实验组

图 7-6 成绩-集中度散点图

（说明：图中横轴 S 指成绩，纵轴 C 指集中度，上下两条曲线是界限曲线，即当题目选项为 5 时，任意点只能落在最大值和最小值之间）

用 matlab7.0 绘制出测试（一）前后测的成绩-集中度的散点图（图 7-6），由图 7-6 可看到，前测中学生的心智模型较多地集中在 LL、LM 和 MM 区间，教学后控制组仍较多地集中在这三个区间，而实验组较多地集中在 MM 和 HH 区间，表明实验组学生的模型在某些内容上向科学模型发展。

2. 实验组和控制组教学前后成绩-集中度具体变化的比较分析

根据附录 5，对实验组和控制组在前后测共同题上的成绩-集中度的具体变化进行比较（见表 7-8），从而进一步分析学生心智模型的变化。

表7-8 实验组和控制组教学前后成绩-集中度具体变化比较

题号	所属模型	成绩-集中度 模型/概念	实验组		控制组	
			前测	后测	前测	后测
22	MFP5+P6	成绩-集中度	MM	MM	MM	MM
		电势是标量（科学要素）	55.2%	64.8%	53.1%	53.6%
		场强与电势混淆（迷思概念）	28.4%	12.6%	31.6%	11.4%
		电荷与电势混淆（迷思概念）	16.5%	9.8%	1.6%	17.4%
3	ID	成绩-集中度	LH	MM	LH	LM
		场作用模型（科学模型）	5.5%	46.5%	1.6%	15.9%
		超距作用模型（非科学模型）	65.8%	38.0%	73.4%	56.5%
		整合模型（科瑕模型）	28.7%	15.5%	25.0%	26.0%
4（1）	MFP2	成绩-集中度	MM	HH	MM	HH
		电场具有穿透性和叠加性（科学模型）	44.1%	74.6%	46.3%	71.0%
		电介质“隔绝”电场（迷思概念）	50.0%	19.7%	41.8%	26.1%
4（2）	MFP2	成绩-集中度	MM	HH	MM	MM
		电场具有穿透性和叠加性（科学模型）	63.8%	77.5%	57.8%	59.4%
		导体“隔绝”电场（迷思概念）	21.7%	19.7%	32.8%	33.3%
5（1）	MM	成绩-集中度	MM	HH	MM	MM
		自由电子晶格模型（科学模型）	60.6%	83.1%	50.7%	69.6%
		自由电子模型（科瑕模型）	12.4%	7.2%	10.6%	6.5%
		电液模型（非科学模型）	24.2%	8.5%	30.3%	14.5%
		导体内电荷不能移动模型（非科学模型）	1.5%	0	7.2%	7.2%
7	MM	成绩-集中度	LL	HH	LL	ML
		自由电子晶格模型（科学模型）	32.9%	70.4%	33.3%	46.4%
		电液模型（非科学模型）	37.0%	0	45.4%	24.6%
		正电荷移动模型（非科学模型）	8.2%	0	7.6%	4.3%
5（2）	MD	成绩-集中度	LL	MM	ML	ML
		科学模型	29.4%	54.9%	42.6%	46.4%
		条件固定（科暇模型）	23.5%	29.6%	13.2%	20.3%
		电液模型（非科学模型）	17.6%	7.0%	22.1%	23.1%
		电介质不带电模型（非科学模型）	29.4%	8.5%	22.1%	10.1%
16	IM+ID	成绩-集中度	MM	HH	ML	MM
		科学模型	39.7%	73.9%	43.5%	57.7%
		绝缘体意味着安全（迷思概念）	55.9%	20.2%	60.9%	40.9%

续表

题号	所属模型	成绩-集中度 模型/概念	实验组		控制组	
			前测	后测	前测	后测
18（2）	MFP4	成绩-集中度	ML	HM	ML	MM
		电场线不同于轨迹线（科学模型）	57.6%	70.4%	47.6%	44.9%
		电场线与轨迹线混淆（迷思概念）	28.8%	16.9%	23.8%	27.5%
18（3）	MFP4	成绩-集中度	LL	MM	LL	LL
		电场线不同于轨迹线（科学模型）	39.4%	66.2%	34.9%	34.8%
		电场线与轨迹线混淆（迷思概念）	45.4%	21.1%	36.5%	26.1%
19（1）	IM	成绩-集中度	LM	LM	LM	LM
		场作用模型（科学模型）	7.9%	16.9%	16.4%	15.9%
		超距作用模型（非科学模型）	79.4%	67.6%	72.1%	56.5%
		场作用+超距作用模型（科瑕模型）	7.9%	9.9%	9.8%	14.5%
20（1）	IM	成绩-集中度	LM	LM	LM	LM
		场作用模型（科学模型）	27.9%	36.6%	28.8%	30.4%
		超距作用模型（非科学模型）	62.3%	40.8%	54.2%	44.9%
		场作用+超距作用模型（科瑕模型）	4.9%	8.5%	13.6%	10.1%
19（2）	MFP6	成绩-集中度	LL	HH	LL	MM
		静电平衡时导体上电势处处相等（科学模型）	31.7%	70.4%	33.9%	58.0%
		电荷→电势（迷思概念）	63.3%	22.5%	59.3%	29.0%
20（2）	MFP6	成绩-集中度	LL	MM	LM	MM
		静电平衡时导体上电势处处相等（科学模型）	19.6%	57.7%	18.6%	46.4%
		电荷→电势（迷思概念）	69.7%	29.6%	76.3%	39.1%

通过表7-8可知，在金属导体的微观结构、电场与导体和电介质的相互作用、电场线、电势等内容上，实验组的正确率和集中程度要明显高于控制组。

在此基础上，根据附录5，将后测（一）中实验组和控制组学生在每题上的表现进行卡方检验。检验结果表明后测（一）的14道题中，实验组和控制组学生在教学后的表现有显著差异（见表7-9），且均是实验组学生优于控制组学生。研究同样表明，在静电相互作用和实物物质的微观结构模型上实验组的表现要优于控制组。

表7-9 后测（一）中实验组表现显著优于控制组的测试内容

题号	测试内容	属于模型
2（1）	静电感应	电场与金属导体的相互作用
3	放电现象	电场与电介质的相互作用
6	电荷转移	实物物质的微观结构
7	导体的微观结构、静电感应、接地	导体的微观结构
8、9、10（2）、12（2）	导体的微观结构、静电感应、接地	电场与导体的相互作用
14（1）（2）	放电综合问题	电场与电介质的相互作用
15、18（3）	电场线	电场
16	实际应用问题	实物物质的微观结构
24	极化	电场与电介质的相互作用

控制组也在少数题目上优于实验组，如后测（一）中的2（2）、7、11（1），但是由于控制组的学生并未解释原因，且两组学生差异并不是很大，因此本书研究无法推断具体原因。

研究还发现，教学后两组学生的正确率均下降的是后测（一）中的2（2）、11（2）、23，分析原因发现：第2（2）题是因为学生在前测时已经忘记静电感应的具体情况，因此通过猜测回答问题，教学后学生对静电感应的过程十分熟悉，但是由于缺乏对电场以光速传播的认识，因此在第2（2）题中出现了后测正确率低于前测的结果；第11（2）题的原因是学生在前后测中均基本未用科学模型进行解答，因此学生主要靠猜测得到答案；为了让后测题更好地暴露学生的心智模型，笔者对第23题进行了修改，加入了一个选项，显然该选项影响了学生的判断，导致了该题后测正确率低于前测。

三、应用心智模型进阶的理论框架分析学生心智模型的层级

本书研究应用心智模型进阶的理论框架来确定学生在开放性试题测试（二）前后测各个模型上的心智模型的层级。

1. 应用理论框架分析学生心智模型的过程和编码

应用心智模型进阶的理论框架分析学生心智模型的具体编码和层次

说明可见附录 6，此处以几个典型例子来说明如何应用分析框架进行分析和表征。

（1）QT2 题学生所表现的心智模型类型和层级

前测（二）第 2 题考查学生在接地情境下对金属导体的认识，因此该题评判学生模型层级的核心要素是接地和金属导体微观结构这两个核心要素，表 7-10 中的层级 0、1、2、3 分别对应无模型、非科学模型、科瑕模型和科学模型，由于无法推断未作答的学生是否处于无模型层级，因此不展开讨论。

表7-10　QT2题学生所表现的心智模型类型和层级

心智模型类型	层级
2.0 未作答	0
记忆水平，未推理	
2.1 正负电荷均移动（选A）	1
2.2 导体内只有电子能够移动（选B）	1
简单因果推理	
2.3 导体带负电，因此可判断导体上正电荷移动	
2.3.1 导体内正电荷移动（学生不考虑负电荷，选C）	1
2.3.2 导体内正电荷移动，无法判断负电荷（选C或D）	1
2.3.3 导体内正电荷移动，自由电子可以移动，因此正负电荷均移动（选A）	1
2.4 大地带负电，中和正电（选B或D）	1
系统性推理	
2.5 科瑕模型	2
2.6 科学模型（选D）	3

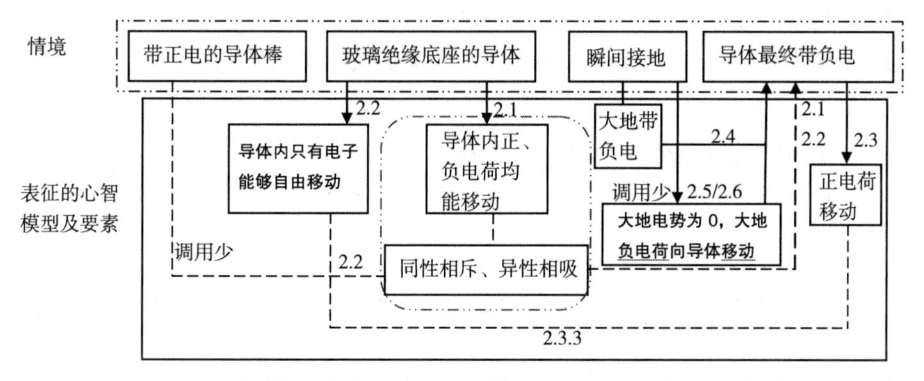

图 7-7　QT2 题中学生所表征的心智模型图（加粗的内容为核心要素）

为更好地动态表征学生在情境刺激下从情境中提取要素以及将各要素建立联系构成心智模型的过程，本书研究用图形的方式予以呈现，从而更清晰地诊断学生存在的问题。

图 7-7 中虚线表示该部分内容有些学生进行了联结，有些学生没有。大多数学生是从问题提到的导体出发，根据记忆选择答案，不做任何推理。例如，图 7-7 中标记的 2.2 是一种典型模式，学生记住了导体内只有电子能够自由移动，再结合“同性相斥、异性相吸”这一规律，成功推出题目所给结论（即导体最终带负电）后，不再进行任何心智运作。显然，学生未建立系统模型，未将系统中的带正电的导体棒、接地等情境要素纳入心智运作中。这一结果也验证了 diSessa 提出的心智模型的运行原则，即心智负荷最少原则。另一种典型模式是学生从结果进行反推，认为导体最终带负电，则一定是正电荷移动，表明大多数学生会选择简单的要素组合，尽量减轻自己的心智运作来解决问题。研究表明，学生在解决问题时，有时并不是其概念错误或迷思，而是学生并未对情境中的关键要素进行抽象简化，并纳入建构的心智模型中。

（2）QT3 题学生所表现的心智模型类型和层级

前测（二）第 3 题考查学生对场以光速传播的认识，因此场和光速传播是本题判断心智模型的核心要素，具体层级见表 7-11。

表7-11　QT3题学生所表现的心智模型类型和层级

心智模型类型	层级
3.0 未作答	0
3.1 库仑定律（公式与时间无关），未考虑电场	1
3.2 牛顿第三定律，未考虑电场（同时产生，同时消失）	1
3.3 静电平衡需要时间	1
3.4 仅考虑 Q 产生场及 Q 产生的场对 q 的作用力	1
3.5 Q 和 q 均产生场，未考虑场的传递需要时间（或认为场的传递不需要时间）（科瑕模型）	2
3.6 科学模型	3

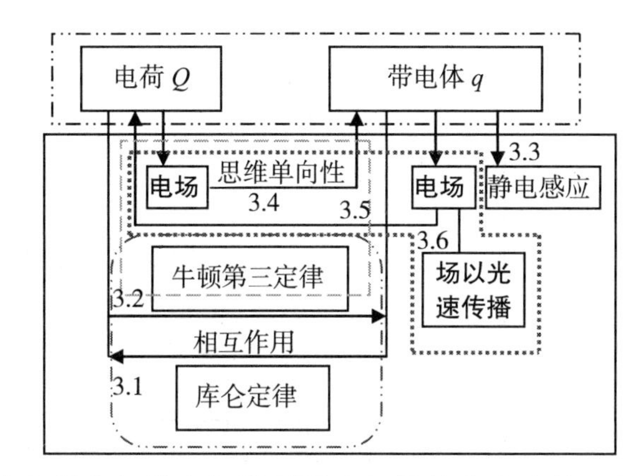

图 7-8 QT3 题中学生所表征的心智模型图（加粗的内容为核心要素）

从图 7-8 可以清楚地看到学生持有的不同心智模型。研究表明，一部分学生是通过 3.1 和 3.2 得到结论的，即学生仅用库仑定律和牛顿第三定律得出电荷间的相互作用是不需要时间的，这类学生不从场的角度思考问题，持有超距作用模型。更多学生则是如图 7-8 中的 3.4 所示，认为电荷 Q 产生的电场已经存在于空间中，因此对带电体 q 即时产生作用，但是未考虑带电体 q 对电荷 Q 的作用力，表明学生思维的单向性。还有部分学生虽然考虑了带电体 q 也会产生电场，但调用牛顿第三定律，认为作用力与反作用力是同时的，此类学生持有电场与超距整合的模型。研究表明大多数学生缺失场以光速传播这一要素。

（3）QT6 题学生所表现的心智模型类型和层级

前测（二）QT6 题考查学生在摩擦和接地的情境下对金属导体的认识，因此导体微观结构和接地电势为 0 是本题判断学生心智模型的核心要素，具体层级见表 7-12。

表7-12 QT6题学生所表现的心智模型类型和层级

心智模型类型	层级
6.0 未作答	0
6.1 铜棒不能通过摩擦带电，或铜棒、丝绸的摩擦电子能力相当	1
6.2 铜棒为导体，其上电荷均匀分布，所以不带电，或铜棒上的电子会与多余电荷中和	1
6.3 铜棒和人体均为导体，有电荷移动，但未说明何种电荷移动及电荷如何移动	2
6.4 铜棒和人体均为导体，大地上的电子会向导体移动	3

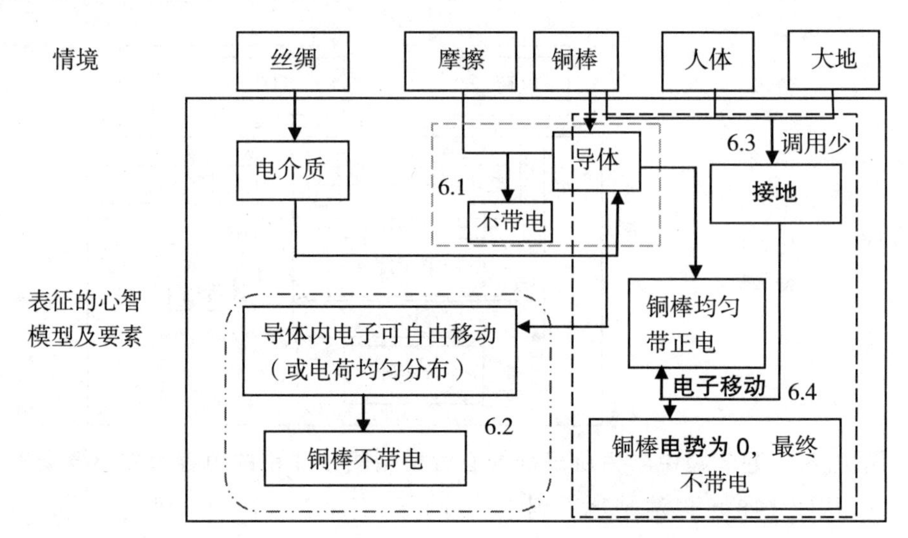

图 7-9 QT6 题中学生所表征的心智模型图（加粗的内容为核心要素）

从图 7-9 可以看到学生在解释这一现象时构建了一些解释模型，其中学生为解释最终铜棒不带电的现象，建构出 6.1 和 6.2 两种模型，这两种模型是典型的非科学模型。研究表明，学生并不基于证据建构模型，而是只建构一个看似可以解释现象的模型。本书研究结果再次表明，在解决问题过程中，未将核心的情境要素考虑到模型系统中是导致学生错误作答的一个重要原因。研究发现学生对于接地的认识存在很多错误认识，例如接地表明电荷为 0 等。

（4）QT7 题学生所表现的心智模型类型和层级

前测（二）QT7 题考查学生是否从场的角度思考问题，因此场和静电屏蔽是判断学生心智模型的核心要素，具体层级见表 7-13。

表7-13 QT7题学生所表现的心智模型类型和层级

心智模型类型	层级
7.0 未作答	0
7.1 单摆悬挂的正电荷离左侧负电荷近，因此受到左侧的吸引力大，大多数学生认为单摆向左上方摆动（还有少数学生考虑了运动导致金属筒上的电荷重新分布，单摆要做不对称摆动，或最终静止。这类学生考虑了变化）（电场力模型）	1
7.2 静电屏蔽（学生可能对静电屏蔽有错误理解，例如金属筒内电场为0，屏蔽即不让电场通过等）（科瑕模型）	2
7.3 金属筒上的电荷在金属筒内产生的电场矢量和为0，单摆悬挂的正电荷产生的电场对自身的作用为0，因此单摆静止不动，若拉动一个角度，则周期性摆动（科学模型）	3

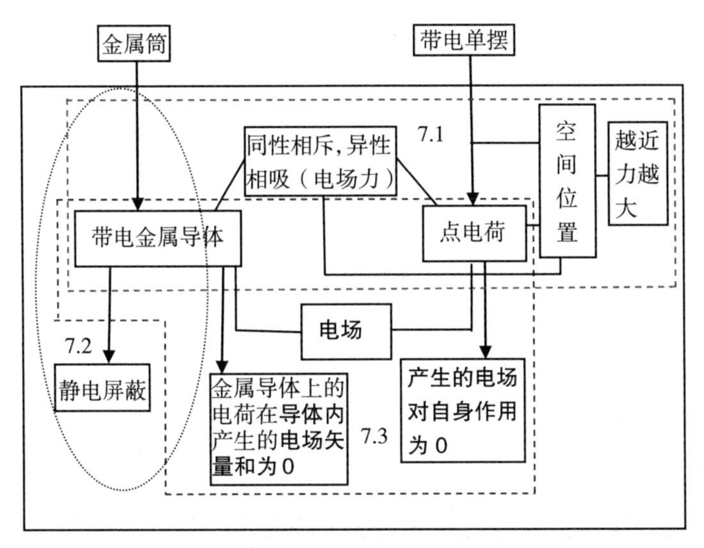

图 7-10 QT7 题中学生所表征的心智模型图(加粗的内容为核心要素)

学生对于本题情境相对比较陌生,题干涉及一个单摆和一个带有电荷的金属筒,问题是问单摆的运动情况。要解决此问题,心智模型的运作过程应是:要判断运动情况,则需判断单摆的受力情况;要判断受力情况,则需判断单摆所处位置的电场情况。图 7-10 中学生把金属筒抽象为带电金属导体空腔,把带电单摆抽象为点电荷模型,并将自己熟悉的规律“同性相斥,异性相吸”和“库仑定律”建立联系,得出金属筒上靠近单摆处的电荷对单摆的作用力大,显然仍是用超距作用模型进行解释。部分学生调用了静电屏蔽的概念,但未对其建构正确理解,且电荷产生的电场对自身作用为 0 是学生欠缺的一个要素。研究表明大多数学生未建立场作用模型。

(5)QT8 题学生所表现的心智模型类型和层级

前测(二)QT8 题是考查学生对场的物质性和判断物质依据的认识,因此物质性是判断学生心智模型的核心要素,具体层级见表 7-14 和表 7-15。

表7-14 QT8（1）题学生所表现的心智模型类型和层级

心智模型类型	层级
8.1.0 未作答	0
8.1.1 电场是假想的	1
8.1.2 电场是电场力，或是会产生相互作用力的区域（学生从力的角度建立场，特别强调场是两物体间的相互作用的区域或力的区域）	1
8.1.3 区域、环境、范围（与8.1.2的区别：8.1.2强调的是相互作用或电场力的区域）	1
8.1.4 电场是一种特殊物质，但这是教材上的描述	2
8.1.5 电场是特殊物质	3

表7-15 QT8（3）题学生所表现的心智模型类型和层级

心智模型类型	层级
8.3.0 未作答	0
8.3.1 物质需要看得见、摸得着	1
8.3.2 物质由原子、分子构成	1
8.3.3 电场是（物质的、电荷的或其他的）某种属性	1
8.3.4 存在即为物质	2
8.3.5 物质间有相互作用，电场对放入的试探电荷有力的作用	2
8.3.6 物质是一种特殊形态的物质	3

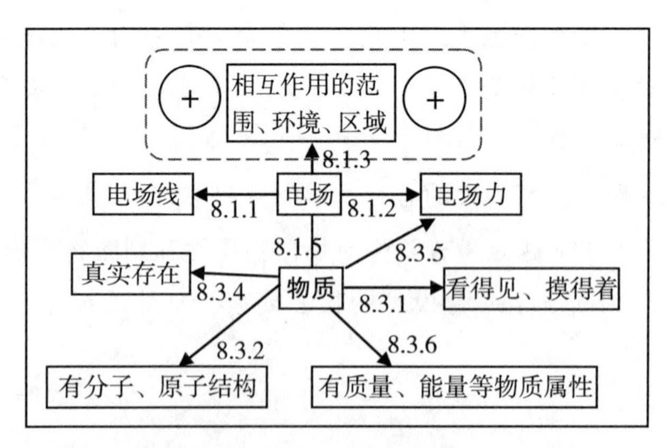

图 7-11 QT8 题中学生所表征的心智模型图（加粗的内容为核心要素）

研究表明，虽然本题没有任何情境，但一提到电场，大多数学生头脑中首先出现的是两个电荷及其相互作用（见图 7-11），因此将电场和电场力混淆，或认为电场是会产生相互作用力的区域、环境或范围，前测中仅57.2%的学生认为电场真实存在。而学生在说明判断物质的依据时，大多是用看得见、摸得着，有分子、原子结构等实物物质的判断方法，可见学生对物质的心智模型仍处在宏观的实物物质的认识层面，对场这种特殊物质形态并未形成科学模型。

2. 学生静电学心智模型在教学前后的分布情况比较

本书研究应用静电学模型进阶的描述性假设，对测试（二）前后测中的共同试题进行分析，并统计教学前后实验组和控制组学生心智模型在各层级模型上的比例。

（1）两组学生静电相互作用模型在教学前后的分布情况比较

表7-16　两组学生静电相互作用模型在教学前后的比较（1）

编码	心智模型类型及层级	实验组（前）	实验组（后）	控制组（前）	控制组（后）
0	学生未答，或仅写出答案，未进行任何解释	36%	12%	28%	3%
1	非科学模型1：库仑定律（超距作用模型）	8%	0	9%	2%
	非科学模型2：牛顿三定律（超距作用模型）	9%	0	9%	7%
	非科学模型3：静电感应	7%	16%	7%	3%
	非科学模型4：仅考虑Q产生的电场，及Q对q的作用力（超距+场作用模型）	30%	36%	34%	73%
2	科瑕模型：学生知道Q和q分别产生电场并对另一电荷产生作用，但缺乏电场传递需要时间这一概念，或者学生知道q传递的电场需要时间（场作用模型）	10%	24%	13%	12%
3	科学模型：学生知道Q和q分别产生电场并对另一电荷产生作用，电场的传递需要时间，q一放入即受到电场力，但Q需一段时间才会受到电场力（场作用模型）	0	12%	0	0

本书通过QT3题来比较两组学生的静电相互作用模型在教学前后的差异（见表7-16）。研究表明，教学前学生大多处于超距作用模型，或超距+场作用模型；教学后，控制组学生更多集中在超距+场作用模型，实验组中科瑕模型和科学模型人数有所增加。原因可能是在实验组的教

学中，教师与学生共同讨论了两个电荷之间的相互作用，并帮助学生建立科学模型，改变了教材上两个电荷相互作用的原有表征（如图 7-12 和图 7-13 所示），且在课堂上讨论了光的传播速度。

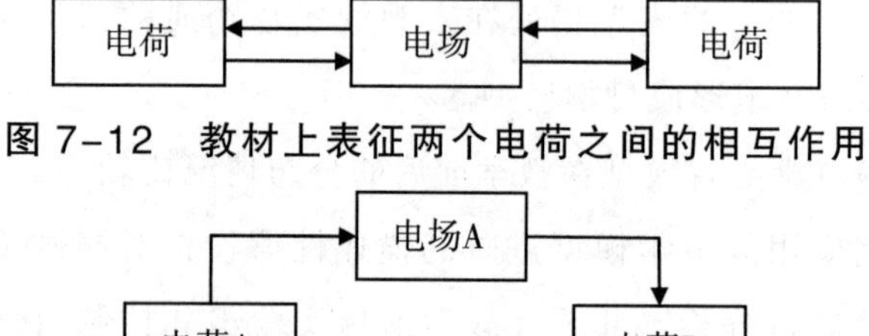

图 7-12 教材上表征两个电荷之间的相互作用

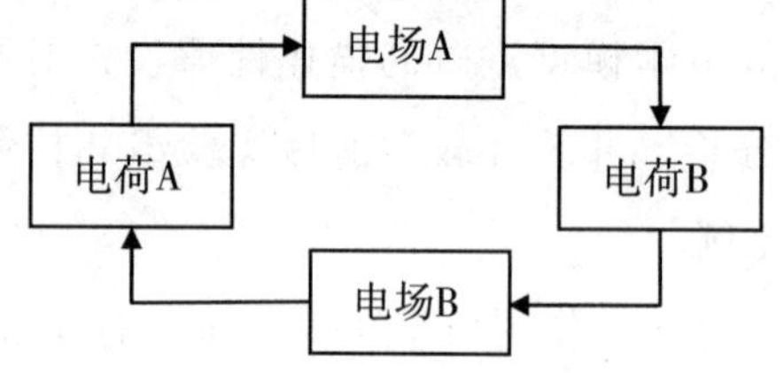

图 7-13 建模教学中表征两个电荷之间的相互作用

表7-17 两组学生静电相互作用模型在教学前后的比较（2）

编码	心智模型类型及层级	实验组（前）	实验组（后）	控制组（前）	控制组（后）
0	学生未答	49%	10%	40%	9%
1	非科学模型：从电荷和距离的角度分析单摆的受力（超距作用模型）	43%	49%	47%	44%
2	科瑕模型 ：从电场的角度指出静电屏蔽，单摆不受力，但未完整解释，或有迷思概念，或要素缺失	8%	34%	13%	47%
3	科学模型：明确指出金属筒上的电荷在金属筒内产生的电场矢量和为0，单摆悬挂的正电荷产生的电场对自身作用为0	0	7%	0	0

QT7 题的研究同样表明，教学前学生多持有超距作用模型。教学后实验组和控制组仍有很多学生持有超距作用模型，实验组有少数学生达到科学模型层级（见表 7-17）。

（2）两组学生金属导体模型在教学前后的分布情况比较

表7-18　两组学生金属导体模型在教学前后的比较

编码	心智模型类型及层级	实验组（前）	实验组（后）	控制组（前）	控制组（后）
0	学生未答，或仅写出答案，未进行任何解释，或只说金属是导体	41%	12%	35%	36%
1	非科学模型：静电感应不能清楚表述，且明确说是正电荷移动（电液模型）	8%	5%	10%	8%
2	科瑕模型：学生清楚说出静电感应过程，但未说明金属内何种带电粒子在运动（电液模型）	47%	35%	45%	44%
3	科学模型：学生清楚说出静电感应过程，并指出是电子移动（自由电子晶格模型）	4%	48%	10%	12%

通过 QT4（1）题来比较两组学生的金属导体模型在教学前后的差异（见表 7-18）。研究表明，教学前少数学生认为导体内正电荷移动，持有电液模型，一部分学生清楚静电感应过程，但并未说明金属导体内何种带电粒子在运动。教学后，控制组学生对金属导体模型的认识几乎没有发展，而实验组有相当一部分学生发展为科学模型，这可能与建模教学中要求学生建构和表征金属导体的微观结构有关。

（3）两组学生电介质模型在教学前后的分布情况比较

表7-19　学生在极化情境下的电介质模型在教学前后的比较（木棒）

编码	心智模型类型及层级	实验组（前）	实验组（后）	控制组（前）	控制组（后）
0	学生未答，或仅写出答案，未进行任何解释，或只说木棒是绝缘体	66%	20%	62%	48%
1	非科学模型：学生认为电介质不能带电（电介质不带电/固定电荷模型）	30%	18%	35%	44%
2	科瑕模型：学生类比静电感应过程，但对极化机理没有清楚认识（整合模型）	4%	0	3%	6%
3	科学模型：学生清楚说出极化过程	0	62%	0	2%

表7-20 学生在极化情境下的电介质模型在教学前后的比较（小纸屑）

编码	心智模型类型及层级	实验组（前）	实验组（后）	控制组（前）	控制组（后）
0	学生未答，或仅回答静电力对微小物体有作用	51%	32%	61%	34%
1	非科学模型1：场对任何物体都有作用	5%	21%	9%	47%
	非科学模型2：小纸屑带负电	20%	0	10%	0
	非科学模型3：小纸屑接触带电	3%	0	3%	0
2	科瑕模型：带电体对纸屑中的电荷有力的作用	18%	14%	13%	14%
3	科学模型：清楚描述极化过程	3%	33%	4%	5%

通过 QT4（2）题和 QT5（2）（3）题来比较两组学生在不同情境下的电介质模型在教学前后的差异（如表 7-19、7-20、7-21、7-22 所示）。表 7-19 表明，教学前，部分学生认为绝缘体不能带电；教学后，控制组学生心智模型无发展，而实验组 62% 的学生能清楚地说出电介质的极化过程。QT5（3）中学生需解释带电体为何可以吸引轻小物体。表 7-20 表明，教学前，学生建构出很多解释模型；教学后，控制组只有极少数学生达到科学模型，而实验组有 33% 的学生达到科学模型。这说明建模教学活动中设计的制造冲突、解决冲突等环节，对于学生建构电介质模型是有利的。

表7-21 学生在摩擦起电情境下的电介质心智模型（电荷分布）

编码	心智模型类型及层级	实验组（前）	实验组（后）	控制组（前）	控制组（后）
0	学生未画图	26%	20%	20%	18%
1	非科学模型1：学生画图，电荷均匀分布（电液模型） 非科学模型2：学生画图，正负电荷分布在棒的左右两端或内外（电液模型）	34%	18%	32%	30%
3	科学模型：正电荷均匀分布在摩擦处	40%	62%	48%	52%

表7-22　学生在摩擦起电情境下的电介质心智模型（摩擦起电原因）

编码	心智模型类型及层级	实验组（前）	实验组（后）	控制组（前）	控制组（后）
0	学生未答，或仅回答摩擦起电	34%	24%	35%	26%
1	非科学模型1：电荷可以自由移动（电液模型）	7%	12%	7%	15%
	非科学模型2：正电荷转移（电液模型）	4%	0	6%	0
2	科瑕模型：电子转移，或未说明何种电荷转移	47%	38%	43%	51%
3	科学模型：从束缚能力角度+电子转移	8%	26%	9%	8%

QT5（2）题中，对于摩擦起电后电荷在电介质上的分布（见表7-21）和摩擦起电原因的认识（见表7-22），实验组学生有一定发展，控制组学生无明显发展，教学前后均有学生错误地认为摩擦玻璃棒一端后，电荷将均匀分布于整个玻璃棒上，摩擦的作用就是使电荷分离在玻璃棒的两端。

（4）两组学生电场模型在教学前后的分布情况比较

表7-23　两组学生电场模型在教学前后的比较（物质性）

编码	心智模型类型及层级	实验组（前）	实验组（后）	控制组（前）	控制组（后）
0	学生未答	4%	30%	4%	0
1	非科学模型：电场非物质（电场非物质模型）	50%	6%	65%	39%
2	科瑕模型：虽认为电场是物质，但对电场的属性没有清楚的认识	46%	64%	31%	61%
3	科学模型：电场是物质，且能阐述清楚电场的有关性质	0	0	0	0

通过QT8题来比较两组学生电场模型在教学前后的差异（见表7-23）。在QT8题中，教学前，两组学生均有超过一半的学生认为电场非物质；教学后，实验组和控制组仍有一部分学生持有电场非物质的认识，实验组有64%的学生虽认为电场是物质，但对电场属性仍没有清楚的认识。因此，教学前后两组学生关于电场的心智模型没有得到很好发展。

（5）教学后两组学生静电学模型整体情况分析

为研究学生在静电学模型上的整体表现，本书研究抽取 14 名学生进行分析，其中实验组 7 名，控制组 7 名，样本覆盖低、中、高三个水平能力值的学生（见表 7-24）。

表7-24 静电学模型统计分析表

学生编码	能力值	电荷模型	导体模型	电介质模型（包括3个要素）	场模型（除核心要素外有8个其他要素）	相互作用模型（与电荷）	相互作用模型（与导体）	相互作用模型（与电介质）
HTXA34	2.67	科学	科瑕	科学	科瑕（9/10）	科学	科瑕	科瑕
HTXB4	2.09	科学	科学	科瑕1、2	科瑕（9/10）	科学	科学	科瑕
HTXB14	1.16	非科学	科学	科瑕1、2	科瑕（5/10）	科学	科瑕	科瑕
HTXA39	0.93	科学	科学	非科学	科瑕（6/10）	科暇	科瑕	非科学
HTXA26	0.46	科瑕	科学	科瑕2、3	科瑕（3/10）	非科学	非科学	非科学
HTXB24	−0.17	科学	科瑕	非科学	非科学（1/10）	非科学	非科学	非科学
HTXA8	−0.51	科瑕	非科学	非科学	非科学（1/10）	非科学	非科学	非科学
HXGA34	1.07	科学	科学	科瑕2、3	科瑕（7/10）	科瑕	科瑕	非科学
HXGA24	0.71	非科学	科学	非科学	科瑕（8/10）	非科学	科瑕	非科学
HXGB8	0.46	非科学	科学	非科学1	科瑕（8/10）	非科学	科瑕	非科学
HXGB19	0.04	科瑕	非科学	科瑕1、2	科瑕（4/10）	非科学	非科学	非科学
HXGA17	−0.3	科学	科瑕	非科学	非科学（2/10）	非科学	非科学	非科学
HXGA19	−0.77	科学	科瑕	非科学2	非科学（1/10）	非科学	非科学	非科学
HXGB31	−1.02	非科学	科瑕	非科学	非科学（2/10）	非科学	非科学	非科学

说明：HTX 表示实验组，HXG 表示控制组。电介质模型在 1——接触、2——摩擦、3——极化三种情境中考察。场模型括号内为要素正确率（具体见表 7-25）。

表7-25 场模型要素统计分析

场模型要素	1	2	3	4	5	6	7	8	9	10	11	12	13	14	正确率
场是一种物质	√	√	√	√	√	×	×	√	√	√	×	×	×	√	9/14
场具有叠加性、穿透性	√	√	√	√	×	×	×	√	√	√	√	√	×	×	9/14
电场以光速传播	√	√	×	√	×	×	×	√	×	√	×	×	×	×	5/14
电场线是对电场的一种表征，不是轨迹线	√	×	√	√	×	×	×	√	√	×	√	×	×	×	6/14

续表

场模型要素	1	2	3	4	5	6	7	8	9	10	11	12	13	14	正确率
接地导体电势为0	×	√	×	√	×	×	×	√	√	×	×	×	×	×	4/14
静电平衡时导体上电势处处相等	√	√	×	×	×	×	×	×	√	×	√	×	×	×	4/14
静电平衡时导体内电场矢量和为0	√	√	×	√	×	×	×	√	√	√	×	×	×	×	6/14
电势是标量	√	√	√	√	√	×	√	×	√	√	×	√	√	×	10/14
电势能只与位置有关	√	√	√	√	√	√	\	√	√	√	√	×	\	√	11/14
电势能是系统共有的	√	√	×	×	×	×	\	×	×	×	×	×	\	×	2/14

说明：√代表要素科学，× 代表要素缺失或迷思，\代表未采集到信息。

总体来看，在抽样的 14 名学生中，4 名能力值高于 1 的学生在大部分模型上表现为科学模型或科瑕模型，电场模型的组成要素的正确率超过 50%。这部分学生对电场相关要素掌握得较好，且实物物质的微观结构模型均达到科学模型层级，因此能在具体情境中调用电场解决相关问题。能力值在 0~1 之间的 5 名学生中，多数学生的相互作用模型处于科瑕模型或非科学模型层级，大多数学生电场模型要素的正确率也能达到 50%，但学生在具体情境中并不调用电场模型解决问题。能力值在 0 以下的 5 名学生，大多仅在实物物质的微观结构模型上处于科学或科暇模型层级，在电场模型和相互作用模型上均处于非科学模型层级，电场模型要素的正确率最高仅达到 20%。

对学生电场模型要素的分析表明，学生较欠缺或未能在实际情境中进行调用的要素有：电场以光速传播，电场线，接地导体电势为 0，静电平衡时导体上电势处处相等且导体内电场矢量和为 0，电势能是系统共有的。

对学生在静电学各模型的整体分析表明，学生对静电学核心模型电场的建立和调用情况决定了学生静电学心智模型的整体层级。虽然绝大多数学生能够记住电场是一种特殊物质和电场的相关性质，以及电场强度、电势的相关公式和结论，但在实际情境中，例如导体接地、导体上的电荷分布、静电屏蔽、极化、电火花等，很少有学生能从空间的电场强度和电势分布的角度来解决问题。

四、学生心智模型的演变路径

为研究学生心智模型受教学的影响，本书研究选择链接题（即前后测的共同题）来考查学生心智模型的演变情况。由于编制题目时，有些模型采用系列题来对学生进行考查，因此对于这些模型的判断将会通过系列题的整体结果进行判断。本书研究以下列几题为例来分析两种教学模式下，学生心智模型从教学前到教学后的演变路径。为分析学生心智模型的演变，本书研究对每个学生在教学前后所持有的心智模型进行了追踪。

1. 金属导体微观结构模型的演变路径

HQ7 考查学生对金属导体微观结构的认识。教学后，实验组（如图 7–14 所示）中稳定持有科学模型的学生占 23.88%，28.36% 的学生从电液模型（非科学）进阶为科学模型，7.46% 的学生从正电荷移动模型（非科学）进阶为科学模型。控制组（如图 7–15 所示）中稳定持有科学模型的学生占 19.67%，稳定持有电液模型的学生占 14.75%，19.67% 的学生从电液模型（非科学）进阶为科学模型，3.28% 的学生从正电荷移动模型（非科学）进阶为科学模型。

教学后，实验组 70.40% 的学生持有科学模型，而控制组为 46.40%。建模教学较传统教学更有利于学生的金属导体微观结构模型的进阶。

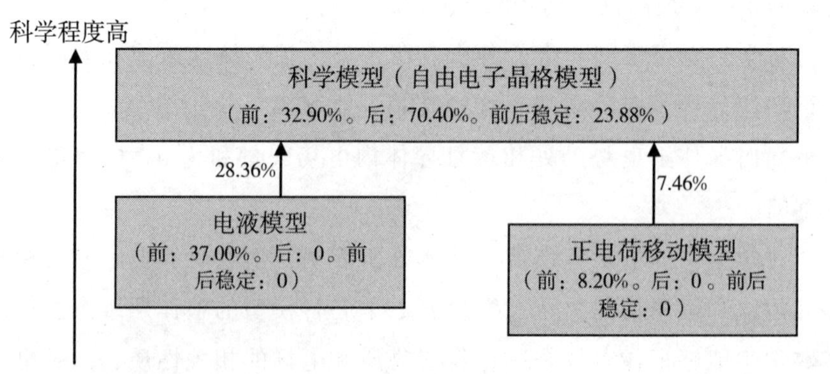

图 7–14 教学前后实验组学生的金属导体微观结构心智模型的演变路径

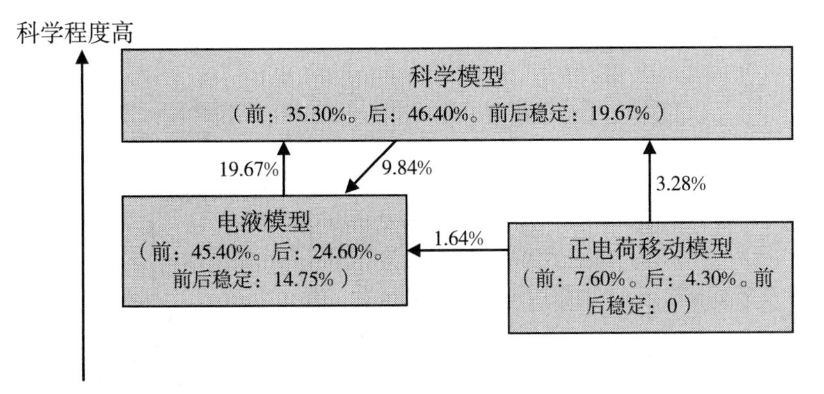

图 7-15 教学前后控制组学生的金属导体微观结构心智模型的演变路径

2. 电介质微观结构模型的演变路径

HQ5（2）考查学生在接触起电情境下对电介质微观结构模型的认识。实验组同时参与前后测的学生人数为 65 人，实验组（如图 7-16 所示）稳定持有科学模型的学生占 20.00%，12.31% 的学生从科瑕模型进阶为科学模型，15.38% 的学生从不带电模型（非科学）进阶为科学模型。控制组（如图 7-17 所示）同时参与前后测的学生人数为 63 人，19.40% 的学生前后稳定持有科学模型，6.35% 的学生从科瑕模型进阶为科学模型，9.52% 的学生从不带电模型（非科学）进阶为科学模型。

教学后，实验组 53.13% 的学生持有科学模型，而控制组为 37.88%。建模教学较传统教学更有利于学生的电介质微观结构模型的进阶。

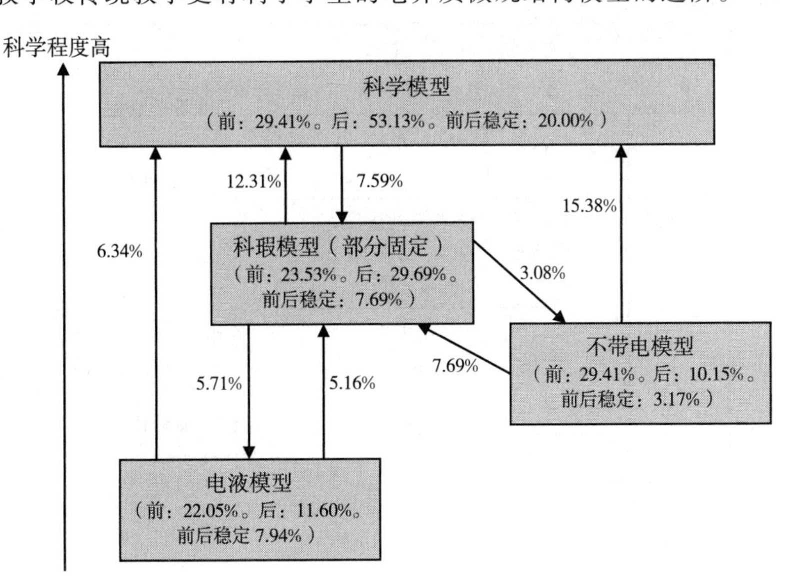

图 7-16 教学前后实验组学生的电介质微观结构心智模型的演变路径

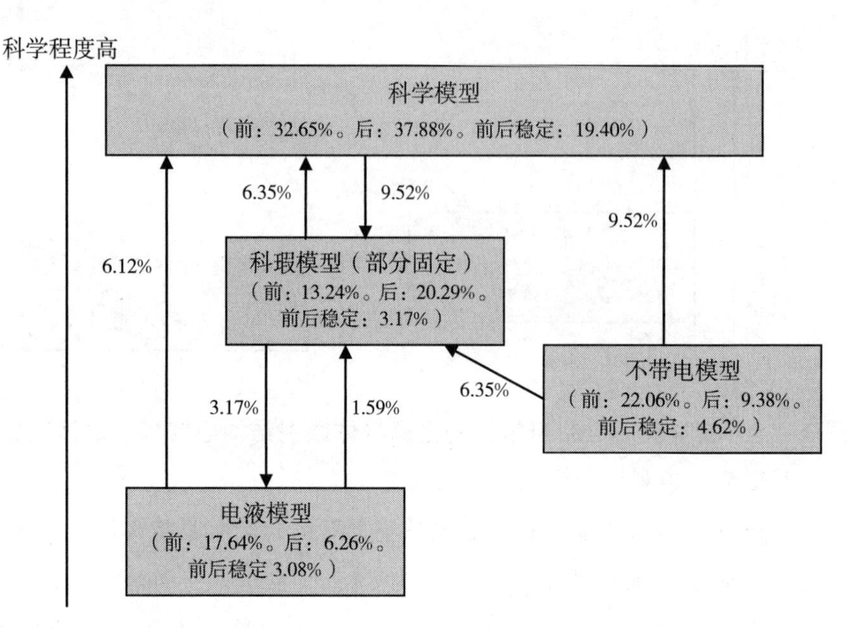

图 7-17　教学前后控制组学生的电介质微观结构心智模型的演变路径

3. 电场线认识的演变路径

Q18（2）（3）考查学生在不同情境下对电场线的认识。实验组（如图 7-18 所示）在教学前，两种情境下持有科学模型的学生人数为 39.39%，27.27% 的学生将电场线与轨迹线混淆，16.67% 的学生受到了情境 2 的影响，持有混合模型。

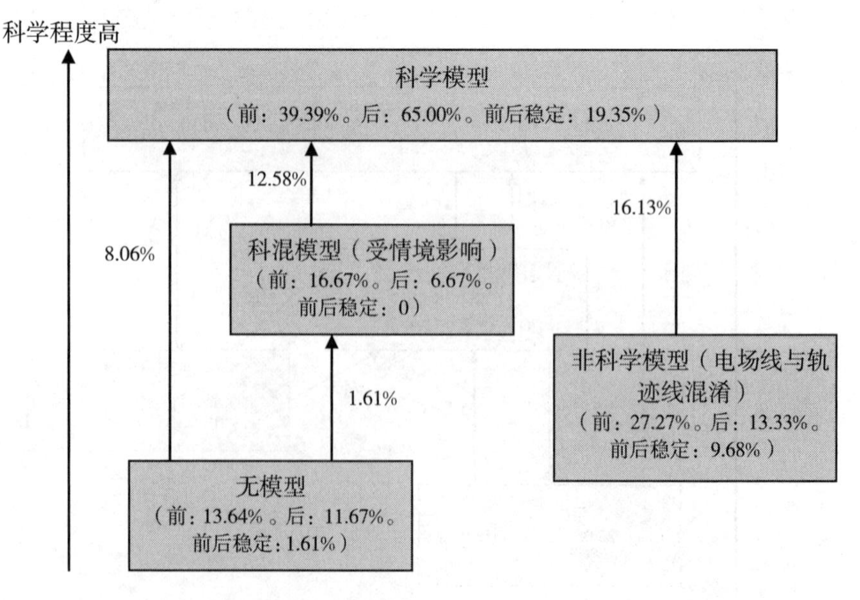

图 7-18　教学前后实验组学生对电场线认识的演变路径

实验组同时参与前后测的学生人数为 62 人。实验组（如图 7-18 所示）稳定持有科学模型的学生占 19.35%，16.13% 的学生从电场线与轨迹线混淆的非科学模型进阶为科学模型，12.58% 的学生从科混模型进阶为科学模型，8.06% 的学生从无模型进阶为科学模型。

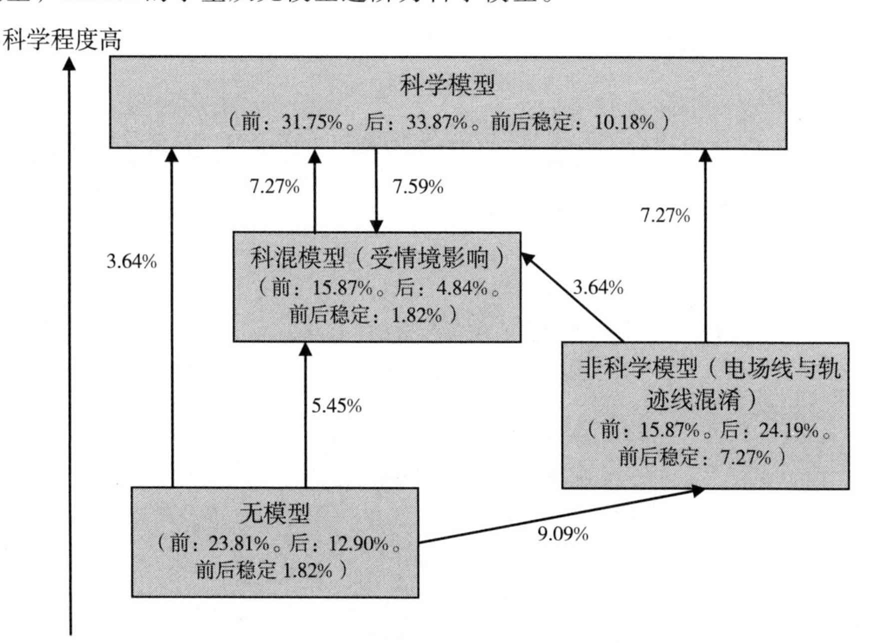

图 7-19　教学前后控制组学生对电场线认识的演变路径

控制组同时参与前后测的学生人数为 55 人。控制组（如图 7-19 所示）稳定持有科学模型的学生占 10.18%，7.27% 的学生从电场线与轨迹线混淆的非科学模型进阶为科学模型，7.27% 的学生从科混模型进阶为科学模型，9.09% 的学生从无模型转向电场线与轨迹线混淆的非科学模型。

教学后，实验组学生在两种情境下稳定持有科学模型的学生占 65.00%，相对于前测有显著提高；13.33% 的学生将电场线与轨迹线混淆，相对前测略有下降。教学后，控制组学生在两种情境下持有科学模型的学生占 33.87%，相对于前测并无显著提高；24.19% 的学生将电场线与轨迹线混淆，人数显著增加。传统教学后很多学生仍将电场线与轨迹线混淆，表明传统教学对于发展学生的电场线认识没有显著效果。

4. 电场叠加性认识的演变路径

后测 HQ4（1）（2）是考查在带电材料变化（绝缘体→导体）的情境

下学生对电场叠加性的认识。在这一问题上，科学模型的核心要素是电场的叠加性和穿透性，非科学模型的核心要素是导体或绝缘体对电场有隔绝作用。表7-26是通过分析学生在带电材料变化情境下的回答得到的学生心智模型类型，在前测中，实验组和控制组的学生都存在绝缘体隔绝电场和导体隔绝电场的非科学模型。

表7-26 学生主要心智模型类型——电场叠加（在带电材料变化的情境下）

选项组合	对应模型	模型描述	实验组		控制组	
			前测	后测	前测	后测
CC	科学模型	两板间的电场强度只与两板上分布的电荷有关，与板的导电性无关	18.03%	53.52%	16.13%	34.78%
CF	非科学模型（电荷移动模型或导体隔绝电场）	认为点P处的电场强度是空间所有电荷在点P处产生的电场强度的矢量和。4（1）题选择C是因为绝缘板上的电荷不能移动，电荷分布不会变，因此推导出所有电荷在点P处产生电场；4（2）题因为金属板上的电荷会移动，电荷最终分布在靠近P面（联想平行板），因此推导出靠近P面的电荷在点P处产生电场，或认为导体会隔绝电场	22.95%	19.72%	25.81%	31.88%
FC	非科学模型（近端模型或绝缘体隔绝电场）	4（1）题绝缘板不导电（电荷不能移动），远端电荷无作用，或者绝缘板阻隔电场，推导出只有靠近P面的电荷有贡献；4（2）题金属板导电，电荷可移动，最终分布在P面，推导出所有电荷都有贡献	37.70%	18.31%	38.71%	24.64%

实验组同时参与前后测的学生人数为 64 人。实验组（如图 7-20 所示）教学后持有科学模型的学生占 53.52%，23.44% 的学生从绝缘体隔绝模型进阶为科学模型，12.50% 的学生从导体隔绝模型进阶为科学模型。从绝缘体隔绝模型进阶的原因是学生对绝缘体有了正确认识：前测时学生对绝缘体有错误认识，认为所谓绝缘，就是可以隔绝电场，教学后学生对绝缘体有了更正确的认识，因此容易进阶。

控制组同时参与前后测的学生人数为 58 人。控制组（如图 7-21 所示）教学前后稳定持有科学模型的学生占 6.90%，8.62% 的学生从绝缘体隔绝模型进阶为科学模型，8.62% 的学生从导体隔绝模型进阶为科学模型。教学后，实验组 53.52% 的学生持有科学模型，控制组 34.78% 的学生持有科学模型。控制组学生更多持有导体隔绝电场的非科学模型，可能原因是学生在高中虽学习过静电屏蔽，但印象不深，前测时学生望词生意，认为绝缘体会隔绝电场。教学后，控制组学生对金属导体的静电屏蔽现象印象深刻，但理解未必正确。可见传统教学未能很好地发展学生的原有认识。

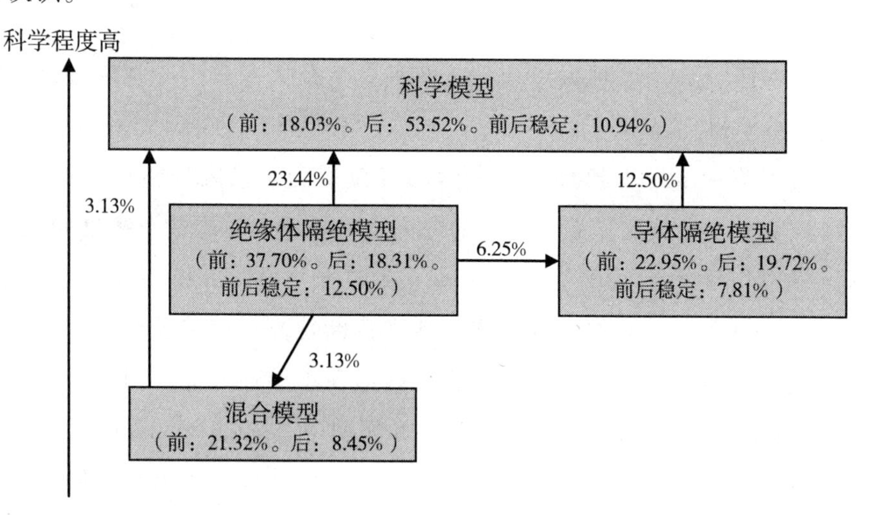

图 7-20　教学前后实验组学生的电场叠加心智模型的演变路径

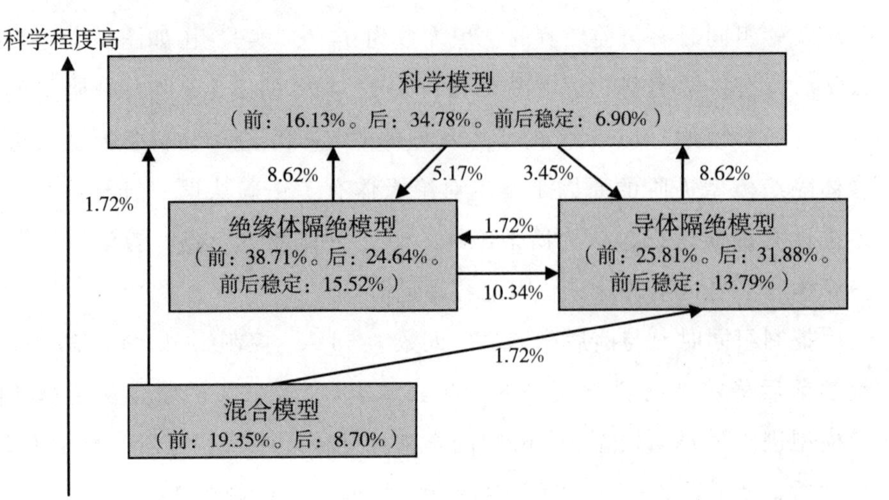

图 7-21　教学前后控制组学生的电场叠加心智模型的演变路径

研究表明，大多数学生在教学后都了解电场的叠加原理，但学生对静电屏蔽的理解存在迷思，或错误地认为绝缘体具有隔绝性。究其原因，学生对静电屏蔽的学习反而影响（阻碍）了学生对电场特性的认识。

五、小结

本书研究采用多种方法来分析两种教学模式对学生心智模型发展的影响，主要得到以下结论。

（1）应用 Rasch 模型对静电学心智模型测试量表的整体分析表明，在信效度方面，测试试题对样本的分离度和样本对试题的分离度均较好，测试样本信度和测试试题信度较高；在数据与 Rasch 模型的拟合方面，Infit MNSQ 和 Outfit MNSQ 的取值均在诊断性测试可接受范围内，表明本次测量数据与 Rasch 模型的拟合较好；在单维性方面，测试量表中明显存在着一个主要的结构。提取 Rasch 模型中 Peason Measure 值进行差异性检验，结果表明实验组和控制组在教学前并无显著差异，但教学后实验组显著优于控制组。

（2）应用成绩-集中度方法进行分析，表明实验组在金属导体的微观结构、电场与导体（电介质）的相互作用、电场线、电势等内容上的正确率和集中程度明显高于控制组。

（3）应用心智模型进阶的理论框架对学生静电学心智模型的主要类

型和层级的分析表明，对于静电相互作用模型，教学前 88% 学生持有无模型或超距作用模型或超距 + 场作用模型（非科学模型），教学后，控制组 73% 的学生持有超距 + 场作用模型（非科学模型），12% 的学生持有科瑕模型，无人持有科学模型，实验组 24% 的学生持有科瑕模型，12% 的学生持有科学模型。但在多情境的相互作用问题中，学生会优先选择超距作用模型解决问题，在没有必要的情况下，学生很少从场的角度去思考问题。对于金属模型，教学前 46% 的学生持有科瑕模型，教学后，控制组学生未明显发展，44% 的学生持有科瑕模型，仅 12% 的学生持有科学模型，实验组 35% 的学生持有科瑕模型，48% 的学生持有科学模型。对于电介质模型（小纸屑），教学前 82% 的学生处于无模型或非科学模型层级（电介质不带电 / 电荷不移动模型），教学后，控制组未明显发展，81% 的学生仍处于无模型或非科学模型，14% 的学生持有科瑕模型，5% 的学生持有科学模型，实验组 53% 的学生持有无模型或非科学模型，14% 的学生持有科瑕模型，33% 的学生持有科学模型。对于电场模型，教学前 58% 的学生持有非科学模型（即电场非物质模型），38% 的学生持有科瑕模型，教学后，实验组 64% 的学生持有科瑕模型，控制组 61% 持有科瑕模型，但均仍未进阶到科学模型。

（4）学生心智模型的一致性和稳定性。首先，在情境对学生心智模型的影响方面，研究表明学生心智模型的稳定性是有差异的，在非科学模型、科瑕模型和科学模型中，科学模型的稳定程度最高。例如在对电场的叠加性的考查中，研究中改变了高斯面和带电材料，在情境变化情况下，稳定持有科学模型的人数比例最高，而持有科瑕模型或非科学模型的学生，有少数在两个情境中仍是较稳定的，但随着问题情境的增多，模型变得不够稳定，且不具有规律性，容易出现混合模型。究其原因，其一，学生无法判断自己持有的模型的正确性，对持有模型不自信，或持有模型本身存在瑕疵或处于混乱或模糊状态，一旦问题情境增多，很多学生开始怀疑自己持有的模型，甚至出现猜测和随机作答的现象。其二，研究结果表明学生在面对复杂问题情境时，可能持有多个模型，这些模型间形成竞争关系，而学生会优先选择简单模型。例如学生虽持有场作用模型，但学生不愿调用，更偏爱使用超距作用模型，只有当问题情境需要其使用复杂模型时才会调用（见附录8），这样也会导致模型不稳定性的出现。

其次，在教学对学生心智模型的影响方面。本书研究在后测试题中保留了前测试题中的部分题目。研究表明，一方面教学对于不同模型的促进效果是不一样的，这一不同体现在科学模型本身的不同和学生持有模型的不同上；另一方面，不同教学模式的促进效果也是不一样的。整体而言，建模教学更有利于促进学生心智模型的进阶，部分学生能够从非科学模型发展为科瑕模型或科学模型；建模教学对实现学生实物物质的微观结构模型、电场叠加和电场线要素上的进阶作用是显著的，但对电场模型、静电相互作用模型的进阶效果一般。传统教学对于发展学生心智模型的效果十分有限。

第二节　建模教学和传统教学对学生理解模型本质影响的比较

一、模型本质理解量表的整体分析

本书研究对实验组和控制组学生关于模型本质的理解进行了前后两次测试，并应用 spss17.0 对两次测试结果进行信效度分析和因子分析。

1. 量表的信度和效度

（1）量表的信度

本书研究采用 spss17.0 计算出量表前后测的克隆巴赫系数和每一维度前后测的克隆巴赫系数（见表 7-27）。

表7-27　模型本质理解量表前后测信度

	题目数	测试人数	克隆巴赫系数（信度）
前测	27	131	0.736
后测	27	132	0.851

参与本量表前测的学生共 131 人，其中实验组 59 人，控制组 72 人，前测量表信度为 0.736。参与本量表后测的学生共 132 人，其中实验组 68 人，控制组 64 人，后测量表信度为 0.851。前测量表信度较低的原因可能是学生对五点式量表不熟悉，开学之初就进行测试学生不适应，其次是前测试题中有些翻译过来的题目学生不能理解。后测量表改进后信度大于 0.8，在可接受范围内。

表7-28　模型本质理解量表后测各维度的信度分析

维度	题数	克隆巴赫系数（信度）		
		本书研究（教学后）	Treagust研究	其他研究
模型对应实物的关系	8	0.724	0.84	0.64
模型的表征内容	5	0.698	0.81	0.73
模型的表征形式	5	0.823		
模型的功能	6	0.704	0.72	0.63
模型的发展性	3	0.688	0.73	0.64

由于前测信度较低，本书研究仅用后测信度分析各维度的信度（见表 7-28），并与 Treagust 原量表和其他研究[1]的信度进行对比。由于 Treagust 划分的维度和本书研究略有差异：本书研究将“模型的表征内容”和“模型的表征形式”列为两个维度，Treagust 量表中原为一个维度；Treagust 量表中将“模型是解释的工具”（信度 0.71）和“科学模型的应用”（信度 0.72）作为两个维度，本书研究将其合并为“模型的功能”一个维度，在比较时取 Treagust 量表中这两个维度信度的平均值，因此表 7-28 中给出的信度为 0.72，封中兴等人的研究在这两个维度上的信度分别是 0.62 和 0.64（故表 7-28 中取 0.63）。与已有研究在各个维度上的信度相比，本书研究各维度信度系数差别不大。整体来看，模型本质理解量表为一份具有良好信度的工具，可用于研究。

（2）量表的效度

本量表大多数题来自 Treagust 的测试量表，在对其进行翻译的基础上，增加了少量题目，删掉一些不易理解的题目，从而保证题目的有效性。利用本量表对 39 名教育硕士（北京师范大学暑期班）进行试测，试测后对被测试者觉得有歧义的题目进行修正，保证了量表的可读性。

2. 量表的因子分析

为了检验本量表改进后五个维度的合理性，本书研究采用因子分析进行检验。由于后测信度较高，本书研究采用后测结果进行因子分析。因子分析适合性检验主要应用 KMO 和 Bartlett's 球型检验（见表 7-29）。KMO 用于检测变量之间的简单相关系数和偏相关系数的相对大小，取值在 0~1，一般认为大于 0.7 适合进行因子分析。本书研究中调查数据的 KMO 值为 0.719，Bartlett's 球度统计量为 1537.585，其相应的概率 Sig 为 0.000（$p<0.01$），说明相关系数矩阵与单位矩阵有显著差异，可以做因子分析。

[1] 封中兴，颜志昌，洪振方. 多元模型教学模式的教学成效之评析[J]. 屏东教育大学学报（教育类），2011（36）：25-62.

表7-29　模型本质理解量表KMO和Bartlett's球型检验

Kaiser-Meyer-Olkin Measure of Sampling Adequacy.		0.740
Bartlett's Test of Sphericity	Approx.Chi-Square	1009.662
	Df	351
	Sig.	0.000

采用主成分分析法和方差最大正交旋转法进行因素分析。限定 5 个因子，碎石图表明有 5 个因子的本征值较大（见图 7-22），通过分析，发现这 5 个因子与量表设计中的维度基本符合（见表 7-30），因此推测本书研究改进后的 5 个因子是合理的。

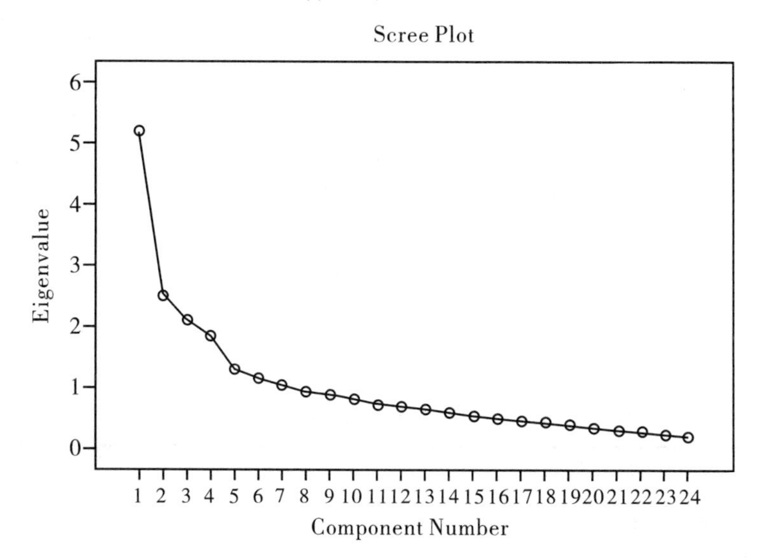

图 7-22　碎石图

表7-30　模型本质理解量表的旋转成分矩阵

	组成				
	1	2	3	4	5
item1		0.523			
item2		0.643			
item3		0.603			
item4		0.756			
item5		0.680			
item6		0.428			

续表

	组成				
	1	2	3	4	5
item7		0.640			
item8	0.524				
item9				0.641	
item10				0.742	
item11			0.533	0.473	
item12				0.604	
item13				0.638	
item14	0.790				
item15	0.636				
item16	0.758				
item17	0.771				
item18	0.755				
item19				0.501	
item20			0.535		
item21			0.622		
item22			0.735		
item23			0.648		
item24			0.577		
item25					0.779
item26					0.777
item27					0.411

载荷＜0.4的数据忽略

提取方法：主成分

旋转法：具有Kaiser标准化的正交旋转法

旋转在10次迭代后收敛

二、建模教学和传统教学对学生理解模型本质的影响

1. 教学前学生对模型本质理解的现状

表7-31　教学前学生对模型本质理解的表现

题目	学生作答百分比（%）				
	非常不同意	不同意	不确定	同意	非常同意
1.模型应该是实际事物的复制品	39.7%	38.2%	8.4%	12.2%	1.5%
2.模型应该与实际事物相近似	5.3%	11.5%	6.9%	71.0%	5.3%
3.模型应该非常精确地接近实际事物，从而该模型才无法反驳	24.4%	37.4%	16.8%	19.1%	2.3%
4.实际事物和其对应模型的关系应该是两者除了大小尺寸可能不同之外，其他方面必须非常相似	11.5%	32.8%	17.5%	26.0%	12.2%
5.模型应该与实际事物相似，这样才能提供正确信息并呈现出实物的模样	2.3%	13.7%	7.6%	61.1%	14.5%
6.模型应该呈现出实际物体的功能及模样	6.9%	22.9%	17.6%	40.5%	11.5%
7.模型应该呈现出实际物体缩小比例之后的尺寸	12.2%	35.1%	21.4%	29.0%	2.3%
8.模型应该完全对应实际事物的结构、性质与关系	10.7%	35.9%	20.6%	22.9%	9.9%
9.从不同的角度来看，一个科学现象的不同部分或特征可以用不同模型来表示	2.3%	4.6%	9.9%	61.1%	22.1%
10.不同模型可以代表对某个现象的不同描述方式	1.5%	6.9%	16.0%	57.3%	18.3%
11.不同模型可以清楚地呈现不同想法之间的关系	1.5%	7.6%	27.5%	54.2%	6.9%
12.当我们对事物的模样或事物运作方式有不同看法时，就会采用不同的模型	3.8%	8.4%	13.0%	63.3%	11.5%
13.不同模型可以用来呈现同一物体的不同方面或形状	2.3%	13.7%	18.3%	61.1%	4.6%
14.模型的形式可以是符号	3.8%	16.8%	24.4%	42.7%	9.9%
15.模型的形式可以是实体	0	3.1%	12.2%	67.9%	16.8%
16.模型的形式可以是过程	3.1%	13.7%	32.8%	39.7%	10.7%
17.模型的形式可以是概念	3.8%	16.8%	33.6%	37.4%	8.4%
18.模型的形式可以是图像	0.8%	6.1%	15.3%	61.8%	16.0%

续表

题目	学生作答百分比（%）				
	非常不同意	不同意	不确定	同意	非常同意
19.模型可以帮助我们从实体或视觉上描述某个物体	1.5%	10.7%	17.6%	58.0%	11.5%
20.模型可以帮助我们在头脑中建立一个图像，从而了解科学现象的发生	1.5%	3.0%	6.1%	63.4%	26.0%
21.模型可以帮助我们解释科学现象	1.5%	11.5%	19.1%	49.6%	18.3%
22.模型可以帮助我们描述对科学事件的想法	0.8%	3.8%	7.6%	69.5%	17.6%
23.模型可以帮助我们预测理论是如何应用到科学研究中的	1.5%	13.0%	23.7%	51.1%	9.2%
24.模型可以帮助我们对一个科学事件形成预测，并判断我们形成的预测是否正确	4.6%	15.3%	19.8%	48.1%	9.2%
25.对于一个特定的现象，只有一个正确的模型能给予解释	32.1%	43.5%	16.0%	7.6%	0.8%
26.如果有新的发现，模型是可以被改变的	0	11.5%	20.6%	61.1%	6.8%
27.如果看法有所改变，模型是可以被改变的	3.1%	16.8%	26.0%	48.8%	5.3%

注：个别题目由于学生未填写而出现百分率总和小于100%。

参与前测的学生数为131人，研究表明在教学前学生对于模型本质认识的主要迷思有（见表7-31）：

（1）在模型对应实物的维度上。76.3%的学生同意模型应该与实际事物相近似；75.6%的学生认为模型应该与实际事物相似才能提供正确信息并呈现出实物的模样；52.0%的学生同意模型应该呈现出实际物体的功能及模样；32.8%的学生同意模型应该完全对应实际事物的结构、性质与关系，而周金城对台湾高中学生研究的结果是52.9%的学生持有此看法。

（2）模型的表征内容。16.0%的学生不认为不同模型可以用来呈现同一物体的不同方面或形状。

（3）模型的表征形式。20.6%的学生不认为模型的形式可以是符号，周金城的研究结果是30.9%；16.8%的学生不认为模型的形式是过程，周金城的研究结果是 21.5%。

（4）模型的功能。13.0% 的学生不认为模型可以帮助我们解释科学现象，14.5% 的学生不认为模型可以帮助我们预测理论是如何应用到科学研究中的，19.9% 的学生不认为模型可以帮助我们对一个科学事件形成预测，并判断我们形成的预测是否正确。研究结果与吴明珠得到的结果类似，对于模型较高层次的功能，如对解释和预测功能的理解，学生的表现要比对模型较低层次的功能，如描述功能的理解要差。

（5）模型的发展性。8.4% 的学生认为对于一个特定的现象，只有一个正确的模型能给予解释，周金城的研究结果是 8.8%；11.5% 的学生不认为如果有新的发现，模型是可以被改变的；19.9% 的学生不认为如果看法有所改变，模型是可以被改变的。

2. 两组学生的模型本质量表前后测的差异性检验

（1）控制组前后测情况

由表 7-32 可知，控制组学生前测平均分为 95.51，标准差是 8.08，后测平均分为 97.20，标准差是 9.55。虽然后测分数略高于前测分数，但独立样本 t 检验未达到显著水平（t=1.12，p=0.263>0.05），因此传统教学对学生模型本质的理解基本上无显著影响。

表7-32 控制组模型本质量表前后测结果比较

测验类别	测试人数	平均分（标准差）	独立样本 t 检验		
			平均分差	t 值	显著性
前测	72	95.51（8.08）	1.69	1.12	0.263
后测	64	97.20（9.55）			

（2）实验组前后测情况

表7-33 实验组模型本质量表前后测结果比较

测验类别	测试人数	平均分（标准差）	独立样本 t 检验		
			平均分差	t 值	显著性
前测	59	95.24（8.40）	7.06	4.51	0.000
后测	68	102.30（9.04）			

由表 7-33 可知，实验组学生前测平均分为 95.24，标准差是 8.40，后测平均分为 102.30，标准差是 9.04，后测分数比前测分数高，独立样本 t 检验达到显著水平（t=4.51，p=0.000<0.05），因此建模教学对学生关于模型本质的理解有显著影响。

（3）实验组和控制组前后测情况比较

表7-34 实验组和控制组模型本质量表前测结果比较

实验组（N=59）	控制组（N=72）	独立样本 t 检验		
前测得分（标准差）	前测得分（标准差）	平均分差	t 值	显著性
95.24（8.40）	95.51（8.08）	–0.27	–0.19	0.852

由表 7-34 可知，在教学前，两组学生的模型本质量表成绩的独立样本 t 检验未达到显著水平（t=–0.19，p=0.852>0.05），因此两组学生在教学前对模型本质的理解无显著差异。

表7-35 实验组和控制组模型本质量表后测结果比较

实验组（N=68）	控制组（N=64）	独立样本 t 检验		
后测得分（标准差）	后测得分（标准差）	平均分差	t 值	显著性
102.30（9.04）	97.20（9.55）	5.10	3.31	0.001

由表 7-35 可知，在接受不同教学模式的教学后，两组学生成绩的独立样本 t 检验达到显著水平（t=3.31，p=0.001<0.05），因此在教学后，实验组的学生对模型本质的理解显著优于控制组。

3. 教学前后学生对模型本质各维度理解情况的整体比较

表7-36 教学前后控制组和实验组学生对模型本质各维度理解情况的比较

维度	控制组			实验组		
	教学前	教学后	前后差	教学前	教学后	前后差
模型对应实物的关系	3.16	3.25	0.09	3.21	3.40	0.19
模型的表征内容	3.72	3.85	0.13	3.78	3.96	0.18
模型的表征形式	3.70	3.76	0.06	3.66	4.02	0.36
模型的功能	3.75	3.63	–0.12	3.69	3.87	0.18
模型的发展性	3.71	3.78	0.07	3.68	3.90	0.22

为了了解两组学生在各维度上的发展情况，将控制组和实验组学生在各维度的前后测平均分进行比较（如表 7-36 所示）。结果表明，控制组学生在“模型的表征内容”维度上的理解发展最大，对“模型的功能”维度的理解没有发展。实验组学生在“模型的表征形式”维度上的理解发展最大，其他维度也均有发展。

两组学生表现差异较大的维度是“模型的表征形式”和“模型的功能”，建模教学相比传统教学而言，对这两个维度的正向影响较大，这与建模教学的形式、内容有很大关系，也符合本书研究的预期，因为在建模教学中强调用多种表征形式对模型进行表征，并要求学生应用模型进行描述、解释和预测。在“模型对应实物的关系”“模型的表征内容”上，两组学生没有显著差异。对此结果，已有研究可以进行一定的解释：有很多学生认为模型和实体必须在各方面具有相似性，且不能改变。所以，Grosslight 等人提出，学生对模型在科学中扮演的角色的看法是有限和质朴的。Treagust 等人则建议，当教师进行教学时，要在适当的时机不厌其烦地对学生强调模型的发展性，因为，科学家也是用同样的方式来使用科学模型的。

4. 教学后两组学生在模型本质量表各维度表现的具体比较

为了进一步了解教学后两组学生在每一维度上具体内容的表现差异性，从而分析教学可能产生的影响，本书研究将李克特五点量表中每题的非常同意、同意、不确定、不同意、非常不同意分为三大类，其中非常同意和同意归为同意类，不同意和非常不同意归为不同意类，并规定正向题中不同意类两组百分比差距超过 10% 则为两组学生表现差异较大，反向题则考虑同意类的百分比差。

（1）维度 1：模型对应实物的关系

由图 7-23 可知，Q1~Q8 为反向题，两组学生在 Q2、Q5、Q6 上表现差异较大，同意类的百分比相差超过 10%，尤其是 Q5，两组学生在同意类上百分比差距接近 20%。这表明教学后控制组的学生在“模型对应实物的关系”维度上，仍有很多学生存在的迷思认识是：模型应该与实际事物相似，这样才能提供正确信息并呈现出实物的模样。

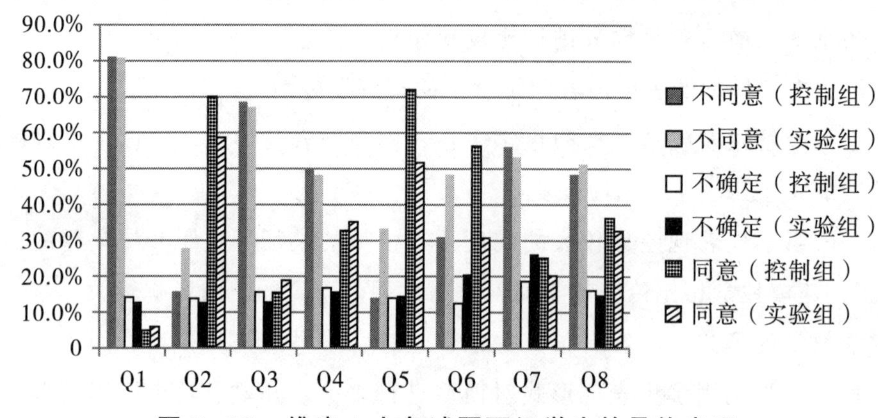

图 7-23 维度 1 上各试题两组学生的具体表现

（2）维度 2：模型的表征内容

由图 7-24 可知，两组学生在 Q10、Q11、Q13 上表现差异较大，同意类上的百分比相差超过 10%。这表明教学后控制组学生在“模型表征内容”维度上，仍有很多学生存在的迷思认识是：模型不可代表不同想法之间的关系，不可代表同一物体的不同方面。

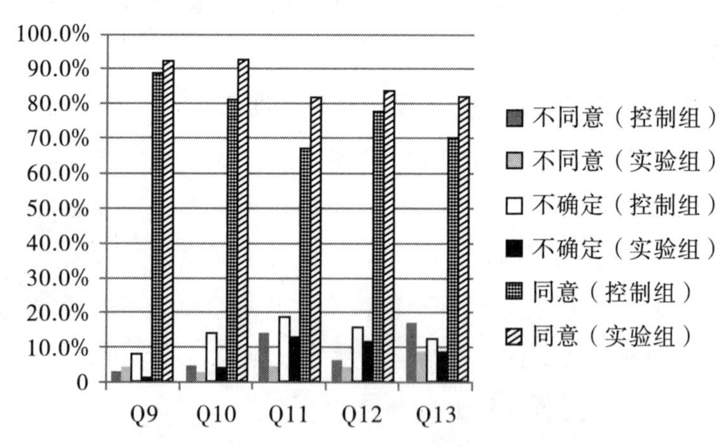

图 7-24 维度 2 上各试题两组学生的具体表现

（3）维度 3：模型的表征形式

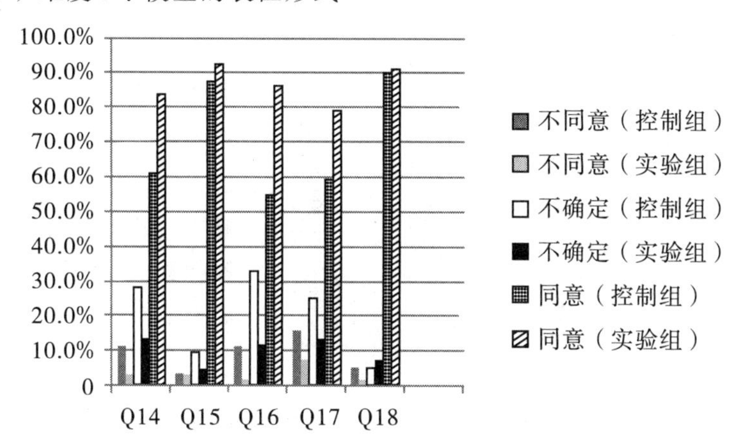

图 7-25　维度 3 上各试题两组学生的具体表现

由图 7-25 可知，在维度 3“模型的表征形式”上，两组学生在 Q14、Q16 上表现差异较大。控制组较多的学生不认为模型的组成可以是符号或过程。

（4）维度 4：模型的功能

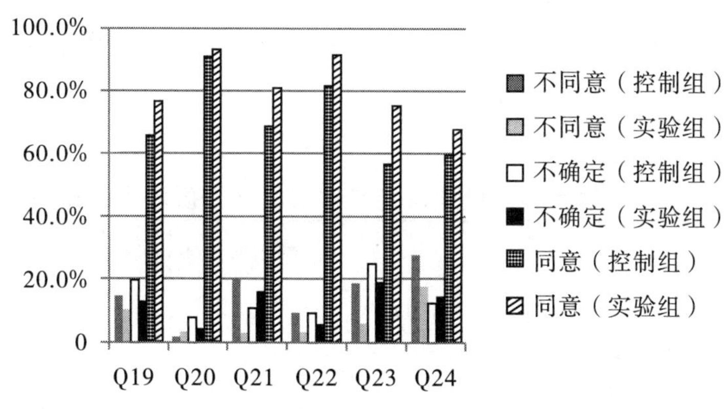

图 7-26　维度 4 上各试题两组学生的具体表现

由图 7-26 可知，在维度 4“模型的功能”上，两组学生在 Q21、Q23、Q24 上表现差异较大。控制组仍有较多学生在教学后不认为模型可以用来解释科学现象，模型可以用来预测理论是如何应用到科学研究中的，等等。控制组学生在教学后对于模型的较高层次的功能仍不能理解。

（5）维度 5：模型的发展性

由图 7-27 可知，在维度 5“模型的发展性”上，两组学生仅在 Q25 上表现差异较大。更多控制组学生在教学后仍认为对于一个特定的现象，只有一个正确的模型能给予解释。

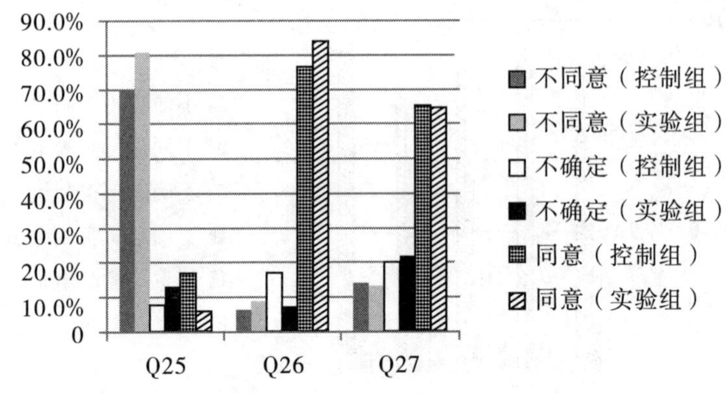

图 7-27 维度 5 上各试题两组学生的具体表现

三、学生心智模型层级和理解模型本质水平的相关性分析

为了研究学生的心智模型层级和理解模型本质水平是否存在相关性，本书研究应用学生后测的心智模型测试量表得分和理解模型本质得分进行相关性分析，得到相关系数 $r=0.375$（$r<0.4$）和其相应的显著性概率 Sig=0.000（见表 7-37），表明心智模型水平得分与理解模型本质得分之间有显著的低度相关。

表7-37 学生心智模型层级与理解模型本质水平的相关性

		心智模型得分	理解模型本质得分
心智模型得分	Pearson Correlation	1	0.375**
	Sig.（2-tailed）		0.000
	N	132	132
理解模型本质得分	Pearson Correlation	0.375**	1
	Sig.（2-tailed）	0.000	
	N	132	132

**.Correlation is significant at the 0.01 level（2-tailed）.

四、小结

本书研究对实验组和控制组学生理解模型本质的情况进行比较研究，主要得到以下结论。

（一）根据 Treagust、周金城等研究者改编的学生模型本质理解量表的后测的信度达到 0.851，在各个维度上的信度也均在可接受范围内。通过因子分析，提取出来的 5 个因子基本与量表所设置的维度对应，验证了本书测试工具的结构效度。因此，本书的测试量表是一份具有良好信度和效度的测试工具。

（二）两组学生在教学前均对模型本质的理解存在迷思，主要表现在“模型对应实物的关系”和“模型的表征形式”维度上。76.3% 的学生同意模型应该与实际事物相近似，52.0% 的学生认为模型应该呈现出实际物体的功能及模样，约 20% 的学生不认为模型的形式可以是符号或过程。

（三）建模教学能够促进学生对模型本质的理解。前后测的差异性检验表明，教学前实验组学生和控制组学生的表现无显著差异，教学后实验组学生的表现显著优于控制组学生，特别在“模型的表征形式”维度上，实验组学生的理解水平在教学后有显著提高，但在“模型的表征内容”维度上，实验组提高的效果十分有限。

（四）理解模型本质得分与心智模型水平之间有显著的低度相关，相关系数 r=0.375。但是否学生对模型本质理解得好，其心智模型或概念理解层级就高，还需要通过质性研究和大样本测试进行进一步的研究。

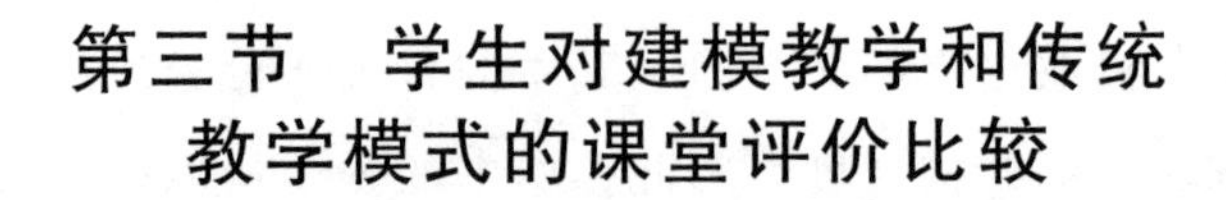

第三节　学生对建模教学和传统教学模式的课堂评价比较

一、学生对课堂教学模式评价的整体比较

本书研究分别针对实验组和控制组编制了两套略有差异的课堂教学模式评价量表，课堂评价量表在教学的最后一周发放，采取自愿匿名网络填写的方式，以保证获得学生的真实想法。本书研究应用 Excel 和 spss17.0 对两套量表（五点量表部分）进行信度和差异性检验。

1. 信度分析

控制组 27 人参与评价，实验组 46 人参与评价。实验组的克隆巴赫系数为 0.809，控制组的为 0.781（见表 7-38），两份测试的信度均符合要求。

表7-38　实验组和控制组学生课堂教学评价量表（五点量表部分）的信度

组别	题目数	人数（N）	克隆巴赫系数（信度）
实验组	18	46	0.809
控制组	16	27	0.781

2. 实验组和控制组学生课堂教学评价量表（五点量表部分）结果的比较

为检验两组学生对课堂教学整体评价的差异性，将两组学生在李克特五点量表上的得分进行独立样本 t 检验（见表 7-39）。由于两套问卷共同的题目仅 16 题，因此两组学生均计算 16 题所得总分及平均分。

表7-39　实验组和控制组课堂教学评价量表（五点量表部分）结果比较

实验组（N=46）	控制组（N=27）	独立样本 t 检验	
后测得分（标准差）	后测得分（标准差）	t 值	显著性
58.91（6.10）	56.18（6.52）	−1.797	0.077

由表 7-39 可知，控制组的平均分为 56.18，实验组的平均分为

58.91，进行独立样本 t 检验，由样本计算的 t 值为 –1.797，显著性概率 Sig=0.077>0.05，表明两组学生在课堂评价量表（五点量表部分）上的表现无显著差异。

3. 学生在课堂教学评价量表（五点量表部分）各维度上的结果比较

表7–40　实验组和控制组学生在课堂教学评价量表（五点量表部分）各维度上的结果比较

	题目内容	实验组平均分	控制组平均分
了解学生对上课方式的喜爱度	1.我喜欢这样的上课方式	3.61	3.52
教学模式对于增进概念理解的影响（实验组：3.73 控制组：3.65）	2.教学内容是在高中所学物理知识的基础上进行的，建立了高中和大学物理知识的衔接	3.96	3.60
	3.老师演示的实验和提出的问题可以帮助我理解静电学概念	3.89	3.85
	4.老师提出的问题可以帮助我建立静电学概念及规律间的联系	3.69	3.71
	7.实验和仿真动画能够帮助我建构对抽象概念的认识	4.17	3.93
	11.课堂教学帮助我建立了物理学的核心概念，并围绕核心概念建构知识，减轻了我的学习负担	3.28	3.56
	12.通过静电学的学习，我能够围绕物理学的核心概念将已有的物理知识形成完整、一致的知识体系	3.22	2.67
	14.描述现象、预测实验结果可以帮助我自主建构知识	3.67	3.81
	15.当我预测的实验结果与实验现象不一致时，会激发我的学习兴趣和好奇心，并帮助我改正原有的错误想法	4.04	3.84
	16.应用多种方式（作图、文字表述）来表述我对实验现象的解释，帮助我更清晰地了解和表达自己的想法	3.61	3.93
教学模式对于解决实际问题的影响（实验组：3.83 控制组：3.26）	5.这种教学方式帮助我通过建模的方式解决实际问题，让我学会了解决实际问题的方法	3.67	2.93
	6.在解决实际问题中，我仍无法自主建构模型，需要老师和同学的帮助	3.93	3.15
	8.将抽象的物理问题与真实的物理模型对应，建立了理论与实际之间的联系	3.89	3.69

续表

	题目内容	实验组平均分	控制组平均分
教学模式对于提升学生思维的影响	10.课堂教学帮助我从多角度思考问题，训练了思维	3.82	3.44
教学模式对于提升学习兴趣的影响 （实验组：3.90 控制组：3.73）	13.老师设计的实验能够促进我的求知欲	3.76	3.63
	15.当我预测的实验结果与实验现象不一致时，会激发我的学习兴趣和好奇心，并帮助我改正原有的错误想法	4.04	3.84
教学模式对于造成学习负担的影响 （实验组：3.14 控制组：3.54）	9.老师提出的问题造成了我的学习负担	3.00	3.52
	11.课堂教学帮助我建立了物理学的核心概念，并围绕核心概念建构知识，减轻了我的学习负担	3.28	3.56

为了进一步了解两组学生的差异，从学生对教学模式的喜爱程度，教学模式对于增进概念理解、解决实际问题、提升思维、提升学习兴趣和造成学习负担等各维度进行比较，计算两组学生在各题上的平均分（见表7-40）。研究结果表明，建模教学方式在帮助学生解决实际问题、训练学生思维方面得分明显优于控制组，但在学生对教学模式的喜爱程度以及教学模式在增进概念理解、提升学习兴趣等方面，两种教学模式的得分无明显差异。学生普遍感受到建模教学相对传统教学造成更大的学习负担，通过访谈发现，这与学生的学习目标有关——大部分学生只希望能顺利通过考试。虽然学生认同建模教学有助于解决实际问题和提升思维，但学生认为最终考试和测试题并不关注这些方面，他们还需要花大量时间做传统习题（因为建模教学不单独抽课堂时间讲传统习题），而且在建模教学课堂中，学生必须要积极参与，与教师进行互动，这些都让学生感到相对于传统教学只需被动接受，建模教学花费了更多的时间和精力。

二、学生对课堂教学模式评价的具体比较

为了解控制组和实验组学生对两种教学模式的具体看法，本书研究

对学生在每题各选项上的人数百分比进行统计（见表 7-41），以便更加具体地看出两组学生表现出来的差异。本书研究结合统计数据，对建模教学中比较有特色的方面，如学生的喜爱程度、教师提问、演示实验和仿真动画、解决实际问题、训练思维和建构知识体系、小组讨论等进行分析。

表7-41 实验组和控制组学生在课堂教学评价量表各选项上的作答情况

题号	实验组（%）					控制组（%）				
	非常不同意	不同意	不确定	同意	非常同意	非常不同意	不同意	不确定	同意	非常同意
1	0	8.70	34.78	43.48	13.04	3.70	11.11	14.81	70.37	0
2	2.17	4.35	4.35	73.91	15.22	3.70	14.81	11.11	59.26	11.11
3	0	6.52	8.70	73.91	10.87	3.70	3.70	3.70	81.48	7.41
4	0	4.35	26.09	63.04	6.52	3.85	3.85	15.38	65.38	11.54
5	0	2.17	36.96	52.17	8.70	3.70	33.33	29.63	33.33	0
6	0	0	26.09	54.35	19.57	7.41	18.52	29.63	40.74	3.70
7	0	0	13.04	56.52	30.43	0	7.41	3.70	77.78	11.11
8	2.17	0	13.04	78.26	6.52	3.85	7.69	11.54	69.23	7.69
9	6.67	31.11	20.00	40.00	2.22	0	18.52	22.22	48.15	11.11
10	0	0	25.00	68.18	6.82	0	11.11	40.74	40.74	7.41
11	0	19.57	41.30	30.43	8.70	0	11.11	29.63	51.85	7.41
12	2.17	19.57	43.48	23.91	10.87	3.70	40.74	40.74	14.81	0
13	0	8.70	15.22	67.39	8.70	3.70	3.70	22.22	66.67	3.70
14	0	6.67	31.11	51.11	11.11	0	0	22.22	74.07	3.70
15	0	2.17	6.52	76.09	15.22	0	22.22	14.81	55.56	7.41
16	0	10.87	30.43	45.65	13.04	0	3.70	14.81	66.67	14.81
17	4.35	8.70	19.57	63.04	4.35					
18	4.35	8.70	28.26	52.17	6.52					

1. 学生对上课方式的喜欢程度

由量表第 1 题的统计数据（见表 7-41）可知，实验组共有 56.52% 的学生喜欢建模教学模式，表明超过一半的学生可接受这种新的教学模式；控制组共有 70.37% 的学生喜欢传统教学模式，表示大部分学生并不排斥传统教学，甚至喜欢程度较高。但仔细分析发现，实验组有 13.04% 的学生非常喜欢建模教学，而控制组没有学生非常喜欢传统教学。实验组有 34.78% 的学生不确定是否喜欢建模教学，因为学生短时间内尚未意识到建模教学对自身产生的改变，且学生的确需要一段时间才能逐渐适应新的教学模式。

2. 教师提问对学生的影响

由量表中第 3、4、9 题的统计数据（见表 7-41）可知，对于教师提问的方式，实验组共有 84.78% 的学生同意教师提问可帮助理解静电学概念，69.56% 的学生同意教师提问可帮助建立静电学概念及规律间的联系，仅 37.78% 的学生认为提问不会造成学习负担；控制组 88.89% 的学生同意教师提问可帮助理解静电学概念，76.92% 的学生同意教师提问可帮助建立静电学概念及规律间的联系，仅 18.52% 的学生认为提问不会造成学习负担。这表明两组大部分学生均认为教师提问可以帮助他们理解静电学概念及概念与规律间的联系，但两组学生均认为教师提问造成了学习负担，特别是控制组的学生。在本书研究中，实验组的教师提问需要每个学生都用各自的表征形式进行表征，且还需要学生根据自己的回答进行深入思考，但从统计结果来看，学生并不认为建模教学中的教师提问产生了更大的学习负担。

3. 对实验和仿真动画的感受

由量表中第 7、13、14、15、16 题的统计数据（见表 7-41）可知，对于实验和仿真动画的感受，实验组共有 86.95% 的学生同意实验和仿真动画能够帮助建构对抽象概念的认识，76.09% 的学生同意老师设计的实验能够促进求知欲，62.22% 的学生同意描述现象、预测实验结果可以帮助自主建构知识，91.31% 的学生同意当预测的实验结果与实验现象不一致时，会激发学习兴趣和好奇心，并帮助改正原有的错误想法，58.69% 的学生同意应用多种方式（作图、文字表述）来表述对实验现象的解释，能帮助自己更清晰地了解和表达想法；控制组 88.89% 的学生同意仿真动画或实验能够帮助建构对抽象概念的认识，70.37% 的学生同意老师设计的仿真动画或实验能够促进求知欲，77.77% 的学生同意习题训练能够帮助自主建构知识，62.97% 的学生同意在解决问题时，当得到的结果与答案不一致时，会激发学习兴趣和好奇心，并帮助改正原有的错误想法，81.48% 的学生同意课堂中应用多种方式（作图、文字表述）来表述对问题的解释，能帮助自己更清晰地了解和表达想法。研究表明，两组学生均认为实验能帮助建构对抽象概念的理解，促进求知欲，帮助自主建构知识。但在本书研究中，传统教学大多是用仿真动画代替实验，且仅是用仿真动画来呈现结果或给予证明，并没有让学生参与建构的过程；实验组达 91.31% 的学生赞同认知冲突策略的采用能够激发学习兴趣和好奇心，并帮助改正原有的错误想法。

4. 对解决实际问题的感受

由量表中第 5、6、8 题的统计数据（见表 7-41）可知，对于解决实际问题的感受，实验组共有 60.87% 的学生同意建模教学能够帮助解决实际问题，并学会了解决实际问题的方法，73.92% 的学生认为在解决实际问题中，仍无法自主完成，需要老师和同学的帮助，84.78% 的学生同意建模教学将抽象的物理问题与真实的物理模型对应，建立了理论与实际之间的联系；控制组 33.33% 的学生同意传统教学能够帮助解决实际问题，学会了解决实际问题的方法，44.44% 的学生认为在解决实际问题中，仍无法自主完成，需要老师和同学的帮助，76.92% 的学生同意将抽象的物理问题与真实的物理模型对应，建立了理论与实际之间的联系。可见，实验组的学生更认同建模教学能够帮助解决实际问题，这也体现了建模教学的特点。但是实验组仍有大部分学生尚无法自主完成建模和解决实际问题，需要更长时间的训练。

5. 对训练思维和建构知识体系的体会

由量表中第 2、10、12 题的统计数据（见表 7-41）可知，对于训练思维和建构知识体系的感受，实验组 75.00% 的学生同意建模教学能帮助自己从多角度思考问题，训练了思维，89.13% 的学生同意建模教学内容是在高中所学物理知识的基础上进行的，建立了高中和大学物理知识的衔接，34.78% 的学生同意通过静电学的学习，自己能够围绕物理学的核心概念将已有的物理知识形成完整、一致的知识体系；控制组 48.15% 的学生同意传统教学能帮助自己从多角度思考问题，训练了思维，70.37%

的学生同意教学内容是在高中所学物理知识的基础上进行的，建立了高中和大学物理知识的衔接，14.81%的学生同意通过静电学的学习，自己能够围绕物理学的核心概念将已有的物理知识形成完整、一致的知识体系。通过对比发现，实验组的学生更赞成建模教学能训练他们的思维，注重知识的衔接并帮助他们形成完整、一致的知识体系。

6. 对小组合作的体会

因为仅实验组的学生体验了小组合作学习，所以只有实验组测试量表中有17、18题。实验组67.39%的学生同意小组讨论能够实现互补，帮助理解概念；但也有58.69%的学生认为小组讨论增加了学习负担，后经访谈发现，主要原因在于分组不合理和学生讨论效率不高等。

三、学生期望的教学形式比较

为了了解学生最期望的教学形式，本书研究对学生最喜欢、最不喜欢、印象最深刻、需改进环节等方面的调查结果进行统计分析。

1. 学生喜欢的教学方式比较

表7-42 实验组和控制组学生喜欢的教学方式的频次比较

教学方式	A	B	C	D	E	F	G	H	I	J	K	L	M	N	O	P
实验组（45人）	31	32	13	14	20	11	14	24	25	9	16	9	12	17	7	17
控制组（22人）	18	14	9	3	13	14	10	10	7	7	4	3	6	6	5	14
总计	49	46	22	17	33	25	24	34	32	16	20	12	18	23	12	31

本书研究统计了学生喜欢的教学方式的频次（见表7-42），并从多到少进行排列。

实验组学生喜欢的教学方式次序：B，A，I，H，E，N，P，K，D，G，C，M，F，J，L，O。

控制组学生喜欢的教学方式次序：A，B，F，P，E，G，H，C，I，J，M，N，O，K，D，L。

总体学生喜欢的教学方式次序：A，B，H，E，I，P，F，G，N，C，K，M，D，J，L，O。

研究表明，两组学生均较喜欢的教学方式有：

A. 利用演示实验、生活现象引入课程，并在真实的问题中自主建构物理概念。

B. 将抽象的物理问题真实化、具体化、生活化，有真实的模型与之对应。

H. 教师及时反馈学生存在的主要错误想法。

E. 应用所学知识解决实际生活或实验现象中的问题。

I. 动画模拟（仿真）物理过程。

P. 拓展书本上的内容，加强物理学与工程、技术、生活、社会、环境的联系，介绍一些前沿物理学或物理学中尚未解决的问题。

除此之外，控制组的学生还较喜欢“F. 要求对课堂演示的实验现象进行描述、预测或解释，并用多种表征（图画、文字）方式表示”。

2. 学生不喜欢的教学方式比较

表7–43　实验组和控制组学生不喜欢的教学方式的频次比较

教学方式	A	B	C	D	E	F	G	H	I	J	K	L	M	N	O	P
实验组（39人）	0	0	2	18	0	10	2	0	1	11	6	3	1	1	4	2
控制组（20人）	0	0	1	15	0	0	1	2	0	1	7	3	0	0	0	0
总计	0	0	3	33	0	10	3	2	1	12	13	6	1	1	4	2

本书研究统计了学生不喜欢的教学方式的频次（见表7–43），并从多到少进行排列。

实验组学生不喜欢的教学方式次序：D，J，F，K，O，L，C，G，P，I，M，N。

控制组学生不喜欢的教学方式次序：D，K，L，H，C，G，J。

总体学生不喜欢的教学方式次序：D，K，J，F，L，O，C，H，P，I，M，N。

研究表明，两组学生均不喜欢的教学方式有：

D. 课堂的学习活动，主要由教师讲解，并需要讲解大量的习题。

K. 黑板呈现主要教学内容。

在不喜欢的教学方式上，两组学生表现出了一些差异，实验组的学生除不喜欢以上两种方式外，还不喜欢“J. 小组合作及课堂讨论”和“F. 要求对课堂演示的实验现象进行描述、预测或解释，并用多种表征（图画、文字）方式表示”，控制组的学生则不喜欢“L. 围绕物质、能量、相互作用的核心概念组织教学内容”。

研究表明，建模教学在小组合作讨论和要求学生进行描述、解释和预测活动上需要改进，而控制组的学生喜欢对实验现象进行描述、解释和预测。

3. 传统教学和建模教学采用的具体教学方式的比较

为研究两组学生认为静电学学习过程中教师主要采用了哪些教学方式，以期了解学生对教学方式的体会和认同情况，本书研究统计了学生认为教师采用的教学方式的频次（见表 7-44），并从多到少进行排序。

表7-44 实验组和控制组学生认为静电学教学采用的具体教学方式的比较

教学方式	A	B	C	D	E	F	G	H	I	J	K	L	M	N	O	P
实验组（40人）	37	27	32	6	25	29	16	12	31	30	12	16	8	23	7	9
控制组（20人）	9	6	4	10	2	2	2	6	12	0	6	5	1	0	0	5
总计	46	33	36	16	27	31	18	18	43	30	18	21	9	23	7	14

实验组学生认为建模教学过程中主要采用的教学方式有：

A. 利用演示实验、生活现象引入课程，并在真实的问题中自主建构物理概念。

C. 课堂的学习活动，由教师引导，学生自主、合作地进行学习。

I. 动画模拟（仿真）物理过程。

J. 小组合作及课堂讨论。

F. 要求对课堂演示的实验现象进行描述、预测或解释，并用多种表征（图画、文字）方式表示。

B. 将抽象的物理问题真实化、具体化、生活化，有真实的模型与之对应。

E. 应用所学知识解决实际生活或实验现象中的问题。

N. 共享课程资源。

控制组学生认为传统教学过程中主要采用的教学方式有：

I. 动画模拟（仿真）物理过程。

D. 课堂的学习活动，主要由教师讲解，并需要讲解大量的习题。

A. 利用演示实验、生活现象引入课程，并在真实的问题中自主建构物理概念。

B. 将抽象的物理问题真实化、具体化、生活化，有真实的模型与之对应。

H. 教师及时反馈学生存在的主要错误想法。

K. 黑板呈现主要教学内容。

从学生的回答可以看到，建模教学在实施过程中的确突出了其特色，且除 J 外，建模教学所采用的其他教学方式均属于学生喜欢的主要方式，其中 A、B、E、I 是学生较喜欢的方式。但结果同样反映出建模教学存在的问题，即应加强反馈，以及加强与工程技术间的联系。控制组中仅 I、D 两种方式的频次百分比达到 50%，说明其他方式在传统教学中较少采用。研究表明，两种教学模式较一致的是均采用动画模拟（仿真）物理过程，而差异较大的有：小组合作及课堂讨论；共享课程资源；组织一些课外小组探究活动；应用所学知识解决实际生活或实验现象中的问题；要求对课堂演示的实验现象进行描述、预测或解释，并用多种表征（图画、文字）方式表示；等等。这些活动都是传统教学中不具备的。

进一步通过开放性问题调查学生对静电学教学中印象最深刻的环节发现，实验组 85.0% 的学生对演示实验与实验视频环节印象最深，12.5% 的学生对小组讨论以及 5.0% 的学生对动画模拟物理过程和讲解高斯定理部分印象很深；控制组 37.5% 的学生对课堂讲解印象最深，25.0% 的学生对课后练习和理论推导印象深刻。

4. 传统教学和建模教学需改进部分的比较

研究表明，实验组 34.2% 的学生认为需要加强实验原理与知识点的系统讲解，26.8% 的学生认为需要增加习题讲解和改善演示实验；控制组 64.7% 的学生认为需要加强理论与实际的联系，17.6% 的学生认为需要增加演示实验和改变教师讲解的方式。我国学生已经习惯教师系统地讲解知识点和习题，实验组学生提出的建议体现了这一点。

5. 学生对建模的认识和困难

实验组 96.8% 的学生认同建模的重要性，认为在解决实际问题时，需要抽象和建立模型。在建模和解决实际问题中遇到最大困难的方面，51.4% 的学生认为不知如何建模，32.0% 的学生认为无法将物理理论与实际问题相结合，20.0% 的学生不知道建构怎样的模型。69.7% 的学生认为造成这些困难的主要原因是缺乏建模的意识和建模的相关知识，12.0% 的学生认为思维方式较局限，不够灵活，9.0% 的学生认为所学知识太难。在要能够应用物理知识解决实际问题的方面，75.9% 的学生认为需要培养动手和思考能力，10.3% 的学生认为需要形成建模意识，6.9% 的学生认为需要深入理解物理概念。

控制组 100.0% 的学生认同建模的重要性，认为在解决实际问题时，需要抽象和建立模型。在建模和解决实际问题中遇到最大困难的方面，33.3% 的学生认为不知如何建模，25.0% 学生认为知识体系不牢固，16.7% 的学生认为物理概念过于抽象。33.3% 的学生认为造成这些困难的主要原因是对知识的掌握不够深入，25.0% 的学生认为思维方式较局限，不够灵活，以及教学中缺乏理论联系实际的训练。在要能够应用物理知识解决实际问题的方面，88.9% 的学生认为需要培养动手、观察、联想的能力。

四、学生反映建模教学存在的主要问题

1. 对课堂的整体感受

超过一半的学生喜欢建模教学，少部分学生非常喜欢。喜欢建模教学的学生大多表示这种教学模式改变了传统教学，能够在实际问题中建构模型，从而解决问题，增强了物理学与生活实际的联系。

但是，仍有很多学生感觉不适应。传统大学物理课堂中几乎都用视频或仿真替代真实实验，整节课学生只需要听教师讲解，并且能够算题就可以了，多年以来一直如此，所以学生已经十分习惯这种教学模式。而建模教学中实验很多，需要学生积极参与到课堂中，整节课投入很大，同时大多数学生认为自己的物理基础并不好，自主建模有一定难度。此外，

建模教学的课堂中很少讲题，学生觉得学得不踏实，因此学生提得最多的改进意见是希望多讲习题。

以下是开放性问卷和访谈中学生给出的整体反馈（详见附录 9）。

学生 A：之前常用的学习方法是多做题，现在突然转变，少了很多模式化的作业，取而代之的是动手动脑去发现、解释现象。会不习惯老师的这种教学方式，感觉不太适应，不能很好地跟着老师的思路走。

学生 B：不是不喜欢，只不过一时很难改变固有的思维模式，导致我们对新的学习模式感到不适应甚至抵触。

学生 C：不太适应，我们接受了太长时间的传统接受式教育，思维不够灵活，老师让我们解释实验现象的时候基本上都不会解释。从小到大基本上没有接触这种教学模式，逆向思维还比较局限。

学生 D：我觉得要推广建模教学方式，考试方式也应该变一下，考试题型也应当改一下，多跟现实生活联系！这样学生会更加配合。

学生 E：这种教学模式有利于我们自主学习，有利于发散我们的思维，开阔我们的视野。但是由于我们对一些基本事物、基本原理的理解不够深刻，因此在做完实验或者看完仿真动画后，仍然处在一种模糊的状态。所以，希望老师在实验后，更深刻地讲解实验现象和实验原理，使学生真正理解并吸收知识。并且希望老师多与学生交流，更好地将理论学习与实践联系起来。

学生 F：这种教学有利于提高我们对大学物理的兴趣，锻炼我们的独立思考能力，让我们认识到知识与实际的联系，有助于提高学习的积极性。

学生 G：我觉得虽然在理论用于实践方面得到了很大的改进，我们可以用物理学的一些理论来解释说明实际中的一些问题，但在解题上似乎有些欠缺，感觉现在解物理题没以前轻松，可能是静电学这一章比以前难些，有点抽象，希望老师也能多讲些解题的方法。

学生 H：习题讲得比较少，有些课堂上出现的问题老师没有当场给出解释，本是希望同学们课后完成，但实际上很少有同学能做到这一点。

学生 I：我想说的是，老师的这种教学方式是好的，但我们已经受了传统教学模式长期的影响，接受这种新方式需要一段时间。

学生 J：这种方式挺好的，可以教会我们换种角度思考问题。但在这种方式下例题讲解较少，所以做题时有较大困难，比如静电场，大部分题目我们做起来都较吃力。

2. 对课堂实验和仿真动画的感受

学生普遍反映建模教学过程中的课堂实验演示，实验过程中需要描述、解释和预测现象等环节给他们留下的印象十分深刻，激发了他们的学习兴趣，实现了理论与实际之间的联系，促进了他们对抽象概念的理解。特别是那些造成他们认知冲突的实验，对于转变他们的错误认识十分有用。但学生也普遍对实验中需要描述、解释和预测现象的环节感觉不适应：以前的学习是先学习相关概念、规律或理论，再在实际中进行应用，而现在需要在实际问题中建构模型去解释，因此普遍感觉很难自主建构模型。还有部分学生觉得由于经常不能解释现象或者总是犯错，而觉得有挫败感。

以下是开放性问卷和访谈中部分学生对课堂实验给出的反馈。

学生 B：老师让我们写下实验现象，以作业的形式交给她。从中老师可以看到我们最初的见解，然后找出我们的错误，这样老师上课就有针对性了。实验和动画模拟（仿真）过程能够让我们看清事情的发展过程，这样理解更透彻。

学生 C：感觉学到的知识可以用来解释生活的现象，而不是学完之后什么都用不到。

学生 F：演示实验和视频激发了我对物理的学习兴趣，大量的演示实验将抽象的物理问题真实化、具体化、生活化，有真实的模型与之对应。

学生 G：演示实验给我们留下深刻的印象，让我们记录实验现象，分析原因。这帮助我们更好地理解学习过的知识点，特别是在观看静电实验现象的时候，感觉很神奇，从而对大学物理课程产生了浓厚的兴趣。

学生 H：印象最深刻的是老师提出的问题，还有要我们看的实验现象，我们大多不会解释出现的各种现象的原因。

学生 I：印象最深刻的是实验，特别是之前有错误理解的实验，比如说认为塑料瓶是完全绝缘不会导电的。

学生 J：老师的演示实验帮助我们认识静电现象，感觉很真实，我很好奇，于是产生了浓厚的学习兴趣。

学生 K：印象最深刻的环节是实验演示环节和讨论环节，因为这两个环节是最能激发求知欲与探索欲的。

学生 L：对预测实验现象并解释现象的环节印象最深，因为自己老出错，不大喜欢这个环节。还有就是老师用物理知识解释实际的问题，这一点很感兴趣。

学生 M：可以先把原理掌握了再看实验，用实验现象验证原理，这样会对原理有更深刻的理解，而且解释实验现象也会容易很多。

学生 N：老师最后能够将实验结果的具体分析告诉我们，以便于我们对自己的想法加以验证和改进。

学生 O：对于预测的现象要有清楚明确的解释，模糊或者让我们自己去体会的解释只会让我们更加模糊。

学生 P：现象基本会解释了，但是很多题目不会做。实验方面吸引了太多注意力。老师可以讲一些做题方法和经典题目。

学生 Q：在用对实际现象的解释和观看演示实验来提高我们学习兴趣的同时，也希望提升课程容量，多讲讲例题和解题方法，让我们在快乐中不知不觉地学习知识，在感受物理学科乐趣的同时提升考试成绩。

学生 R：比较喜欢的部分是演示实验，老师会让我们自己解释实验现象，因此印象更加深刻。看到生活中的一些现象，就可以知道它是怎样发生的，理解了各种原理，这是一个比较好的收获。

学生 S：老师让我们写下实验现象和结果后，没有给我们解释，提出的问题既没有给出答案，也没有分析现象，感觉不是很清晰。

3. 对多重表征的感受

学生普遍反映不会进行多重表征。学生长期以来习惯用公式去表征，认为公式是最可靠的，画图并不能很好地表达自己的想法，并且表示从来没有老师要求他们作图去解释现象，普遍反映不会作图进行表征。

以下是开放性问卷和访谈中部分学生对多重表征给出的反馈。

学生 A：一般采用公式或文字的方式来表达观点。从这种教学方式学到一些画图的表征方式，但并不很习惯画图，认为用文字解释逻辑性会强一些，画图不能很好地表达自己的想法。有公式的时候肯定会用公式，多种表征的结合肯定是有帮助的，再次遇到类似的题或实验现象时能加以联系，可以自己做一些解释。

学生 E：每次看完实验就让我们写实验现象，解释为什么，最头疼的是还要画图，都不知道怎么画。

学生 O：不知道图要怎么画才规范，一到画图就不知道怎么下手，不知道怎么把自己的想法画出来。像上回教的画气球摩擦毛衣的电荷分布就很有用。

4. 对课堂讨论的感受

学生普遍较喜欢课堂讨论环节，但学生对这种随机的异质分组的方式不满意，且质疑课堂讨论的效率，认为讨论时间相对有限。而且由于学生在以往的学习中很少在课堂中讨论，所以也不知如何有效讨论，很多学生将讨论变成了聊天。后续研究需思考如何提高讨论的效率，以及如何指导学生进行讨论。

以下是开放性问卷和访谈中部分学生对课堂讨论给出的反馈。

学生 A：现在这种小组分配方式挺好的，成绩相当的在一起更加容易有进步。小组讨论还是挺有帮助的，有时候自己的想法是很需要和别人交流的，不仅仅是学习，日常生活中也是这样的。但小组讨论的时候很多人在聊天。

学生 E：这种小组分配方式有弊端，随机分配会不好交流。

学生 F：很多同学平时并不熟悉，这种分配方式导致课堂讨论时大家有所顾虑，课下又很难找到一个合适的时间进行讨论，是否能够以寝室为单位进行分组，这样课上未解决的问题可以课下讨论。

学生 H：我认为成立一个讨论小组是有好处的，开始的确有讨论，但是后来可能由于时间的关系吧，讨论的次数越来越少。

学生 M：小组讨论能有效锻炼我们的思维能力。

学生 Q：课堂上讨论时间短，有时候我们想到的东西少，信息比较匮乏。

五、小结

本书研究对学生关于建模教学和传统教学模式的评价进行比较，主要得到以下结论。

1. 李克特五点式课堂教学评价量表的信度在可接受范围，两组学生在五点量表上的表现无显著差异，表明两组学生对两种教学模式的整体看法并无显著差异。

2. 建模教学在帮助学生解决实际问题和训练学生思维方面明显优于控制组，但在学生的喜爱程度，对于增进概念理解、提升学习兴趣等方面两种教学模式无明显差异。此外，学生普遍认为建模教学造成了更大的学习负担。

3. 学生喜欢的教学形式有：利用演示实验、生活现象引入课程，并在真实的问题中自主建构物理概念；将抽象的物理问题真实化、具体化、生活化，有真实的模型与之对应；教师及时反馈学生存在的主要错误想法；应用所学知识解决实际生活或实验现象中的问题。学生不喜欢的教学形式有：课堂的学习活动，主要由教师讲解，并需要讲解大量的习题；黑板呈现主要教学内容。建模教学体现了学生喜欢的教学形式。

4. 建模教学存在的主要问题有：大多数学生对建模教学的教学模式感觉不适应，对课堂中的大量互动活动感觉需要投入过多的时间和精力，对描述、解释和预测实验现象以及多重表征感到不习惯和有挫败感，对小组讨论的异质分组和讨论效率有异议，且认为课程评价与教学内容脱节等。这些问题均需在后续教学研究中改进。

第八章 关于物理建模教学的建议

建模教学从提出到现在已经有近40年历史，形成了大量的研究成果，其优于传统教学的教学效果得到大量研究的证实。佛罗里达国际大学的Eric Brewe就指出建模教学在大学物理导论课中能够帮助学生聚焦基本概念，反思真正的科学过程，提高解决问题的能力和迁移技能。本书结合我国实际教学条件，提出的“导引式物理建模教学模式”从建模教学要素和学生心智模型进阶两个维度进行整合设计，在大班教学中取得了较好的效果。建模教学显著提高了学生的学习兴趣和学生解决实际问题的能力，学生喜欢建模教学中将抽象的物理问题真实化、具体化、生活化并能够经历描述、解释和预测现象等科学实践过程，从而有效促进了学生心智模型的发展，特别对于学生在“实物物质的微观结构模型”上的进阶效果显著，进一步佐证了已有研究所得到的结论。但建模教学仍存在一些亟待解决的问题，需要我们进一步检验和修正。要有效使用建模教学模式，需考虑多个因素对教学实践的影响，为此，我们基于本书研究，给我国大学物理课程教学提出相关建议。

一、对大学物理课程教学基本要求修订的建议

大学物理作为理工科大学生的基础必修课程，对培养学生科学素养和创新能力的重要性不言而喻。对于理工科学生而言，大学物理教学的目标应是帮助学生掌握认知世界的方式，培养学生探究未知世界的能力，促进概念体系的进阶。模型与建模正是学生认知世界的一种重要方式，建模能力也是学生探究未知世界的重要能力。目前，在科学教育领域，已经将对模型与建模的理解视为科学素养的一部分，有研究者甚至提出“科学即建模”的看法。但目前我国大学物理课程教学和相关课程文件中并未显化地体现这一点。

指导大学物理课程教学的《非物理类理工学科大学物理课程教学基本要求》(简称《教学基本要求》)虽在“分析问题和解决问题的能力”要求中指出，学生需根据物理问题的特征、性质以及实际情况，抓住主要矛盾，进行合理的简化，建立相应的物理模型，并用物理语言和基本数学方法进行描述，运用所学的物理理论和研究方法进行分析、研究，但在“教学内容基本要求”中却仅将模型和建模作为一种科学研究方法，缺乏针对学生模型认识发展、建模实践和建模能力的要求。《教学基本要求》可将建模纳入认知要求和作为一个基本要素纳入探究过程，并给出明确的教学要求，从而引导教师重视对模型和建模的教学。

二、大学物理开展建模教学设计与实施的建议

通过大学物理建模教学的实践可以发现，建模教学和传统教学有着很大的区别：其一，建模教学围绕少数核心模型展开教学，体现了“少即是多”和“整合”的思想；其二，建模教学关注学生心智模型的进阶，教学过程中需要暴露学生的初始模型，并且通过共享展示、检验、修正、反思个体模型等环节，使学生个体心智模型不断得到进阶；其三，建模教学强调从真实问题中抽象模型，通过建构模型来解决真实问题，真正建立起理论与实际之间的关系。

在开展建模教学的教学设计和课堂教学时，应该注意以下几点：(1)由于整个建模教学环节所需的时间较长，因此并非每个模型或概念都需

要让学生完整地经历建模过程，可在少数核心和抽象模型的建构中完整应用建模教学，而其他模型的建构可渗透建模教学的思想或仅让学生经历建模教学的核心要素。（2）建模教学需要对学生原有心智模型进行调查或估计，需要针对大多数学生的初始模型，通过精心设计的教学活动促进学生在初始模型基础上逐渐进阶为科学模型。教师需对实验和问题进行设计，在条件允许的情况下，可开发一些仿真动画来帮助学生建构模型。（3）教师应转变教学思路，从传统的先给出抽象模型，再应用模型解决问题的过程，转变为从真实的问题中建构模型，再应用模型解决真实问题，这样才能真正在帮助学生掌握认知未知世界的方法的同时，实现学生心智模型的进阶。

三、大学物理教材编写的建议

我国大学物理教材目前从总体上看，比较注重理论知识的系统性、完整性和逻辑性，缺乏生动形象、丰富多彩且与实际紧密联系的内容和插图，教材内容的应用性不强，例题和习题大多是理想化之后的抽象模型，与真实问题脱节。教材整体风格较为朴素，且栏目单一，缺少实验活动、实际问题探究等内容，缺乏对物理学研究方法、科学本质和STSE内容的渗透[1]。大多数教材仅适合传统的讲授式教学,未体现先进的教学方法和策略。因此，从培养学生建模能力和促进学生心智模型发展的角度来看，大学物理教材需要进行适当改进。第一，核心概念和模型应从一系列实际问题引入，教材应引导学生在解决实际问题的过程中，对问题进行模型化，建立模型来解决问题，并对模型进行分析，从而逐渐培养学生以科学家的思维来解决问题。第二，对于抽象程度较高的概念和模型，应加入更多丰富多彩且与生活紧密相连的图片来帮助学生建构模型。例如静电学中的极化现象、放电现象等，丰富的图片和实例还可以增强学生学习物理的兴趣，体会到物理学不是抽象乏味的。第三，增加教材栏目以实现教材的多种功能，教材可增加例如“核心概念及概念间

[1] 赵敏，高兴茹. 从中美大学物理教材的差异看我国大学物理教材的改革[J]. 河北师范大学学报（教育科学版），2010，12（6）：126-127.

的关系”“STSE”“问题研讨”“探究实验”“问题解决技巧和策略”等栏目。第四，课后习题应减少模型化试题，增加真实性问题和训练学生解决问题的方法类习题的比例。第五，教材编写可尝试打破传统知识体系（力、热、光、电和近代物理）的束缚，从更有利于学生发展的角度组织教材内容。

四、大学物理教学评价的建议

目前我国大学物理教学评价方式主要采用终结性评价方式，评价内容主要以基本概念和规律的测查为主。目前的评价内容和评价方式极大地限制了学生思维的发展和学习兴趣的提升，以及学生对新的教学模式的接受程度。因此，要在大学物理中有效开展建模教学，首先应该改革评价方式和评价内容。建议在开展建模教学时，评价方式应加入过程性评价，将建模教学过程中学生的投入和表现纳入评价体系，从而保证学生能够积极地完成课堂中的任务和讨论，同时在终结性评价的测查内容中也应该增加真实性建模问题的数量，从而使评价与教学相匹配。

五、对开展心智模型和建模教学研究的建议

大学物理应重视模型和建模在物理课程中的作用，不仅应将其明确写入教学基本要求，还应围绕其开展理论和实践研究。目前，心智模型和建模教学已经得到科学教育研究领域的重视，并已有大量的实证研究成果。国际科学课程发展的经验表明，只有在研究的基础上才能明确设计出建模案例和目标，实现学生心智模型的发展和科学思维品质的提升。在我国，目前关于学生心智模型和建模教学的研究并不多。因此，首先需要关注这一研究领域的发展，例如对心智模型进阶，学生对模型本质的理解，建构和应用模型实践的进阶，建模教学的研究等；其次，在此基础上进行本土化研究，开发出适合大班教学和我国学生进阶的教学模式和配套的系列教学案例、素材。

部分参考文献

[1] RUBINSTEIN M, FIRSTENBERG I. Patterns of problem solving [M]. Englewood Cliffs: Prentice-Hall, 1995.

[2] JUSTI R S, GILBERT J K. Modelling, teachers' views on the nature of modelling, and implications for the education of modellers [J]. International Journal of Science Education, 2002, 24(4): 369-387.

[3] HODSON D. Re-thinking old ways: Towards a more critical approach to practical work in school science [J]. Studies in Science Education, 1993, 22(1): 85-142.

[4] CLEMENT J. Learning via model construction and criticism [M] // GLOVER J A, RONNING R R, REYNOLDS C R. Handbook of creativity. New York: Plenum Press, 1989.

[5] COLL R, FRANCE B, TAYLOR I. The role of models/and analogies in science education: Implications from research [J]. International Journal of Science Education, 2005, 27(2): 183-198.

[6] ERGAZAKI M, KOMIS V, ZOGZA V. High-school students' reasoning while constructing plant growth models in a computer-supported educational environment [J]. International Journal of Science Education, 2005, 27(8): 909-933.

[7] DUIT R, TREAGUST D F. Conceptual change: A powerful framework for improving science teaching and learning [J]. International Journal of Science Education, 2003, 25(6): 671-688.

[8] 王文清. 促进认知转变的探究教学模型研究 [D]. 北京:北京师范大学, 2012.

[9] 邱美虹, 林静雯. 以多重类比探究儿童电流心智模式之改变 [J]. 科学教育学刊, 2002, 10(2): 109-134.

[10] 邱美虹. 模型与建模能力之理论架构 [J]. 科学教育月刊, 2008(306):

2-9.

[11] 邱美虹，刘俊庚. 从科学学习的观点探讨模型与建模能力 [J]. 科学教育月刊，2008 (314)：2-20.

[12] 林静雯，邱美虹. 从认知 / 方法论之向度初探高中学生模型及建模历程之知识 [J]. 科学教育月刊，2008 (307)：9-14.

[13] 张志康，林静雯，邱美虹. 从方法论向度探讨中学生对模型与建模历程之观点 [J]. 科学教育研究与发展季刊，2009 (53)：24-42.

[14] 张丙香. 高中生化学反应三重表征心智模型的研究：以氧化反应为例 [D]. 济南：山东师范大学，2013.

[15] 杨茜. 中学生关于原子、分子心智模型的建构 [D]. 南京：南京师范大学，2012.

[16] 袁维新. 概念转变的心理模型建构过程与策略 [J]. 淮阴师范学院学报（哲学社会科学版），2010，32（1）：125-129，140.

附录1 大学生静电学心智模型测试量表

大学生静电学心智模型的细目表（前后测）

核心概念	具体模型	编码 考察模型/要素	测试题号/选项	题目来源
物质：实物物质的微观结构	电荷	M1 电荷物质模型	（一）1/A	缪钟英的《电磁学问题讨论》，第24页。怎么理解电荷概念（改编）
		M2 电荷宏观模型	（一）1/B	
		M3 电荷物质属性模型	（一）1/C	
		M4 电荷微观粒子属性模型	（一）1/D	
	金属导体	N1 电液模型：静电感应+接地	（二）2/A	Eric Mazur的《同伴教学法》第167页
		静电感应	（二）4（1）	资料来源［2］，第1222页（翻译）
		静电感应	后（二）2（1）	资料来源［6］
		静电感应	后（二）8（1）	资料来源［7］
		摩擦起电+接地	（二）6	资料来源［5］的Q2（改编）
		接触起电	（一）10（1）/C	CSEM.Q1
		接触起电+传导	后（二）3（1）	资料来源［6］
		接触起电	后（二）8（2）	资料来源［7］
	电介质	O1 不带电模型：接触起电	（一）10（2）/E	CSEM.Q2
		O2正负电荷固定模型：极化	（二）4（2）	资料来源［2］，第1222页（翻译）
			（二）5（2）	资料来源［5］的Q1、Q4（改编）
		极化	后（二）2（2）	资料来源［6］
		接触起电+传导	后（二）3（2）	资料来源［6］
		O3 电液模型：接触	（一）10（2）/BC	CSEM.Q2
		摩擦起电	（二）5（1）	资料来源［5］的Q1、Q4（改编）

续表

核心概念	具体模型	编码 考察模型/要素	测试题号/选项	题目来源
物质：电场	电场	P1 电场及其特殊属性	（二）8	自编
		P2 电场的叠加性：导体	（一）9（2）	资料来源［1］，第233页，Q5（翻译）
		绝缘体	（一）9（1）	资料来源［1］，第233页，Q5（翻译）
		高斯面（定理）	后（一）1（1）（2）	资料来源［1］，第225-236页，Q7-Q8（翻译）
		P3 电场以光速传递	（一）5/AB	资料来源［1］，第232页，Q4（翻译）
			（二）3	资料来源［3］，第524页，Item2（翻译）
		P4 电场可用电场线形象描述	（一）18	资料来源［8］，第336页/黄福源（改编）
			后（一）15	Eric Mazur的《同伴教学法》17-7
		P5 电场具有力的性质：电场强度	（一）8/ABD	吴百诗的《大学物理基础》第47页（改编）
			后（二）10	自编
			后（二）11	自编
		电场强度通量（高斯定理）	后（一）21	资料来源［9］，第935页，Q21-Q22（翻译）
			（一）19-21（2）	资料来源［1］，第241页，Q13-Q17（翻译，改编）
		P6 电场具有能的性质：电势	（一）8	吴百诗的《大学物理基础》第47页（改编）
			（一）16	静电学自测题（来自网络）
			（一）12-15	资料来源［1］，第249页，Q21-Q22，Q25-Q28（翻译）
			后（一）8-9	资料来源［1］，第251-252页，Q23-Q24（翻译）
			后（一）12	资料来源［1］，第257-258页，Q29-Q30（翻译）CSEMQ11
			后（一）13	自编
			后（二）10	自编
			后（二）11	自编

续表

核心概念	具体模型	编码 考察模型/要素	测试题号/选项	题目来源
相互作用：静电相互作用	电场与点电荷的相互作用	S1 超距作用模型：电量	（一）2/A	资料来源［1］，第230页，Q1（翻译）
			（一）3/A	资料来源［1］，第230页，Q2（翻译）
		S2 超距作用模型：尺度	（一）3/B	资料来源［1］，第230页，Q2（翻译）
		S3 场/超距作用模型：传递时间	（二）3	资料来源［3］，第524页，Item2（翻译）
	电场与金属导体的相互作用	T1 场/超距作用模型：电荷分布	（一）19–21（1）	资料来源［1］，第241页，Q13–Q17（翻译，改编）
			（一）12–15	资料来源［1］，第249页，Q21–Q22，Q25–Q28（翻译）
		静电感应	后（二）8（1）（2）	资料来源［7］
			后（二）9（1）	资料来源［7］
		T2 场/超距作用模型：屏蔽	（一）9（2）/F	资料来源［1］，第234页，Q6（翻译）
			（一）11	CSEM.Q14
			（二）7	资料来源［3］，第525页，Item5（翻译）
			（一）17	EMCI Q6
			后（二）9（3）	资料来源［7］
	电场与电介质的相互作用	U1 场/超距作用模型：电介质极化（无作用）	（二）4	资料来源［2］，第1222页（翻译）
			（二）5（3）	资料来源［5］，Q1、Q4（改编）
			后（一）24	BEMAQ7
		U2 场/超距作用模型：电介质击穿	后（二）9（2）	资料来源［7］
			（二）1	自编
		U2 场/超距作用模型：场叠加（“隔绝”作用）	后（一）14	来自网络
			（一）9（1）/F	资料来源［1］，第233页，Q5（翻译）
			（一）17/AD	2010年高考理科综合能力测试题（浙江卷）选择题15题

注：表中CSEM为Surveying students’ conceptual knowledge of electricity and magnetism的缩写，EMCI为Electromagnetics concept inventory的缩写，BEMA为Brief electricity and magnetism assessment的缩写。

资料来源：

[1] WARNAKULASOORIY R. Students' models in some topics of electricity and magnetism [D]. Columbus: the Ohio State Unirersity, 2003.

[2] PARK J. Analysis of students' processes of confirmation and falsification of their prior ideas about electrostatics [J]. International Journal of science Education, 2001, 23 (12): 1219-1236.

[3] FURIO C, GUISASOLA J. Difficulties in Learning the Concept of Electric Field [J]. Science Education, 1998, 82 (4): 511-526.

[4] MALONEY D P, O' KUMA T L, HIEGGELKE C J, et al. Surveying students' conceptual knowledge of electricity and magnetism [J]. Am. J. Phys. Suppl., 2001, 69 (7): s12-s23.

[5] 杨兆刚. 大学生对静电学概念理解的初步研究 [D]. 桂林：广西师范大学，2007.

[6] 见 http://paer.rutgers.edu/pt3/cycleindex.php? topicid=10, Learning Cycles on Electricity and Magnetism（罗格斯大学学习环）.

[7] 见 http://paer.rutgers.edu/ScientificAbilities/ModelingTasks/default.aspx, Electricity and Magnetism（罗格斯大学建模活动）.

[8] TORNKOVIST S, PETTERRSON K, TRANSTROMER G. Confusion by representation: On students' comprehension of the electric field concept [J]. American Journal of Physics, 1993, 61 (4): 335-338.

[9] SINGH C. Student understanding of symmetry and Gauss' s Law of electricity [J]. American Journal of Physics, 2006, 74 (10): 923-936.

静电学前测题（一）

同学们，你们好。为了下学期更好地开展大学物理教学和对同学们进行更有针对性的教学设计和学习指导，我们需要对你们已掌握的相关物理概念进行测试。本测试仅用于诊断同学们在学习静电学中存在的主要困难，测试结果不计入考评成绩，因此真诚希望你们能够尽可能将自己关于这些问题的真实想法用作图、文字等形式表征出来，我们渴望得到更多的来自你们对这些问题的思考。请独立作答，谢谢合作。

基本信息

姓名	班级	学号（序号）	性别	高中就读学校所在地（省/市）

1. 你认为以下关于“电荷”的描述正确的有（　　）。

A. 电荷是一种物质

B. 电荷是带电体的基本属性

C. 电荷是一切实物物质的基本属性

D. 电荷是带电的基本粒子的基本属性

请解释你的答案，并详细描述你对电荷概念的理解。

2. 两个带电量分别为 +3C 和 +1C 的静止点电荷相距一定距离，两点电荷之间的库仑力大小关系是（　　）。

A. +3C 电荷施加给 +1C 电荷的力更大

B. +1C 电荷施加给 +3C 电荷的力更大

C. 两个点电荷相互作用力相等

请解释你选择该答案的理由：

3. 如图 1 所示，一个静止的带电量为 +3C 的点电荷与一个静止的带电球体相距一段距离，球体总带电量为 +1C。点电荷和带电球体之间的库仑力大小关系是（　　）。

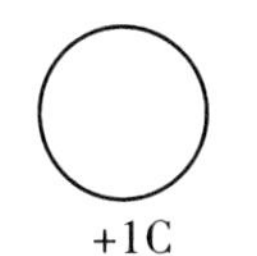

图 1

A. +3C 点电荷施加给 +1C 带电球体的力更大

B. +1C 带电球体施加给 +3C 点电荷的力更大

C. 点电荷和带电球体间的相互作用力相等

请解释你选择该答案的理由：

4. 一不带电金属棒靠近一带电物体，则（　　）。

A. 金属棒被带电物体吸引

B. 金属棒被带电物体排斥

C. 什么都不会发生

D. 题目中未告知带电物体的带电情况，因此无法判断

请解释你选择该答案的理由：

5. 如果将题 4 中的金属棒（题 4 中的情境已发生）突然绕其中垂线旋转 180 度，并将另一端靠近带电物体，则（　　）。

A. 金属棒被带电物体吸引

B. 金属棒被带电物体排斥

C. 什么都不会发生

D. 题目中未告知带电物体的带电情况，因此无法判断

请解释你选择该答案的理由：

6. 两个不带电的金属球靠得很近（但不接触），会（　　）。

A. 吸引　　B. 排斥　　C. 什么都不会发生

请解释你选择该答案的理由：

7. 一静止点电荷在一个静止不带电质点附近（不考虑万有引力），下面选项中正确的是（　　）。

A. 点电荷施加给不带电质点的力大

B. 不带电质点施加给点电荷的力大

C. 两者相互作用力相等

D. 两者之间无相互作用力

请解释你选择该答案的理由：

8. 下列说法中正确的有（　　）。

A. 电场强度为0的地方，电势也必定为0；电势为0的地方，电场强度也必定为0

B. 电场强度大小相等的地方，电势必相同；电势相同的地方，电场强度大小也必相等

C. 电势有正有负，其正负只表示大小

D. 电场强度较大的地方，电势必定较高；电场强度较小的地方，电势也必定较低

E. 带正电的物体电势一定是正的，带负电的物体电势也一定是负的

F. 不带电的物体电势一定为0，电势为0的物体也一定不带电

请解释你选择该答案的理由：

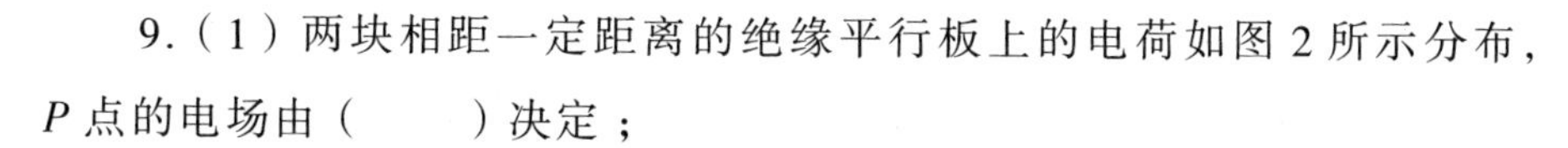

9.（1）两块相距一定距离的绝缘平行板上的电荷如图 2 所示分布，P 点的电场由（　　）决定；

（2）若将绝缘板换成金属导体板，假设电荷仍然如图 2 所示分布，则 P 点的电场由（　　）决定。

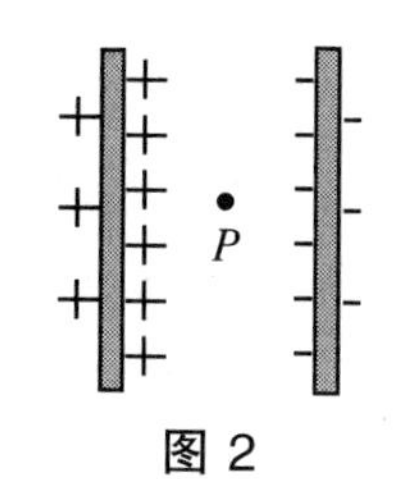

图 2

A. 带正电荷平板上的所有电荷

B. 带负电荷平板上的所有电荷

C. 两块板上的所有电荷

D. 带正电板上靠近 P 点那面的电荷

E. 带负电板上靠近 P 点那面的电荷

F. 两块平板上靠近 P 点那面的电荷

请解释你选择该答案的理由：

10. 一个中性的空心金属球，整体呈中性，如果将少量的负电荷忽然接到金属球上的 P 点，则：

（1）几秒后观测金属球上负电荷的分布情况是（　　）；

（2）若将空心金属球换成绝缘材料制成的空心球壳，则几秒后其负电荷分布情况是（　　）。

A. 所有多余的负电荷仅分布在 P 点的周围

B. 多余的负电荷均匀地分布在金属球的外表面

C. 多余的负电荷均匀地分布在金属球的内外表面

D. 大部分多余负电荷仍在 P 点，一部分负电荷在球表面散开

E. 没有任何多余的电荷了

请解释你选择该答案的理由：

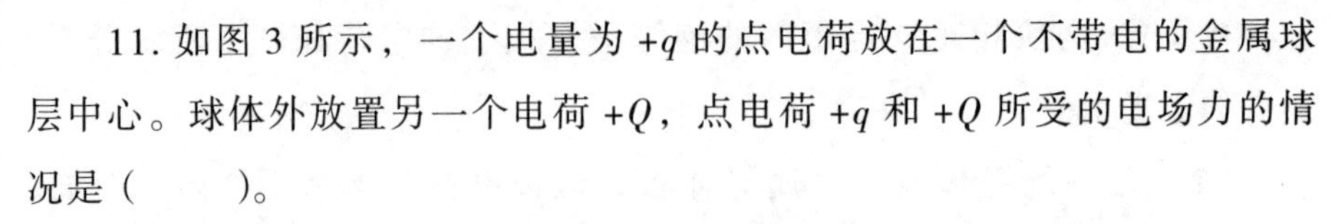

11. 如图 3 所示，一个电量为 $+q$ 的点电荷放在一个不带电的金属球层中心。球体外放置另一个电荷 $+Q$，点电荷 $+q$ 和 $+Q$ 所受的电场力的情况是（　　）。

A. 两个电荷受到大小相等的力，方向沿背离两电荷的连线方向

B. 两个电荷受到的合力都为 0

C. $+Q$ 所受合力为 0，$+q$ 所受合力不为 0

D. $+q$ 所受合力为 0，$+Q$ 所受合力不为 0

E. 两个电荷都受力，但受力大小是不相同的

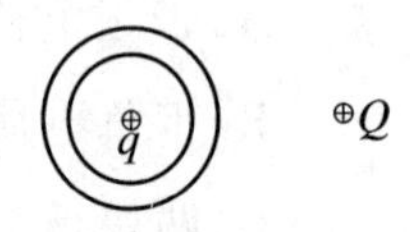

图 3

请解释你选择该答案的理由：

12. 如图 4 所示，一个正点电荷放置于一根不带电的金属棒附近，当金属棒达到静电平衡后，将离电荷较远的一端接地。后将接地导线断开，此时导体棒将（　　）。

A. 带正电　　B. 带负电　　C. 不带电

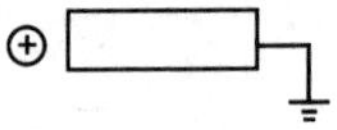

图 4

请解释你选择该答案的理由：

13. 如图 5 所示，一个正点电荷放置于一根不带电的金属棒附近。当金属棒达到静电平衡后，将离电荷较近的一端接地。后将接地导线断开，此时导体棒将（　　）。

A. 带正电　　B. 带负电　　C. 不带电

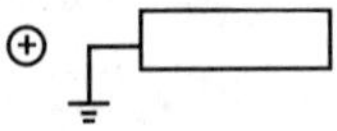

图 5

请解释你选择该答案的理由：

14. 如图6所示，一个正点电荷置于不带电金属球层中心，现将外层接地，接地后球层内层所带电荷是（　　），外层所带电荷是（　　）。

A. 正电　　B. 负电　　C. 不带电

请解释你选择该答案的理由：

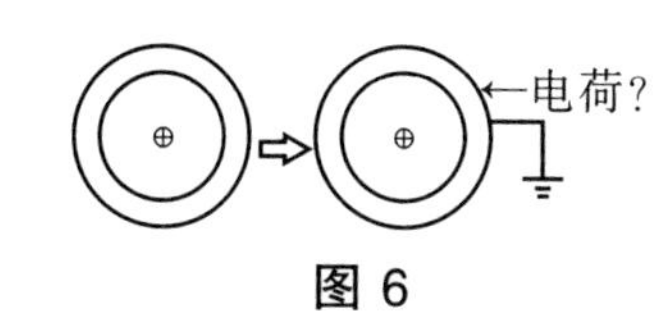

图6

15. 如图7所示，一个正点电荷置于不带电金属球层中心，现将内层接地，接地后球层内层所带电荷是（　　），外层所带电荷是（　　）。

A. 正电　　B. 负电　　C. 不带电

请解释你选择该答案的理由：

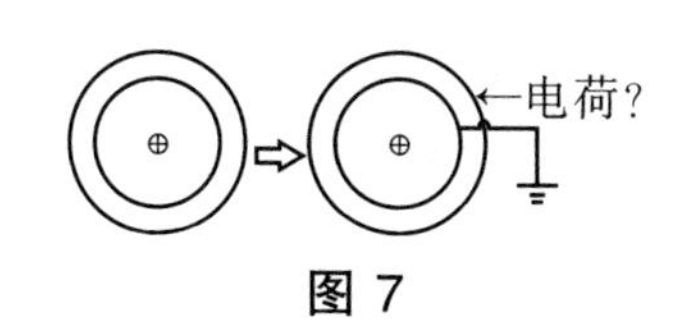

图7

16. 下列关于在一个确定的静电场中某点电势值的正负的说法中，正确的是（　　）。

A. 电势值的正负取决于置于该点的试探电荷的正负

B. 电势值的正负取决于电场力对试探电荷做功的正负

C. 电势值的正负取决于电势零点的选取

D. 电势值的正负取决于产生电场的电荷的正负

请解释你选择该答案的理由：

17. 请用所学的电学知识判断，下列说法中正确的是（　　）。

A. 电工穿绝缘衣比穿金属衣安全

B. 制作油气桶的材料用金属比用塑料好

C. 小鸟停在单根高压输电线上会被电死

D. 打雷时，待在汽车里比待在木屋里要危险

请解释你选择该答案的理由：

18.（1）观察图8中给出的两导体静电平衡时空间电场分布，其中（　　）（填图中电场线编号）电场线存在错误，并说明你的理由：

（2）若在图中 a 点放置一点电荷，其运动轨迹是（　　）（填下列选项字母编号）；

（3）若在图中 b 点放置一点电荷，其运动轨迹是（　　）（填下列选项字母编号）。

A. 沿着电场线运动

B. 不会沿着电场线运动

C. 不会运动

D. 无法判断

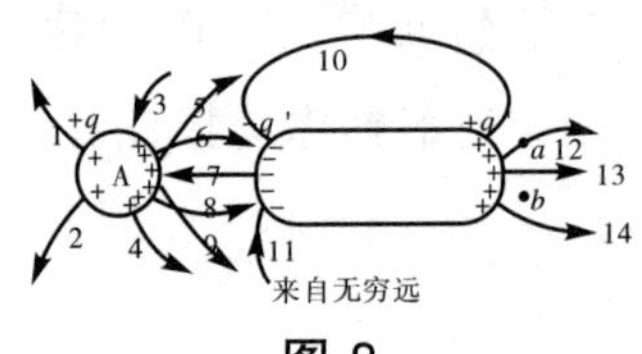

图 8

请解释你选择该答案的理由：

19. 如图9所示，正电荷被置于不带电导体球层中心。

（1）下面哪个选项正确地表示了电荷在球层内、外表面的分布情况？（　　）

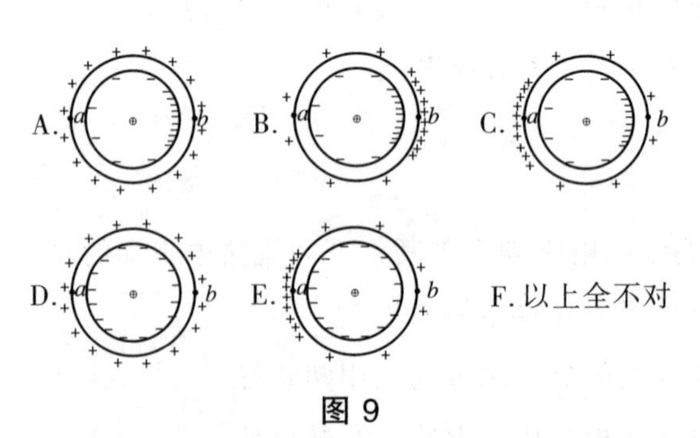

图 9

请解释你选择该答案的理由：

（2）球层外表面上的 a、b 两点的电势大小关系为（　　）。

A. $V_a>V_b$　　B. $V_a=V_b$　　C. $V_a<V_b$　　D. 不确定

请解释你选择该答案的理由：

20. 如图 10 所示，正电荷置于偏离球层中心的位置。

（1）下面哪个选项正确地表示了电荷在球层内、外表面的分布情况？

（　　）

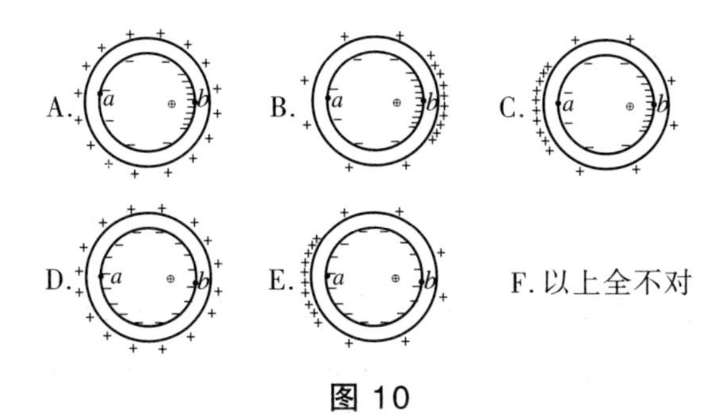

图 10

请解释你选择该答案的理由：

（2）球层内表面上的 a、b 两点的电势大小关系为（　　）。

A. $V_a>V_b$　　B. $V_a=V_b$　　C. $V_a<V_b$　　D. 不确定

请解释你选择该答案的理由：

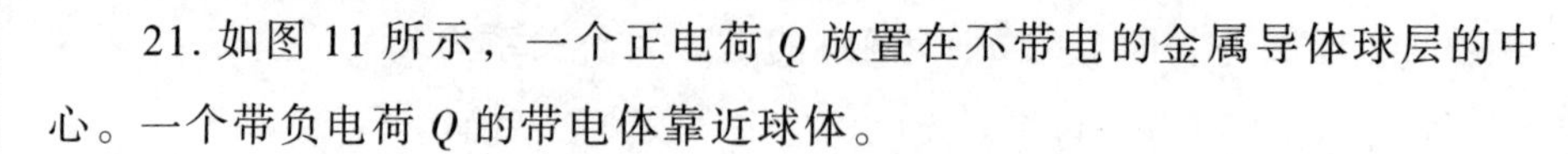

21. 如图 11 所示，一个正电荷 Q 放置在不带电的金属导体球层的中心。一个带负电荷 Q 的带电体靠近球体。

（1）下面哪个选项正确地表示了电荷的分布情况？（　　）

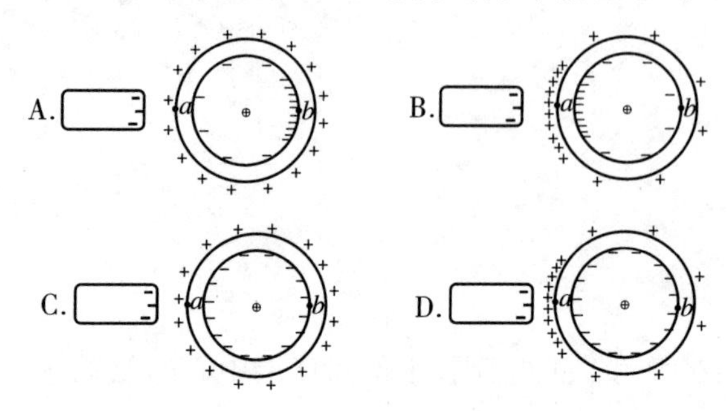

E. 以上都不对

图 11

请解释你选择该答案的理由：

（2）球层内、外表面上的 a、b 两点的电势大小关系为（　　）。

A. $V_a>V_b$　　B. $V_a=V_b$　　C. $V_a<V_b$　　D. 不确定

请解释你选择该答案的理由：

静电学前测题（二）

同学们，你们好。为了下学期更好地开展大学物理教学和对同学们进行更有针对性的教学设计和学习指导，我们需要对你们已掌握的相关物理概念进行测试。本测试仅用于诊断同学们在学习静电学中存在的主要困难，测试结果不计入考评成绩，因此真诚希望你们能够尽可能将自己关于这些问题的真实想法用作图、文字等形式表征出来，我们渴望得到更多的来自你们对这些问题的思考。请独立作答，谢谢合作。

基本信息

姓名	班级	学号（序号）	性别	高中就读学校所在地（省/市）

1. 在天气干燥的季节，当手碰到门的金属把手时，常常会有触电的感觉；冬季晚上在黑暗的屋子里面脱衣服，经常会看到蓝色的小火花闪来闪去；等等。这些都是生活中一些比较常见的放电现象，那么引起放电现象的原因是（　　）。

A. 脱衣服时产生了数万伏的高电压，引起了静电放电现象

B. 脱衣服时衣服上集聚了大量电荷，引起了静电放电现象

C. 脱衣服时衣服附近的电场很强，引起了静电放电现象

D. 以上均不对

请解释你选择该答案的理由：

2. 如图1（a）所示，一个带正电荷的物体靠近一个放在玻璃绝缘底座上的导体；然后在导体的另一面将导体瞬间接地，如图1（b）所示；这个导体带上了负电荷，如图1（c）所示。根据这些信息，我们可以得知在这个导体里面（　　）。

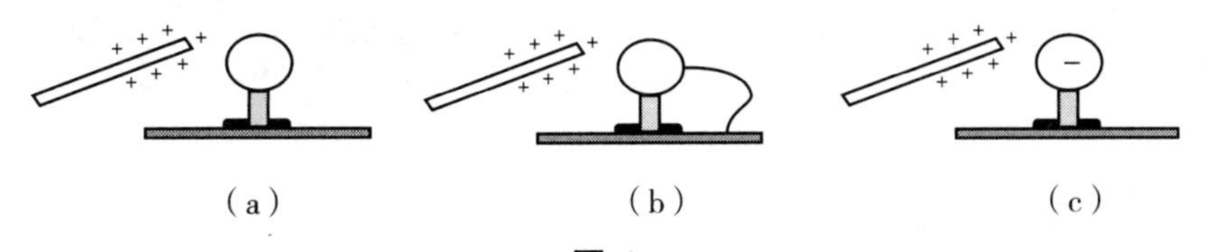

图1

A. 正电荷和负电荷都在自由地移动

B. 只有负电荷自由地移动

C. 只有正电荷自由地移动

D. 不能推断上述任何事情

请解释你选择该答案的理由：

3. 在距离电荷 Q 一段距离的地方突然出现一个带电量为 q 的带电体。两者之间的相互作用力是在 q 放入的同时产生，还是在很短一段时间之后才产生？请解释你的答案。

4. 如图 2 所示，当带电材料靠近金属棒或者木棒时，你认为验电器中的金属箔会分开吗？请解释你的看法。

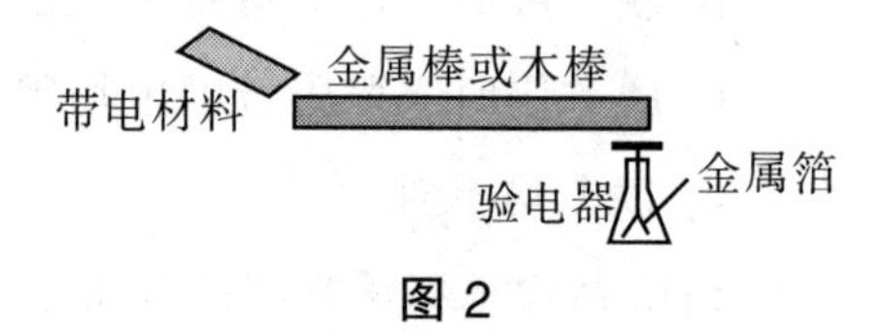

图 2

5. 如图 3（a）所示，用丝绸摩擦玻璃棒的上半段可以使玻璃棒带电，请解释玻璃棒带电的原因，并在图 3（b）中画出你认为的电荷在玻璃棒上的分布情况。摩擦过的玻璃棒可以吸引一些小纸屑，请你解释这种吸引作用是怎么产生的。

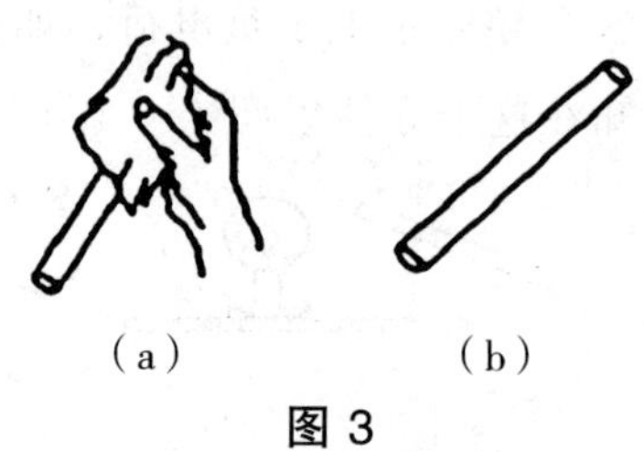

图 3

6. 手持铜棒与丝绸摩擦后，经验电器检验，发现铜棒不显电性，请解释它为什么会显电中性。怎样才能使拿在手中的金属棒带电呢?

7. 一个带正电的单摆（悬线不带电，仅金属球带电）放置在一个负电荷均匀分布的封闭金属筒内（如图 4 所示），单摆将如何运动？请解释你的答案。

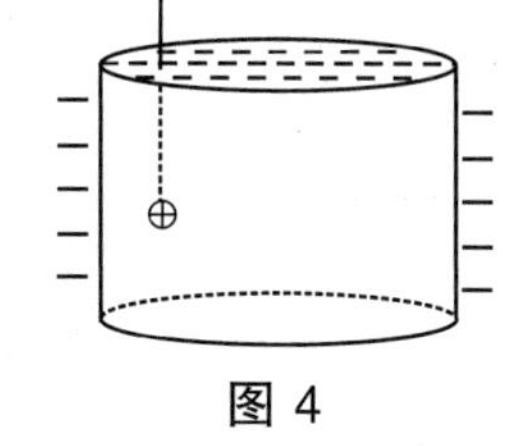

图 4

8.（1）物理学中的“场”指的是什么？ 为什么要建立电场的概念?

（2）电场是真实存在的，还是人们假想出来的?

（3）你认为电场是一种物质吗？为什么?

（4）若空间中没有试探电荷，电场还存在吗？电场具有哪些性质?

9.（1）满足什么特征的能才可以被称为势能?

（2）处在电场中的电荷具有电势能，那么电势能是电场中的电荷所独有的吗？为什么?

（3）把不同试探电荷放在电场中同一点，它们具有的电势能相同吗?

（4）电势与哪些因素有关？电势与试探电荷有关吗?

静电学后测题（一）

同学们，你们好。为了了解本学期同学们学习静电学后对相关概念掌握的情况，我们需要对你们需掌握的相关物理概念进行测试。本测试仅用于诊断同学们通过静电学学习后尚存在的困难，测试结果不计入考评成绩，因此真诚希望你们能够尽可能将自己关于这些问题的真实想法用作图、文字等形式表征出来，我们渴望得到更多的来自你们对这些问题的思考。请独立作答，谢谢合作。

基本信息

姓名	班级	序号	性别

1. 两块均匀带电的平行导体板（如图1所示）保持一定距离，两板电荷面密度分别为 σ 和 $-\sigma$。

（1）如图1（a）所示作一个柱形的高斯面。两板间的电场强度的大小为（　　）；

（2）高斯面变成如图1（b）所示，其他条件均不变。两板间的电场强度大小为（　　）。

A. $\sigma/2\varepsilon_0$　　B. σ/ε_0　　C. 0　　D. 以上都不对

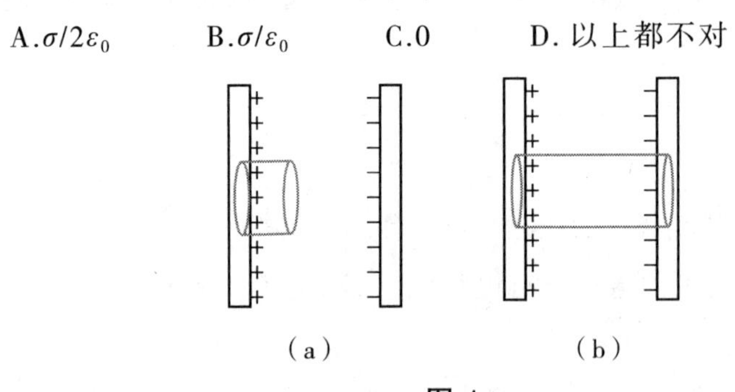

图1

请解释你选择该答案的理由：

2.（1）一根不带电金属棒靠近一带电物体，将会发生（　　）；

（2）如果将（1）中的金属棒［（1）中的情境已发生］突然绕其中垂线旋转180度，并将另一端靠近带电物体，将会发生（　　）。

A. 金属棒被带电物体吸引

B. 金属棒被带电物体排斥

C. 什么都不会发生

D. 题目中未告知带电物体的带电情况，因此无法判断

请解释你选择该答案的理由：

3. 在天气干燥的季节，当手碰到门的金属把手时，常常会有触电的感觉；冬季晚上在黑暗的屋子里面脱衣服，经常会看到蓝色的小火花闪来闪去；等等。这些都是生活中一些比较常见的放电现象，那么引起放电现象的原因是（　　）

A. 脱衣服时产生了数万伏的高电压，引起了静电放电现象

B. 脱衣服时衣服上集聚了大量电荷，引起了静电放电现象

C. 脱衣服时衣服附近的电场很强，引起了静电放电现象

D. 以上均不对

请作图并详细说明放电现象产生的过程和原因：

4.（1）两块相距一定距离的绝缘平行板上的电荷分布如图2所示，P点的电场由（　　）决定；

（2）若将绝缘板换成金属导体板，电荷仍如图2所示分布，则P点电场由（　　）决定。

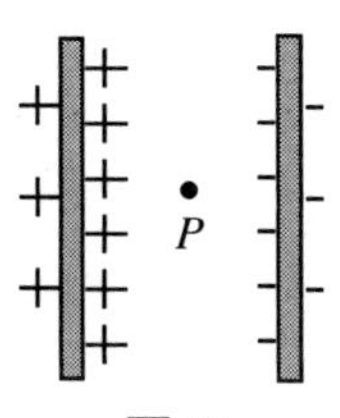

图2

A. 带正电荷平板上的所有电荷

B. 带负电荷平板上的所有电荷

C. 两块板上的所有电荷

D. 带正电荷平板上靠近 P 点那面的电荷

E. 带负电荷平板上靠近 P 点那面的电荷

F. 两块平板上靠近 P 点那面的电荷

请解释你选择该答案的理由：

5. 一个中性的空心金属球层，整体呈中性，如果将少量的负电荷忽然接到金属球上的 P 点，则：

（1）几秒后金属球上负电荷的分布情况是（　　）；

（2）若将空心金属球换成绝缘材料制成的空心球壳，则几秒后其负电荷分布情况是（　　）。

A. 所有多余的负电荷仅分布在 P 点的周围

B. 多余的负电荷均匀地分布在金属球层的外表面

C. 多余的负电荷均匀地分布在金属球层的内、外表面

D. 大部分多余负电荷仍在 P 点，一部分在球层表面散开

E. 没有任何多余的电荷了

请解释你选择该答案的理由：

6. 将一个质量为 1kg 的原来不带电的金属球带上 $+1.6\times10^{-16}$C 电荷后，金属球的质量将（　　）。

A. 增大　　B. 减小　　C. 不变　　D. 不确定

请解释你选择该答案的理由：

7. 如图 3（a）所示，一个带正电荷的物体靠近一个放在玻璃绝缘底座上的导体；然后在导体的另一面将导体瞬间接地，如图 3（b）所示；这个导体带上了负电荷，如图 3（c）所示。根据这些信息，我们可以得知在这个导体里面（　　）。

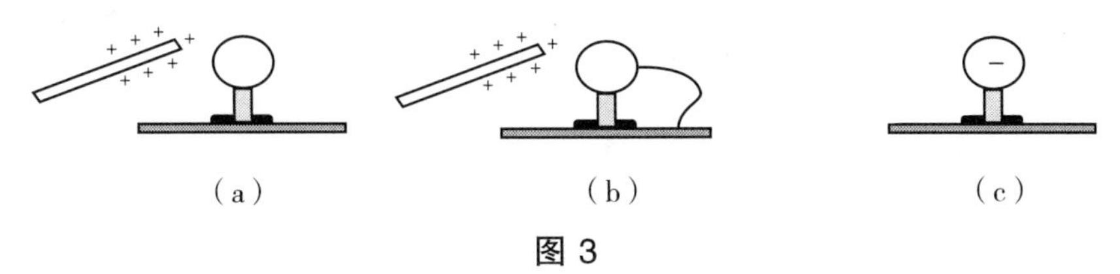

图 3

A. 正电荷和负电荷都在自由地移动

B. 只有负电荷自由地移动

C. 只有正电荷自由地移动

D. 不能推断上述任何事情

请解释你选择该答案的理由：

8. 如图 4 所示，一个负点电荷放置于一根不带电的金属棒附近，当金属棒达到静电平衡后，将离负点电荷较远的一端接地。后将接地导线断开，此时导体棒带（　　）。

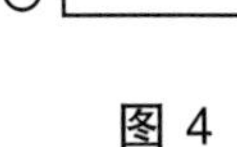

图 4

A. 正电　　B. 负电　　C. 不带电

请描述整个过程中导体棒上电荷的变化，并解释你选择该答案的理由：

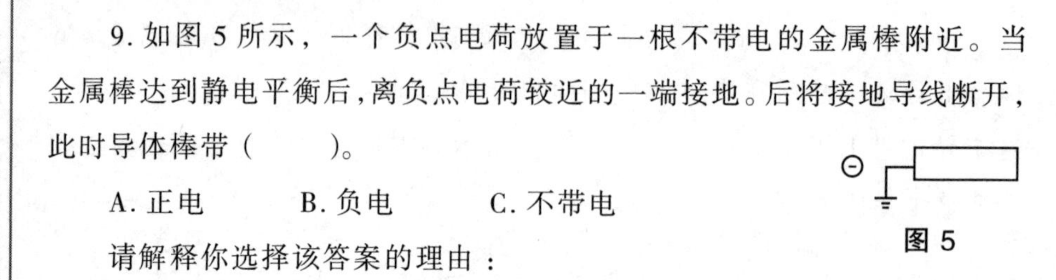

9. 如图5所示，一个负点电荷放置于一根不带电的金属棒附近。当金属棒达到静电平衡后，离负点电荷较近的一端接地。后将接地导线断开，此时导体棒带（　　）。

A. 正电　　B. 负电　　C. 不带电

图5

请解释你选择该答案的理由：

10. 如图6所示，一个正点电荷置于不带电金属球层中心，现将外层接地，接地后球层内层所带电荷是（　　），外层所带电荷是（　　）。

A. 正电　　B. 负电　　C. 不带电

请解释你选择该答案的理由：

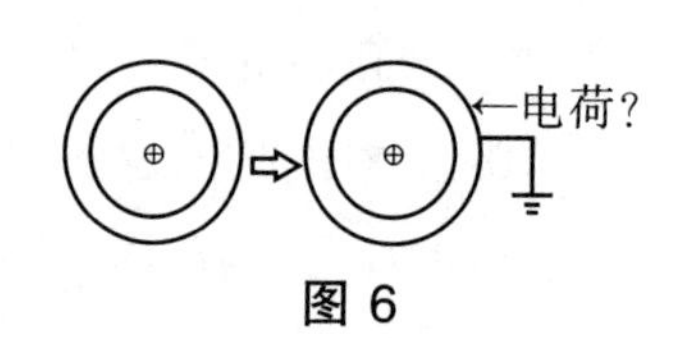

图6

11. 如图7所示，一个正点电荷置于不带电金属球层中心，现将内层接地，接地后球层内层所带电荷是（　　），外层所带电荷是（　　）。

A. 正电　　B. 负电　　C. 不带电

←电荷?

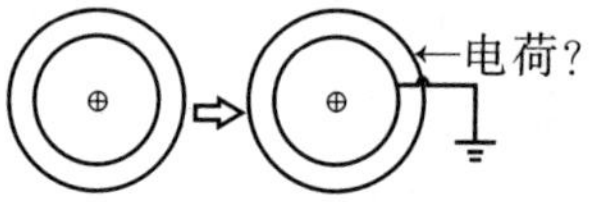

图7

请解释你选择该答案的理由：

12. 如图8所示的两个同心球壳，内、外球壳分别带上$+Q$和$-Q$的电荷。

（1）如果如图8（a）所示将外球壳接地，接地后外球壳所带电荷为（　　）；

（2）如果如图8（b）所示将内球壳接地，接地后内球壳所带电荷为（　　）。

A.+Q　　B.0　　C.–Q　　D. 以上都不对

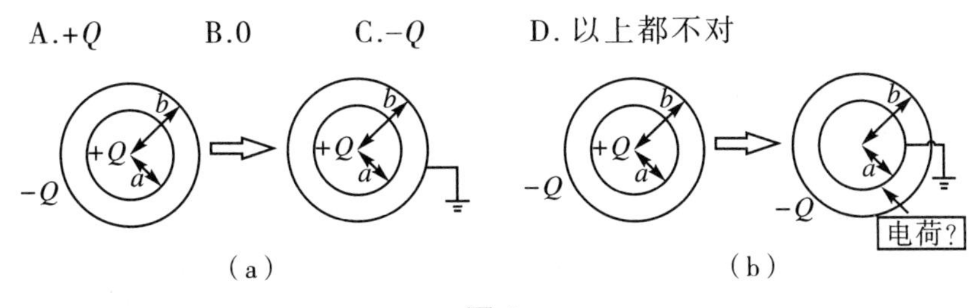

图 8

请解释你选择该答案的理由：

13. 静止的负电荷在匀强电场中释放后，它所具有的电势能将发生怎样的变化？（　　）

A. 因为电场是均匀的，所以电势能保持不变

B. 因为负电荷将保持静止，所以电势能保持不变

C. 因为负电荷将沿电场线的方向运动，所以电势能将增大

D. 因为负电荷将沿电场线的反方向运动，所以电势能将减小

E. 因为负电荷将沿电场线的方向运动，所以电势能将减小

解释你选择该答案的理由：

14. 如图 9 所示，将日光灯管沿着图示的方向（径向方向）靠近一个积累了大量正电荷的范德格拉夫静电起电机，日光灯管是否会亮？（　　）。若将日光灯管换成白炽灯，是否会亮？（　　）。

图 9

A. 会　　B. 不会　　C. 无法判断

请作图并解释你的答案：

15. 观察如图10所示的四个电场的电场线，假设在给出的区域内没有电荷，那么哪一个图表示的是静电场？（　　）

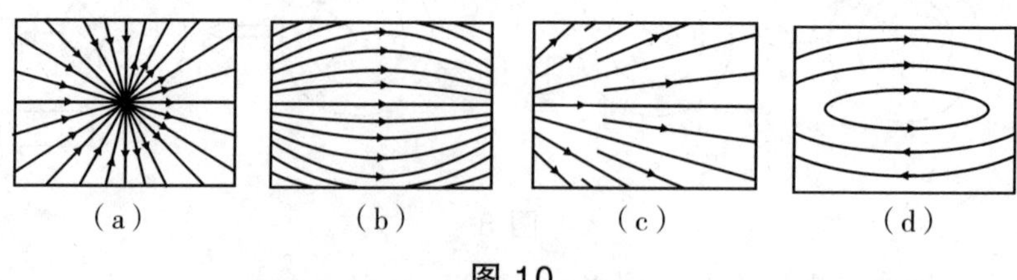

图10

A.（a）　B.（b）　C.（b）和（d）　D.（a）和（c）

E.（b）和（c）　F. 其他的组合　G. 以上都不对

请解释你选择该答案的理由：

16. 请用所学的电学知识判断，下列说法中正确的是（　　）。

A. 电工穿绝缘衣比穿金属衣安全

B. 制作油气桶的材料用金属比用塑料好

C. 小鸟停在单根高压输电线上会被电死

D. 打雷时，待在汽车里比待在木屋里要危险

请解释你选择该答案的理由：

17. 为了保护物体 B 不受带电体 A 的电场的影响，现有一个不接地的导体壳，图11中的做法能达到目的的是（　　）。

A. 只有（a）可以

B. 只有（b）可以

C. 两种办法都可以

D. 两种办法都不可以

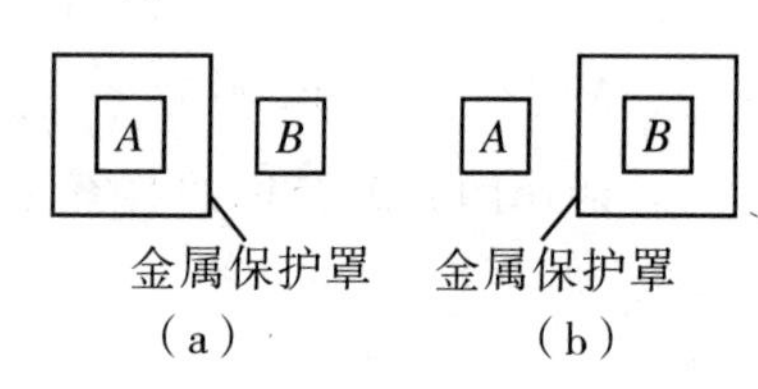

图11

E. 办法是否可行取决于带电体 A 带的是正电还是负电

请解释你选择该答案的理由：

18.（1）观察图 12 中给出的两导体静电平衡时空间电场分布，其中（　　）（填图中电场线编号）电场线存在错误，并说明你的理由：

（2）若在图中 a 点放置一个点电荷，其运动轨迹是（　　）；

（3）若在图中 b 点放置一个点电荷，其运动轨迹是（　　）。

A. 沿着电场线运动　　B. 不会沿着电场线运动

C. 不会运动　　D. 无法判断

请解释你选择该答案的理由：

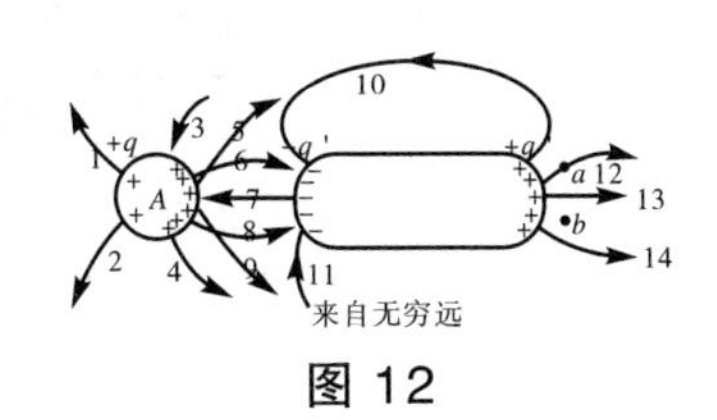

图 12

19. 如图 13 所示，正电荷置于偏离球层中心的位置。

（1）下面哪个选项正确地表示了电荷在球层内、外表面的分布情况？（　　）

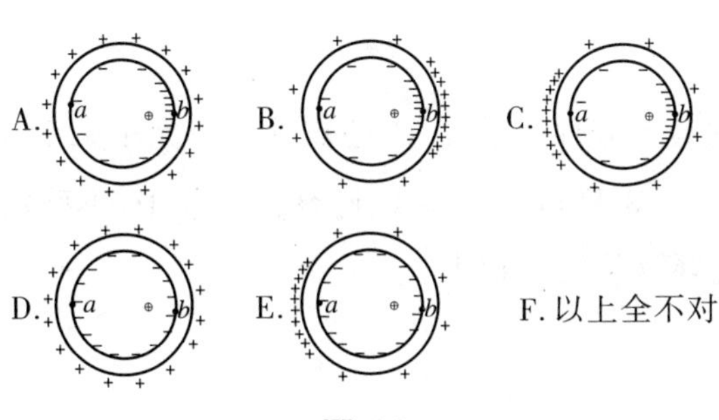

图 13

请解释你选择该答案的理由：

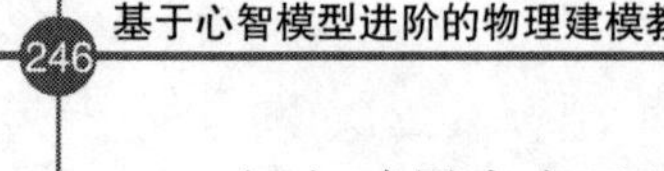

（2）球层内表面上的 a、b 两点的电势大小关系为（　　）。

A. $V_a>V_b$　　B. $V_a=V_b$　　C. $V_a<V_b$　　D. 不确定

请解释你选择该答案的理由：

20. 如图 14 所示，一个正电荷 Q 放置在不带电的金属导体球层的中心。一个带负电荷 Q 的带电体靠近球体。

（1）下面正确表示了电荷分布的选项是（　　）。

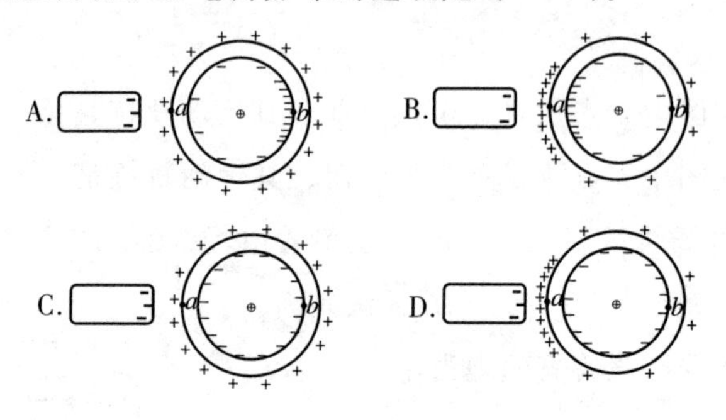

E. 以上都不对

图 14

请解释你选择该答案的理由：

（2）球层内、外表面上的 a、b 两点的电势大小关系为（　　）。

A. $V_a>V_b$　　B. $V_a=V_b$　　C. $V_a<V_b$　　D. 不确定

请解释你选择该答案的理由：

21. 如图 15 所示，有四个不同形状的面，其中（i）为长为 L 的封闭圆柱面，（ii）为直径为 L 的球面，（iii）为边长为 L 的封闭立方盒，（iv）为边长为 L 的正方形，均与一无限长的均匀带电直线同轴，带电直线的电荷面密度为 λ。

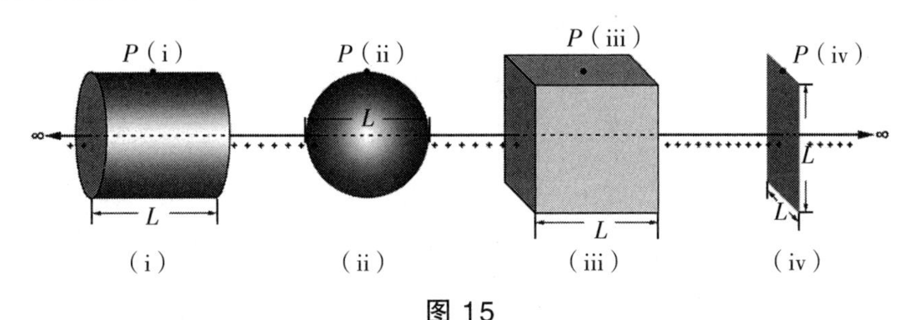

图 15

（1）通过以上哪些面的电场强度通量是 $\lambda L/\varepsilon_0$（　　）；

（2）你认为以上哪些高斯面，能够帮助你利用高斯定理很容易地计算出 P 点的电场强度（　　）。

A. 仅（i）　　B. 仅（i）和（ii）

C. 仅（i）（ii）（iii）　　D.（i）（ii）（iii）（iv）

请解释你选择该答案的理由：

22. 下列说法中正确的有（　　）。

A. 电场强度为 0 的地方，电势也必定为 0；电势为 0 的地方，电场强度也必定为 0

B. 电场强度大小相等的地方，电势必相同；电势相同的地方，电场强度大小也必相等

C. 电势有正有负，其正负只表示大小

D. 电场强度较大的地方，电势必定较高；电场强度较小的地方，电势也必定较低

E. 带正电的物体电势一定是正的，带负电的物体电势也一定是负的

F. 不带电的物体电势一定为 0，电势为 0 的物体也一定不带电

请解释你选择该答案的理由：

23. 如图 16 所示，一个电量为 $+q$ 的点电荷放在一个不带电的金属球层中心。球体外放置另一个电荷 $+Q$，点电荷 $+q$ 和 $+Q$ 所受的电场力的情况是（　　）。

A. 两个电荷受到大小相等的力，方向沿背离两电荷的连线方向

B. 两个电荷受到的合力都为 0

C. $+Q$ 所受合力为 0，$+q$ 所受合力不为 0

D. $+q$ 所受合力为 0，$+Q$ 所受合力不为 0

E. $+q$ 完全不受力，$+Q$ 所受合力不为零

F. 两个电荷都受力，但受力大小是不相同的

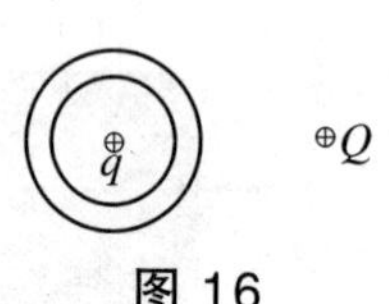

图 16

请解释你选择该答案的理由：

24. 某一面不导电的墙带上了一定量的负电荷，将一张柔软的不带电的橡皮纸悬挂在离墙不远处的天花板上，如图 17 所示。橡皮纸将（　　）。

A. 不会受到墙上电荷的作用，因为橡皮纸是绝缘体

B. 不会受到墙上电荷的作用，因为橡皮纸不带电

C. 向背离墙的方向弯曲，因为墙壁和橡皮纸内的电子间有排斥力

D. 向背离墙的方向弯曲，因为橡皮纸中的分子在墙上的电荷作用下被极化了

E. 向靠近墙的方向弯曲，因为橡皮纸中的分子在墙上的电荷作用下被极化了

F. 以上都不对

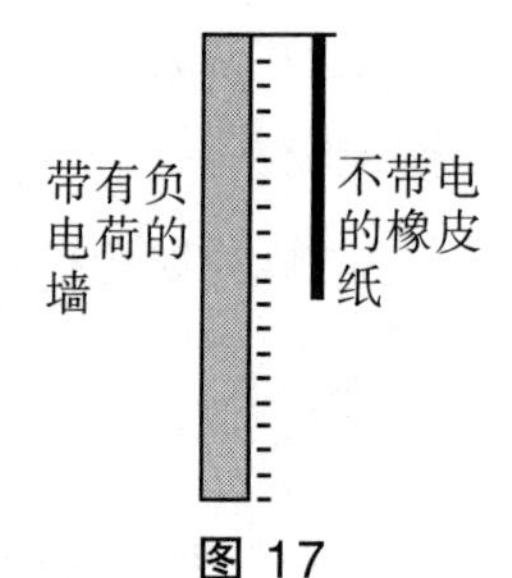

图 17

静电学后测题（二）

同学们，你们好。为了了解本学期同学们学习静电学后对相关概念掌握的情况，我们需要对你们需掌握的相关物理概念进行测试。本测试仅用于诊断同学们通过静电学学习后尚存在的困难，测试结果不计入考评成绩，因此真诚希望你们能够尽可能将自己关于这些问题的真实想法用作图、文字等形式表征出来，我们渴望得到更多的来自你们对这些问题的思考。请独立作答，谢谢合作。

基本信息

姓名	班级	序号	性别

1. 在距离电荷 Q 很长一段距离的地方突然出现一个带电量为 q 的带电体。两者之间的相互作用力是在 q 放入的同时产生，还是在非常短一段时间之后才产生？请解释你的答案。

2.（1）将毛皮摩擦过的橡胶棒靠近（不接触）一个放在支架上的可乐罐（金属）时，预测可乐罐会如何？（A. 运动　B. 不运动）请用文字解释原因，并画出当带负电的橡胶棒靠近可乐罐时，可乐罐中的带电粒子如何运动，在图中标记出运动的电荷及其运动的方向，以及最终可乐罐的带电情况。

（2）若将可乐罐换成矿泉水瓶（塑料）呢？同样回答（1）中问题，并比较可乐罐和矿泉水瓶内部微观结构的差异，用图表示出来。

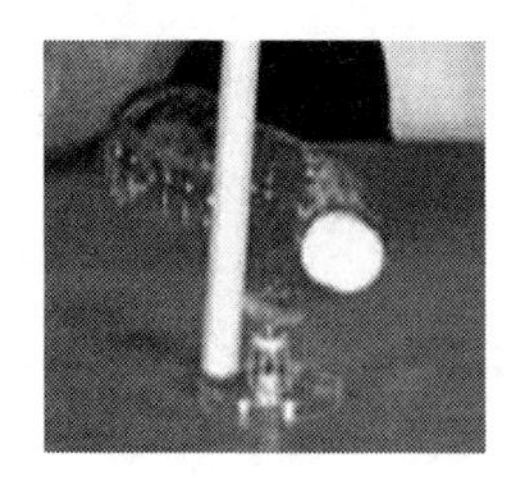

3.（1）有两个验电器，其中一个验电器1带正电，另一个验电器2不带电，现将两个验电器顶端的金属球用铜棒连接，请预测将会发生什么情况，下面的金属箔会如何？（A. 张开　B. 不张开）请用文字解释你的预测，并画出验电器和铜棒上的带电粒子如何运动，以及最终的电荷分布。

（2）若将铜棒换成木棒呢？同样回答上述问题，并比较铜棒和木棒的内部结构。

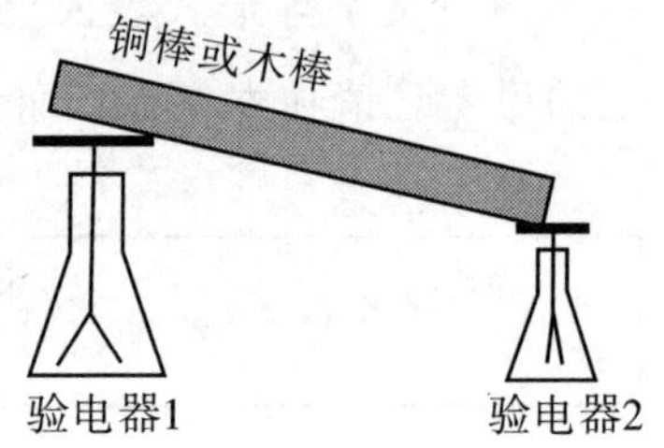

4. 如下图所示，当带电材料靠近金属棒或者木棒时，你认为验电器中的金属箔会分开吗？请解释你的看法。

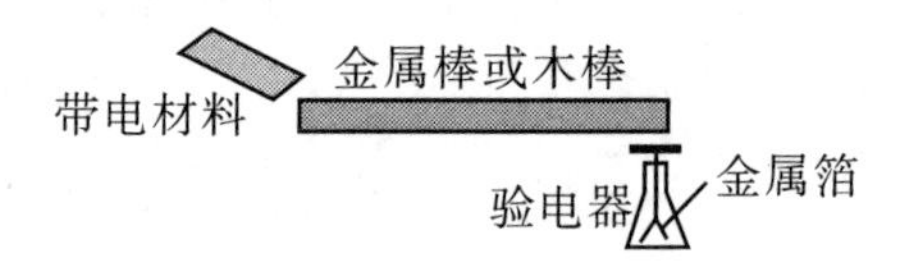

5. 如下图（a）所示，用丝绸摩擦玻璃棒的上半段可以使玻璃棒带电，请解释玻璃棒带电的原因，并在（b）图中画出你认为的电荷在玻璃棒上的分布情况。摩擦过的玻璃棒可以吸引一些小纸屑，请你解释这种吸引作用是怎么产生的？

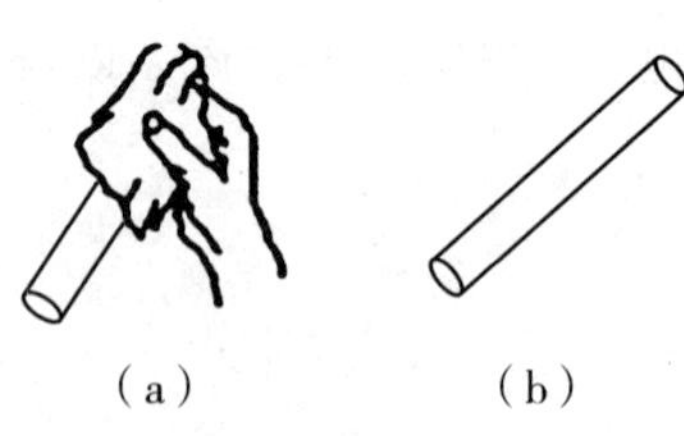
（a）　（b）

6. 手持铜棒与丝绸摩擦后，经验电器检验发现铜棒不显电性，请解释它为什么会显电中性。怎样才能使拿在手中的金属棒带电呢？

7. 一个带正电的单摆（悬线不带电，仅金属球带电）放置在一个带负电的封闭金属筒内（如右图所示），单摆将如何运动？请解释你的答案。

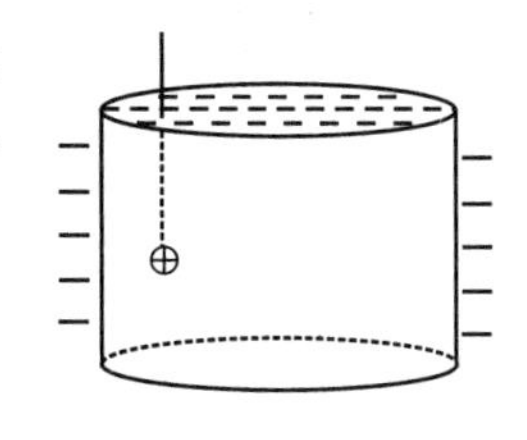

8. 如右图所示，两个铝球悬挂在细丝上。一根丝绸摩擦过的玻璃棒越来越靠近铝球。请你预测:(1)在棒靠近（不接触）球的过程中，两个铝球将如何运动？（2）玻璃棒直接与左边铝球接触，然后离开左边铝球，这个过程中，两个铝球将如何运动？

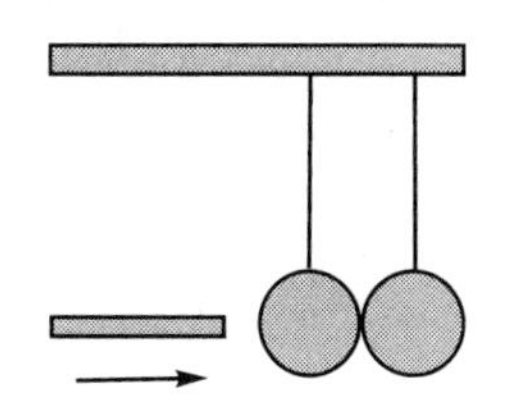

9.（1）若将毛皮摩擦过的橡胶棒靠近（不接触）一个验电器的顶端金属球时，验电器下面的金属箔是否会张开？请作图，并用文字解释原因。

（2）若用一个塑料瓶套住验电器顶端的金属球，再将带电的橡胶棒靠近（不接触）金属球，验电器下面的金属箔是否会张开？请作图，并用文字解释原因。

（3）若将（2）中的塑料瓶换成金属网会如何？请作图，并用文字解释原因。

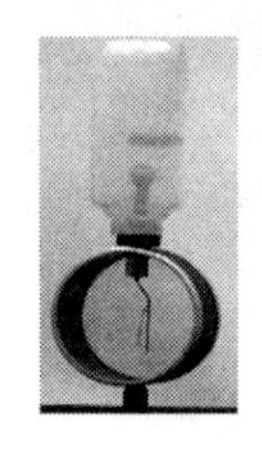

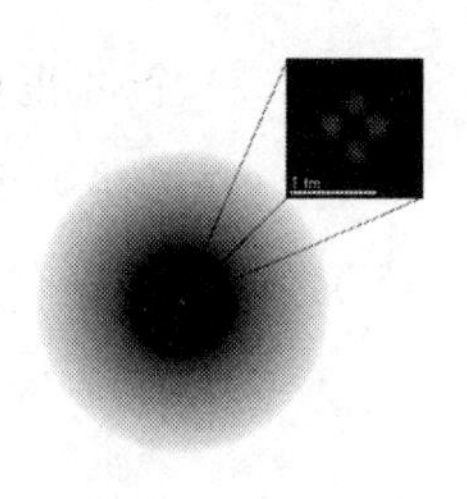

10. 右图所示为原子的结构图，图中电子云靠近原子核的区域颜色较深，离原子核较远的区域颜色较浅，这表明靠近原子核的区域电子出现的概率大，远离原子核的区域电子出现的概率小，请详细解释这一现象的原因。

11. 若你在实验室做静电除尘的试验，试验装置和原理图如下图所示。实验装置由一个金属圆筒 B 和一根悬挂在圆筒轴线上的金属细棒 A 构成，由于实验仪器陈旧，金属细棒已弯曲变形。用导线将金属圆筒 B（正极）和金属细棒 A（负极）接上可调节电压和显示电压的直流稳压电源的正负极后，打开电源。请预测吸附在金属细棒上的电子将如何运动，若电子运动到你预测的地方，请你根据实验条件计算出此时电子的速度。

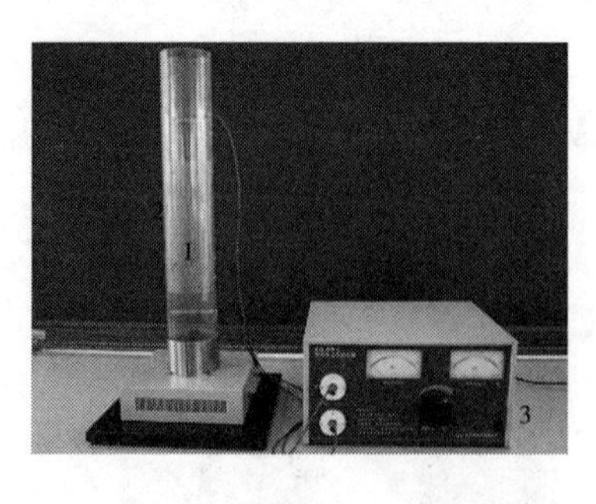

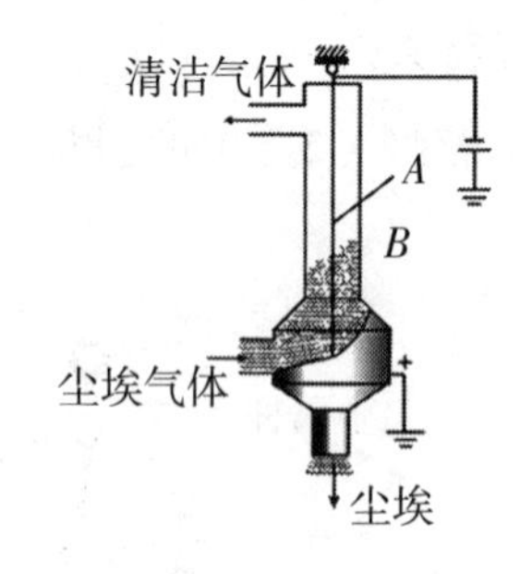

12.（1）为什么要建立电场的概念?

（2）电场是真实存在的，还是人们假想出来的?

（3）你认为电场是一种物质吗? 为什么?

（4）若空间中没有试探电荷，电场还存在吗? 电场具有哪些性质?

13.（1）满足什么特征的能才可以被称为势能?

（2）处在电场中的电荷具有电势能，那么电势能是电场中的电荷所独有的吗? 为什么?

（3）把不同试探电荷放在电场中同一点，它们具有的电势能相同吗?

（4）为什么要建立电势的概念? 电势与哪些因素有关? 电势与试探电荷有关吗?

附录2 科学模型本质理解的测试量表

题目	非常不同意	同意	不确定	同意	非常同意
1.模型应该是实际事物的复制品					
2.模型应该与实际事物相近似					
3.模型应该非常精确地接近实际事物，从而该模型才无法反驳					
4.实际事物和其对应模型的关系应该是两者除了大小尺寸可能不同之外，其他方面必须非常相似					
5.模型应该与实际事物相似，这样才能提供正确信息并呈现出实物的模样					
6.模型应该呈现出实际物体的功能及模样					
7.模型应该呈现出实际物体缩小比例之后的尺寸					
8.模型应该完全对应实际事物的结构、性质与关系					
9.从不同的角度来看，一个科学现象的不同部分或特征可以用不同模型来表示					
10.不同模型可以代表对某个现象的不同描述方式					
11.不同模型可以清楚地呈现不同想法之间的关系					
12.当我们对事物的模样或事物运作方式有不同看法时，就会采用不同的模型					
13.不同模型可以用来呈现同一物体的不同方面或形状					
14.模型的形式可以是符号					
15.模型的形式可以是实体					
16.模型的形式可以是过程					
17.模型的形式可以是概念					
18.模型的形式可以是图像					
19.模型可以帮助我们从实体或视觉上描述某个物体					
20.模型可以帮助我们在头脑中建立一个图像，从而了解科学现象的发生					

续表

题目	非常不同意	同意	不确定	同意	非常同意
21.模型可以帮助我们解释科学现象					
22.模型可以帮助我们描述对科学事件的想法					
23.模型可以帮助我们预测理论是如何应用到科学研究中的					
24.模型可以帮助我们对一个科学事件形成预测，并判断我们形成的预测是否正确					
25.对于一个特定的现象，只有一个正确的模型能给予解释					
26.如果有新的发现，模型是可以被改变的					
27.如果看法有所改变，模型是可以被改变的					

附录3 大学物理课堂教学评价量表

大学物理课堂教学调查（控制组版）

各位同学：

你们已快学完静电学课程，感谢同学们在教学过程中的配合。真诚地希望同学们能够回答下列问题，让我们了解你们对于这段时间大学物理课堂教学的感受，从而帮助我们进一步改进教学方式和内容。此问卷不计分，匿名填写，但你的意见十分珍贵，因此请务必认真填写。

班级：__________ 小组号：__________

一、对于已参加的教学活动，请就以下内容，把"√"填到你认同的项目中。

题目	非常不同意	不同意	不确定	同意	非常同意
1.我喜欢这样的上课方式					
2.教学内容是在高中所学物理知识的基础上进行的，建立了高中和大学物理知识的衔接					
3.老师提出的问题或演示的实验可以帮助我理解静电学概念					
4.老师提出的问题或演示的实验可以帮助我建立静电学概念及规律间的联系					
5.这种教学方式能够帮助我解决实际问题，让我学会了解决实际问题的方法					
6.在解决实际问题中，我仍无法自主完成，需要老师和同学的帮助					
7.仿真动画或实验能够帮助我建构对抽象概念的认识					
8.将抽象的物理问题与真实的物理模型对应，建立了理论与实际之间的联系					
9.老师提出的问题造成了我的学习负担					
10.课堂教学帮助我从多角度思考问题，训练了思维					

续表

题目	非常不同意	不同意	不确定	同意	非常同意
11.课堂教学帮助我建立了物理学的核心概念，并围绕核心概念建构知识，减轻了我的学习负担					
12.通过静电学的学习，我能够围绕物理学的核心概念将已有的物理知识形成完整、一致的知识体系					
13.老师设计的仿真动画或实验能够促进我的求知欲					
14.习题训练能够帮助我自主建构知识					
15.解决问题时，当我得到的结果与答案不一致时，会激发我的学习兴趣和好奇心，并帮助我改正原有的错误想法					
16.课堂中应用多种方式（作图、文字表述）来表述我对问题的解释，帮助我更清晰地了解和表达自己的想法					

二、现有以下方式：

A. 利用演示实验、生活现象引入课程，并在真实的问题中自主建构物理概念

B. 将抽象的物理问题真实化、具体化、生活化，有真实的模型与之对应

C. 课堂的学习活动，由教师引导，学生自主、合作地进行学习

D. 课堂的学习活动，主要由教师讲解，并需要讲解大量的习题

E. 应用所学知识解决实际生活或实验现象中的问题

F. 要求对课堂演示的实验现象进行描述、预测或解释，并用多种表征（图画、文字）方式表示

G. 课堂中演示一些实验结果不在我们预料之内的实验现象

H. 教师及时反馈学生存在的主要错误想法

I. 动画模拟（仿真）物理过程

J. 小组合作及课堂讨论

K. 黑板呈现主要教学内容

L. 围绕物质、能量、相互作用的核心概念组织教学内容

M. 注意与高中所学知识的衔接

N. 共享课程资源

O. 组织一些课外小组探究活动

P. 拓展书本上的内容，加强物理学与工程、技术、生活、社会、环境的联系，介绍一些前沿物理学或物理学中尚未解决的问题

Q. 其他

你最喜欢老师运用以上哪些方式（可多选），请说明原因：

你最不喜欢老师运用以上哪些方式（可多选），请说明原因：

你认为静电学教学中运用了以上哪些方式：

三、你对静电学教学中印象最深刻的环节是什么？

四、你认为静电学教学中需要改进的部分是什么？请简单说明原因。

五、在解决实际问题时，需要抽象和建立模型，你遇到的最大的困难是什么？你认为造成困难的主要原因是什么？你认为在解决实际问题中建构模型重要吗？请简单说明原因。你认为要能够应用物理知识解决实际问题，需要培养哪些能力，或采取哪些方式？

大学物理课堂教学调查（实验组版）

各位同学：

你们已快学完静电学课程，感谢同学们在教学过程中的配合。真诚地希望同学们能够回答下列问题，让我们了解你对于这段时间大学物理课堂教学的感受，从而帮助我们进一步改进教学方式和内容。此问卷不计分，匿名填写，但你的意见十分珍贵，因此请务必认真填写。

班级：________________　　小组号：________________

一、对于已参加的教学活动，请就以下内容，把"√"填到你认同的项目中。

题目	非常不同意	不同意	不确定	同意	非常同意
1.我喜欢这样的上课方式					
2.教学内容是在高中所学物理知识的基础上进行的，建立了高中和大学物理知识的衔接					
3.老师演示的实验和提出的问题可以帮助我理解静电学概念					
4.老师演示的实验和提出的问题可以帮助我建立静电学概念及规律间的联系					
5.这种教学方式帮助我通过建模的方式解决实际问题，让我学会了解决实际问题的方法					
6.在解决实际问题中，我仍无法自主建构模型，需要老师和同学的帮助					
7.实验和仿真动画能够帮助我建构对抽象概念的认识					
8.将抽象的物理问题与真实的物理模型对应，建立了理论与实际之间的联系					
9.老师提出的问题造成了我的学习负担					
10.课堂教学帮助我从多角度思考问题，训练了思维					
11.课堂教学帮助我建立了物理学的核心概念，并围绕核心概念建构知识，减轻了我的学习负担					

续表

题目	非常不同意	不同意	不确定	同意	非常同意
12.通过静电学的学习，我能够围绕物理学的核心概念将已有的物理知识形成完整、一致的知识体系					
13.老师设计的实验能够促进我的求知欲					
14.描述现象、预测实验结果帮助我自主建构知识					
15.当我预测的实验结果与实验现象不一致时，会激发我的学习兴趣和好奇心，并帮助我改正原有的错误想法					
16.应用多种方式（作图、文字表述）来表述我对实验现象的解释，帮助我更清晰地了解和表达自己的想法					
17.小组讨论能够实现互补，从而帮助我理解概念					
18.小组讨论增加了我的学习负担					

二、现有以下方式：

A. 利用演示实验、生活现象引入课程，并在真实的问题中自主建构物理概念

B. 将抽象的物理问题真实化、具体化、生活化，有真实的模型与之对应

C. 课堂的学习活动，由教师引导，学生自主、合作地进行学习

D. 课堂的学习活动，主要由教师讲解，并需要讲解大量的习题

E. 应用所学知识解决实际生活或实验现象中的问题

F. 要求对课堂演示的实验现象进行描述、预测或解释，并用多种表征（图画、文字）方式表示

G. 课堂中演示一些实验结果不在我们预料之内的实验现象

H. 教师及时反馈学生存在的主要错误想法

I. 动画模拟（仿真）物理过程

J. 小组合作及课堂讨论

K. 黑板呈现主要教学内容

L. 围绕物质、能量、相互作用的核心概念组织教学内容

M. 注意与高中所学知识的衔接

N. 共享课程资源

O. 组织一些课外小组探究活动

P. 拓展书本上的内容，加强物理学与工程、技术、生活、社会、环境的联系，介绍一些前沿物理学或物理学中尚未解决的问题

Q. 其他

你最喜欢老师运用以上哪些方式（可多选），请说明原因：

你最不喜欢老师运用以上哪些方式（可多选），请说明原因：

你认为静电学教学中运用了以上哪些方式：

三、你对静电学教学中印象最深刻的环节是什么？

四、你认为静电学教学中需要改进的部分是什么？请简单说明原因。

五、在解决实际问题时，需要抽象和建立模型，你遇到的最大的困难是什么？你认为造成困难的主要原因是什么？你认为在解决实际问题中建构模型重要吗？请简单说明原因。你认为要能够应用物理知识解决实际问题，需要培养哪些能力，或采取哪些方式？

附录4 静电学心智模型前测（一）各选项百分比

题号 选项	1	2	3	4	5	6	7	8	9（1）	9（2）
A	3.8%	0	9.8%	74.4%	32.3%	18.8%	1.5%	37.5%	2.2%	4.5%
B	14.2%	0	11.3%	15.0%	59.4%	12.8%	0	18.0%	1.5%	0
C	24.1%	100.0%	75.2%	6.0%	5.3%	65.4%	49.6%	51.0%	45.1%	58.6%
D	57.9%		3.7%	3.8%	1.5%		48.9%	5.3%	3.8%	3.7%
E								7.2%	1.5%	1.5%
F								9.0%	43.6%	27.2%
空白				0.8%	1.5%	3.0%		6.0%	2.3%	4.5%

题号 选项	10（1）	10（2）	11	12	13	14（1）	14（2）	15（1）	15（2）	16
A	4.5%	35.3%	4.5%	13.5%	46.6%	12.0%	9.8%	7.6%	49.6%	0.8%
B	53.4%	9.8%	9.8%	74.4%	24.8%	77.5%	18.0%	34.6%	10.5%	13.5%
C	27.0%	9.8%	2.3%	12.1%	24.1%	7.5%	69.2%	54.2%	36.1%	74.4%
D	6.8%	17.3%	58.6%							9.1%
E	5.3%	25.6%	24.8%							
F										
空白	3.0%	2.2%			4.5%	3.0%	3.0%	3.6%	3.8%	2.2%

题号 选项	17	18（2）	18（3）	19（1）	19（2）	20（1）	20（2）	21（1）	21（2）
A	44.3%	24.8%	39.1%	0	4.5%	12.0%	18.1%	0.8%	46.6%
B	39.8%	49.6%	34.6%	1.5%	66.7%	55.6%	28.6%	49.6%	16.6%
C	2.0%	2.3%	1.5%	0.8%	12.0%	11.3%	34.6%	7.5%	13.5%
D	11.7%	17.3%	18.8%	85.7%	6.7%	7.5%	5.2%	26.3%	6.8%
E				0		0.8%		3.0%	
F				3.0%		2.3%		0	
空白	2.2%	6.0%	6.0%	9.0%	10.1%	10.5%	13.5%	12.8%	16.5%

注：学生将第8题当作多选题进行作答，导致百分比加和超过100%。

附录5 静电学心智模型后测（一）两个组的成绩和集中度比较

题号 选项	1（1）		1（2）		2（1）			
专业	通信工程	电子信息工程	通信工程	电子信息工程	通信工程		电子信息工程	
测试	后测	后测	后测	后测	前测	后测	前测	后测
A	29.6%	24.6%	5.6%	8.7%	72.5%	91.5%↑	78.3%	71.0%↓
B	69.0%	71.0%	70.4%	68.1%	17.4%	0	11.6%	2.9%
C	1.4%	2.9%	21.1%	21.7%	4.3%	5.6%	7.2%	15.9%
D	0	1.4%	2.8%	0	5.8%	2.8%	2.9%	5.8%
E								
F								
空白				1.4%				4.3%
集中	0.50	0.50	0.48	0.44	0.50	0.84	0.53	0.53
卡方检验*	x^2（3，N=140）=1.726，p=0.631＞0.05 无显著差异		x^2（3，N=139）=2.429，p=0.488＞0.05 无显著差异		x^2（3，N=137）=8.007，p=0.046＜0.05 显著差异			

题号 选项	2（2）				3			
专业	通信工程		电子信息工程		通信工程		电子信息工程	
测试	前测	后测	前测	后测	前测	后测	前测	后测
A	28.9%	21.1%↓	34.8%	17.4%↓	16.4%	12.7%	12.5%	21.7%
B	62.3%	73.2%	56.5%	66.7%	65.8%	38.0%	73.4%	56.5%
C	5.8%	1.4%	5.8%	8.7%	5.5%	46.5%↑	1.6%	15.9%↑
D	0	4.2%	2.9%	4.3%	12.3%	2.8%	12.5%	4.3%
E								
F								
空白	3.0%			2.9%				1.5%
集中	0.42	0.53	0.33	0.43	0.66	0.23	0.71	0.27
卡方检验	x^2（3，N=138）=4.16，p=0.245＞0.05 无显著差异				x^2（3，N=139）=14.824，p=0.002＜0.05 显著差异			

题号 选项	4（1）				4（2）			
专业	通信工程		电子信息工程		通信工程		电子信息工程	
测试	前测	后测	前测	后测	前测	后测	前测	后测
A	1.5%	1.4%	3.0%	2.9%	5.8%	1.4%	4.7%	2.9%
B	0	2.8%	3.0%	0	0	0	0	1.4%
C	44.1%	74.6%↑	46.3%	71.0%↑	63.8%	77.5%↑	57.8%	59.4%
D	1.5%	1.4%	5.3%	0	4.3%	1.4%	4.7%	2.9%
E	2.9%	0	0	0	4.3%		0	0
F	50.0%	19.7%↓	41.8%	26.1%↓	21.7%	19.7%	32.8%	33.3%
空白			0.6%					
集中	0.44	0.62	0.37	0.59	0.46	0.66	0.44	0.46
卡方检验	x^2（4，N=140）=3.962， p=0.411>0.05 无显著差异				x^2（4，N=140）=5.870， p=0.209>0.05 无显著差异			

题号 选项	5（1）				5（2）			
专业	通信工程		电子信息工程		通信工程		电子信息工程	
测试	前测	后测	前测	后测	前测	后测	前测	后测
A	1.5%	0%	7.2%	7.2%	29.4%	54.9%↑	42.6%	46.4%
B	60.6%	83.1%↑	50.7%	69.6%↑	8.8%	5.6%	10.3%	10.1%
C	24.2%	8.5%	30.3%	14.5%	8.8%	1.4%	11.8%	13.0%
D	10.6%	5.6%	2.9%	5.8%	23.5%	29.6%	13.2%	20.3%
E	3.0%	2.8%		1.4%	29.4%	8.5%	22.1%	10.1%
F		0						
空白			8.9%	1.4%				
集中	0.39	0.71	0.28	0.51	0.08	0.33	0.14	0.17
卡方检验	x^2（4，N=140）=7.403， p=0.116>0.05 无显著差异				x^2（3，N=140）=9.359， p=0.053>0.05 无显著差异			

题号 选项	6		7				8	
专业	通信工程	电子信息工程	通信工程		电子信息工程		通信工程	电子信息工程
测试	后测	后测	前测	后测	前测	后测	后测	后测
A	7.0%	13.0%	37.0%	0	45.4%	24.6%	78.9%	63.8%
B	38.0%	15.9%	32.9%	70.4%	33.3%	46.4%	5.6%	21.7%
C	14.1%	56.5%	8.2%	0	7.6%	4.3%	15.5%	13.0%
D	39.4%	8.7%	21.9%	29.6% ↑	13.7%	23.2% ↑		
E								
F								
空白	1.4%	5.9%				1.4%		1.5%
集中	0.13	0.21	0.09	0.54	0.17	0.17	0.56	0.28
卡方检验	x^2（3，N=135）=39.147，p=0.000<0.05 显著差异		x^2（3，N=139）=24.574，p=0.000<0.05 显著差异				x^2（2，N=139）=7.947，p=0.019<0.05 显著差异	

题号 选项	9		10（1）			
专业	通信工程	电子信息工程	通信工程		电子信息工程	
测试	后测	后测	前测	后测	前测	后测
A	16.9%	34.8%	17.6%	2.8%	9.1%	5.8%
B	66.2%	42.0%	72.1%	87.3% ↑	84.8%	79.7% ↓
C	14.1%	20.3%	10.3%	8.5%	6.1%	13.0%
D				0		1.4%
E				0		0
F				0		0
空白	2.8%	2.9%		1.4%		
集中	0.33	0.05	0.22	0.74	0.44	0.58
卡方检验	x^2（3，N=136）=8.902，p=0.012<0.05 显著差异		x^2（2，N=138）=1.657，p=0.437>0.05 无显著差异			

题号 选项	10（2）				11（1）			
专业	通信工程		电子信息工程		通信工程		电子信息工程	
测试	前测	后测	前测	后测	前测	后测	前测	后测
A	8.8%	7.0%	10.6%	18.8%	9.0%	5.6%	7.6%	11.6%
B	26.5%	19.7%	13.6%	5.8%	41.8%	45.1%	27.3%	36.2%↑
C	64.7%	73.2%↑	75.8%	73.9%	49.2%	49.3%	65.1%	49.3%
D								
E								
F								
空白				1.4%				2.9%
集中	0.30	0.44	0.28	0.47	0.18	0.22	0.31	0.15
卡方 检验	x^2（2，N=139）=9.060， p=0.011<0.05 显著差异				x^2（2，N=138）=2.093， p=0.351>0.05 无显著差异			

题号 选项	11（2）				12（1）		12（2）	
专业	通信工程		电子信息工程		通信工程	电子信息工程	通信工程	电子信息工程
测试	前测	后测	前测	后测	后测	后测	后测	后测
A	53.7%	56.3%	50.8%	43.5%	5.6%	14.5%	7.0%	21.7%
B	16.4%	18.3%	4.6%	18.8%	50.7%	44.9%	63.4%	55.1%
C	29.9%	25.4%↓	44.6%	31.9%↓	35.2%	27.5%	14.1%	11.6%
D					4.2%	4.3%	11.3%	4.3%
E					0	0		
F					0	0		
空白				5.7%	4.2%	8.7%	4.2%	7.2%
集中	0.14	0.16	0.24	0.07	0.30	0.20	0.39	0.30
卡方 检验	x^2（2，N=136）=1.567， p=0.457>0.05 无显著差异				x^2（3，N=131）=3.577， p=0.311>0.05 无显著差异		x^2（3，N=132）=7.971， p=0.047<0.05 显著差异	

题号 选项	13		14（1）		14（2）		15	
专业	通信工程	电子信息工程	通信工程	电子信息工程	通信工程	电子信息工程	通信工程	电子信息工程
测试	后测	后测	后测	后测	后测	后测	后测	后测
A	1.4%	4.3%	97.2%	42.0%	7.0%	20.3%	1.4%	8.7%
B	2.8%	2.9%	1.4%	36.2%	90.1%	52.2%	84.5%	26.1%
C	7.0%	7.2%	1.4%	5.8%	1.4%	5.8%	2.8%	10.1%
D	85.9%	73.9%					2.8%	17.4%
E	2.8%	8.7%					7.0%	26.1%
F								4.3%
空白		2.9%		15.9%	1.4%	21.7%	1.5%	7.3%
集中	0.75	0.59	0.93	0.20	0.79	0.33	0.75	0.09
卡方检验	x^2(4，N=138)=3.780，p=0.437>0.05 无显著差异		x^2(2，N=129)=29.370，p=0.000<0.05 显著差异		x^2(2，N=124)=12.039，p=0.002<0.05 显著差异		x^2(5，N=134)=46.279，p=0.000<0.05 显著差异	

题号 选项	16				17	
专业	通信工程		电子信息工程		通信工程	电子信息工程
测试	前测	后测	前测	后测	后测	后测
A	50.0%	4.3%	34.7%	29.6%	12.7%	11.6%
B	39.7%	73.9%↑	43.5%	57.7%↑	45.1%	55.1%
C	4.4%	2.9%	1.5%	1.4%	39.4%	23.2%
D	5.9%	15.9%	20.3%	11.3%	1.4%	4.3%
E						
F						
空白		2.9%			1.4%	5.8%
集中	0.24	0.56	0.19	0.32	0.30	0.35
卡方检验	x^2(3，N=138)=15.291，p=0.002<0.05 显著差异				x^2(3，N=135)=4.667，p=0.198>0.05 无显著差异	

题号 选项	18（2）				18（3）			
专业	通信工程		电子信息工程		通信工程		电子信息工程	
测试	前测	后测	前测	后测	前测	后测	前测	后测
A	28.8%	16.9%	23.8%	27.5%	45.4%	21.1%	36.5%	26.1%
B	57.6%	70.4%↑	47.6%	44.9%	39.4%	66.2%↑	34.9%	34.8%
C	0	0	4.8%	1.4%	1.5%	0	1.6%	7.2%
D	13.6%	11.3%	23.8%	14.5%	13.6%	11.3%	27.0%	20.3%
E								
F								
空白		1.4%		11.6%		1.4%		11.6%
集中	0.16	0.49	0.09	0.24	0.12	0.43	0.07	0.10
卡方检验	$x^2(3,N=131)=6.673$，$p=0.083>0.05$ 无显著差异				$x^2(3,N=131)=13.897$，$p=0.003<0.05$ 显著差异			

题号 选项	19（1）				19（2）			
专业	通信工程		电子信息工程		通信工程		电子信息工程	
测试	前测	后测	前测	后测	前测	后测	前测	后测
A	7.9%	16.9%↑	16.4%	15.9%	23.3%	2.8%	18.6%	8.7%
B	65.1%	60.6%	62.3%	52.2%	31.7%	70.4%↑	33.9%	58.0%↑
C	14.3%	7.0%	9.8%	4.3%	40.0%	19.7%	40.7%	20.3%
D	7.9%	9.9%	9.8%	14.5%	5.0%	0	6.8%	1.4%
E	1.6%	0	0	0				
F	3.2%	0	1.6%	1.4%				
空白		5.6%		11.6%		7.0%		11.6%
集中	0.45	0.46	0.42	0.39	0.06	0.57	0.13	0.40
卡方检验	$x^2(4,N=128)=2.417$，$p=0.660>0.05$ 无显著差异				$x^2(3,N=127)=3.920$，$p=0.270>0.05$ 无显著差异			

题号 选项	20（1）				20（2）			
专业	通信工程		电子信息工程		通信工程		电子信息工程	
测试	前测	后测	前测	后测	前测	后测	前测	后测
A	0	4.2%	1.7%	0	42.9%	21.1%	66.1%	27.5%
B	62.3%	40.8%	54.2%	44.9%	19.6%	57.7%↑	18.6%	46.4%↑
C	4.9%	8.5%	13.6%	10.1%	26.8%	8.5%	10.2%	11.6%
D	27.9%	36.6%↑	28.8%	30.4%	10.7%	4.2%	5.1%	0
E	4.9%	0	1.7%	1.4%				
F								
空白		9.9%		13.1%		8.5%		14.5%
集中	0.24	0.31	0.33	0.34	0.08	0.36	0.39	0.29
卡方检验	$x^2(4,N=124)=4.551$，$p=0.337>0.05$ 无显著差异				$x^2(3,N=124)=4.586$，$p=0.205>0.05$ 无显著差异			

题号 选项	21（1）		21（2）		22			
专业	通信工程	电子信息工程	通信工程	电子信息工程	通信工程		电子信息工程	
测试	后测	后测	后测	后测	前测	后测	前测	后测
A	9.9%	11.6%	11.3%	13.0%	1.5%	4.2%	6.2%	1.4%
B	7.0%	7.2%	12.7%	15.9%	20.9%	5.6%	15.6%	4.3%
C	31.0%	27.5%	26.8%	26.1%	55.2%	64.8%↑	53.1%	53.6%
D	14.1%	13.0%	31.0%	15.9%	6.0%	2.8%	9.8%	5.8%
E					7.5%	2.8%	0	8.7%
F					9.0%	7.0%	1.6%	8.7%
空白	38.0%	40.6%	18.3%	29.0%		12.7%	13.7%	17.4%
集中	0.16	0.13	0.08	0.04	0.33	0.58	0.42	0.45
卡方检验	$x^2(3,N=85)=0.233$，$p=0.972>0.05$ 无显著差异		$x^2(3,N=107)=3.210$，$p=0.359>0.05$ 无显著差异		$x^2(5,N=119)=4.675$，$p=0.457>0.05$ 无显著差异			

题号 选项	23				24	
专业	通信工程		电子信息工程		通信工程	电子信息工程
测试	前测	后测	前测	后测	后测	后测
A	11.6%	12.7%	0	2.9%	0	15.9%
B	5.8%	19.7%	13.0%	15.9%	1.4%	4.3%
C	2.9%	1.4%	1.5%	0	0	7.2%
D	[52.2%]	[40.8%]↓	[65.2%]	[33.3%]↓	18.3%	15.9%
E		9.9%		15.9%	[70.4%]	[29.0%]
F	27.5%	4.2%	20.3%	8.7%	1.4%	1.4%
空白		11.3%		23.2%	8.5%	26.2%
集中	0.28	0.23	0.45	0.22	0.66	0.17
卡方检验	$x^2(5, N=116)=7.590$, $p=0.180>0.05$ 无显著差异				$x^2(5, N=116)=28.753$, $p=0.000<0.05$ 显著差异	

注：* 卡方检验为后测通信工程和电子信息工程专业学生选项分布的差异性检验。

表格中↓↑为通信工程和电子信息工程各自前后测正确答案比例的变化（超过5%变化的才进行标注）。

表格[ ]中数据表示该题的正确选项比例。

附录6　静电学心智模型测试（二）评分标准及编码说明

一、前测（二）试题评分标准及编码

第 1 题由于难度过大，几乎没有学生选择正确答案，因此未进行编码。

第 2 题

考查学生的思维方式和学生对金属导体的认识，因此此题评判学生模型类型的核心要素是思维方式和概念这两个核心要素。

心智模型类型	层次
2.0 未作答	0
记忆水平，未推理	
2.1 正负电荷均移动（选A）	1
2.2 导体内只有电子能够移动（选B）	1
简单因果推理	
2.3 导体带负电，因此可判断导体上正电荷移动	
2.3.1 导体内正电荷移动（学生不考虑负电荷，选C）	1
2.3.2 导体内正电荷移动，无法判断负电荷（选C或D）	1
2.3.3 导体内正电荷移动，自由电子可以移动，因此正负电荷均移动（选A）	1
2.4 大地带负电，中和正电（选B或D）	1
系统性推理	
2.5 科瑕模型	2
2.6 科学模型（选D）	3

编码说明：

2.1 正负电荷均移动，学生可能选择 A。例如学生解释：一开始受到物体所带正电的吸引，负电荷移动至左边，正电荷移向右边，接地后正电荷移走，负电荷在导体内均匀分布；正负电荷均在移动，并达到平衡。

2.2 只有电子移动，学生可能选择 B。例如学生解释：只有负电荷能移动。

2.3.1 导体带负电，说明正电荷移动，学生可能选择 C。例如学生解释：正电荷移动走了，所以导体才带上负电。

2.3.2 正电荷移动，无法判断负电荷，学生可能选择 C 或 D。例如学生解释：只能判断正电荷移动，无法判断负电荷移动，应再加一个带负电的物体（2.3.1 与 2.3.2 的差别在于，都是通过结果推断正电荷移动，但是 2.3.2 无法判断负电荷移动，而 2.3.1 根本不去判断负电荷是否移动）。

2.3.3 导体内正电荷移动，自由电子可以移动，因此正负电荷均移动。学生根据结果判断正电荷移动，再结合自己对导体的认识，推断负电荷可移动 。学生可能选择 A。例如学生解释：带负电是正电荷转移到地下，负电荷也发生移动，或导体里正电荷受到带正电物体的排斥进入地下（推理），导体里的负电荷受到吸引，所以物体带负电，可得正负电荷都在自由移动。（注意，2.1 和 2.3.3 的差别在于，2.1 学生没有进行推理，直接利用自己的记忆进行判断，2.3.3 则是在简单因果推理的基础上，利用记忆进行判断。2.1 和 2.3.3 学生的思维方式是不一样的，2.1 的学生对于金属导体的认识就是正负电荷均可以移动，直接拿这个结论来进行推论，而 2.3.3 的学生并不知道正电荷是否移动，是由结论反过来推出正电荷是移动的，再进行下一步的推理。我们对 2.1 和 2.3.3 做此区分是想了解学生思维方式的特点。）

2.4 大地带负电，中和正电（学生只要说了大地带负电，即纳入此条），学生可能选择 B 或 D。例如学生解释：接地后，地面的负电荷流入导体中，使导体整体带负电。

2.5 科瑕模型，学生从系统的角度进行推理，推理基本正确，并选择正确答案，但没有全面考虑所有情况，或存在迷思概念。例如学生解释：由于不知道是导体的正电荷移向地面，还是地面的负电荷移向导体，故不能判断。（考虑得不全面，导体内也有可能电子在移动。）

2.6 科学模型，学生从系统的角度进行完整推理。

注意：若出现了上述两种情况及以上结合的回答，则采用如 2.1+2.3 等形式表示，同时一定要注意 2.3.1 和 2.3.2 的区别，2.1 和 2.3.3 的区别。

层次说明：

将以上编码根据本题考查的核心要素和心智模型框架，划分为 3 个层次。划分层次的依据：学生是进行了推理还是纯粹调用了记忆碎片，学生对金属的内部结构是否有正确模型，学生是否从系统的角度来考虑问题。

第 1 层次（最低层次）：学生对金属导体的内部结构存在错误模型，或仅仅正确地记住金属导体的内部结构特点，但不进行推理；或学生仅仅进行简单的因果推理，对整个系统没有进行分析；或学生考虑大地，并将大地与金属导体等构成系统，但仍采用简单的因果推理方式。

第 2 层次：学生进行系统推理，但对金属导体的内部结构存在迷思，或考虑不全面。

第 3 层次（最高层次）：学生首先正确地建构了金属导体的内部结构，并针对该题进行了系统推理和判断。

第 3 题

考查学生对场以光速传播的认识，因此场是本题判断的核心要素。

心智模型类型	层次
3.0 未作答	0
3.1 库仑定律（公式与时间无关），未考虑电场	1
3.2 牛顿第三定律，未考虑电场（同时产生，同时消失）	1
3.3 静电平衡需要时间	1
3.4 仅考虑Q产生场及Q产生的场对q的作用力	1
3.5 Q和q均产生场，未考虑场的传递需要时间（或认为场的传递不需要时间）（科瑕模型）	2
3.6 科学模型	3

编码说明：

3.1 库仑定律（公式与 t 无关），无场的认识，学生的答案是“同时”。

3.2 牛顿第三定律（作用力与反作用力同时产生、同时消失），无场的认识，学生的答案是“同时”。例如学生解释：因为库仑力是两电荷之间的相互作用力，它同时产生，同时消失。

3.3 带电体静电平衡需要时间（凡是提到电荷移动需要时间均放入此类），学生的答案是“不同时”。例如学生解释：带电体内的电荷会移动直到平衡，这需要一个短暂的过程，最后两者间的作用力达到平衡。

3.4 只考虑 Q 产生电场，因此 Q 对 q 施加力（即只考虑 q 受力）（本编码强调学生只考虑了 q 的受力，即单向力，而不是相互作用，凡是这种情况均纳入这一编码）。学生的答案是“同时”。例如学生解释：由于电荷 Q 周围存在稳定电场，故 q 放入 Q 的电场内当然同时产生力。

3.5 考虑到 Q 和 q 均产生场，但未考虑场的传递时间（本编码强调学生不考虑场的传递时间）。学生的回答是“同时”。例如：两个电荷均有电场，学生回答“同时”，或因为电荷的周围一直存在静电场，因此在 q 放入的同时产生相互作用力，或两个电荷都处在对方产生的静电场中，都同时受到库仑力作用。或学生的模型基本科学，但表述存在问题，例如：电场的相互作用是非常迅速的。

3.6 科学模型

学生的回答：由于电荷 Q 周围存在稳定电场，故 q 放入 Q 的电场内的同时就受到力，根据牛顿第三定律，则相互作用也是同时的。这条编码应该是 3.4+3.2，也就是说学生根据 q 受力同时再加牛顿第三定律进行推导，即使学生在答案中没有明确提到牛顿第三定律，但只要学生的推理是根据 q 受力同时来判断相互作用同时，就可以编码为 3.4+3.2。本编码需要注意与 3.4、3.5 的区别。

层次说明：

若对我们的编码划分层次的话，可以分为 3 个层次。划分层次的依据：学生是否从场的角度思考问题，学生是否具有系统思维，即两个电荷均会产生场。

第 1 层次（最低层次）：学生均未从场的角度分析问题，而是直接套用公式和定律，对牛顿第三定律的适用范围不清楚；或者有场的概念，但仅考虑 Q 产生的电场，及 Q 对 q 的单向受力，没有考虑整个系统。

第 2 层次：学生考虑了 Q 和 q 均产生电场，但不知道场传递需要时间；或学生基本建立科学模型，但描述不准确。

第 3 层次（最高层次）：学生能够正确描述两个电荷均产生电场，q 在放入的同时受到电场力，但 q 产生的电场需要传递时间，因此 Q 需一段时间后才受力。

第 4（1）题（金属）

本题考查的核心要素是静电感应和金属导体的微观结构。

心智模型类型	层次
4.1.0 未作答	0
4.1.1 不能清楚表述静电感应，表述中明确认为正电荷移动	1
4.1.2 只有接触才能带电，缺少静电感应的知识	1
4.1.3 学生清楚说出静电感应过程，但未说明金属内何种带电粒子在运动	2
4.1.4 学生清楚说出静电感应过程，并明确说明金属导体内电子移动	3

第 4（2）题（电介质）

本题考查的核心要素是极化和电介质的微观结构。

心智模型类型	层次
4.2.0 未作答	0
4.2.1 绝缘体不能带电	1
4.2.2 类比静电感应过程，但对极化机理没有清楚认识	2
4.2.3 学生清楚说出极化过程	3

第 5（1）题

本题为作图题，考查学生在摩擦情境中对电介质的认识。

心智模型类型	层次
5.1.0 未作答	0
5.1.1 摩擦起电后电荷均匀分布在玻璃棒上	1
5.1.2 摩擦起电后，正负电荷分布在玻璃棒的左右两端或内外两侧	1
5.1.3 正电荷分布在摩擦处	3

第 5（2）题

本题考查学生对摩擦起电实质的认识。

心智模型类型	层次
5.2.0 未作答	0
5.2.1 电荷可以自由移动	1
5.2.2 正电荷转移	1
5.2.3 电子转移，或未说明电子为何转移	2
5.2.4 从束缚能力+电子转移角度解释	3

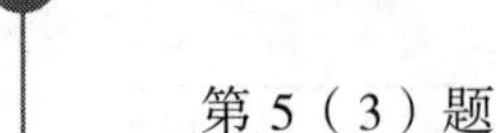

第5（3）题

本题考查学生对电介质极化的认识。

心智模型类型	层次
5.3.0 未作答	0
5.3.1 场对任何物体均有作用	1
5.3.2 小纸屑带负电	1
5.3.3 小纸屑接触带电	1
5.3.4 类比静电感应，但解释不清楚	2
5.3.5 从极化的角度进行解释	3

编码说明：

5.3.1 场对任何物体均有作用，强调玻璃棒的电荷产生的场对小纸屑等微小物体有作用，但不分析为什么有作用。例如学生解释：正电形成的静电场可以吸引小纸屑（该表述存在的问题，学生可能认为场对任何物质均有作用，且都是吸引作用）；或不做任何解释，仅说有静电力存在，如静电吸引，或电荷会对微小物体有作用。

5.3.2 小纸屑本来就带电（灰尘带负电），本编码强调学生认为小纸屑本身带电，无论学生认为小纸屑带正电或负电均属这类。例如学生解释：小纸屑上带有微量的电荷使其与玻璃棒之间相互吸引。

5.3.3 带电体对小纸屑内的电荷有力的作用。例如学生解释：带电玻璃棒在靠近小纸屑时，与物体内的电荷相吸引，当静电力大于重力时，就能将小纸屑吸引起来（学生可能没有学习极化，但是知道带电体会对小纸屑内部的电荷有作用，但未提到场）；因为小纸屑中有负电荷，虽然小纸屑对外显电中性，但小纸屑太小，玻璃棒吸引负电荷的力大于正电荷的排斥力，故会吸引。

5.3.4 极化使小纸屑带电，异性相吸。例如学生解释：小纸屑靠近玻璃棒时被极化，又因异种电荷相吸，故玻璃棒能吸引小纸屑。

层次说明：

本题考查学生对极化和电介质微观结构的认识，因此场对电介质内的电荷有作用是本题的核心要素。

第1层次：学生认为吸引就有静电力，或学生认为电荷吸引轻小物体是一种性质。

第2层次：学生提到了电荷或场对小纸屑中的电荷有力的作用，使小纸屑中的电荷重新排布。可能学生没有学习极化的知识，但是学生仍然能用已有知识进行预测。

第3层次：科学模型，学生明确且清楚地分析极化过程。

第6题

心智模型类型	层次
6.0 未作答	0
6.1 铜棒不能通过摩擦带电，或铜棒、丝绸的摩擦电子能力相当	1
6.2 铜棒为导体，其上电荷均匀分布，所以不带电，或铜棒上的电子会与多余电荷中和	1
6.3 铜棒和人体均为导体，有电荷移动，但未说明何种电荷移动及电荷如何移动	2
6.4 铜棒和人体均为导体，大地上的电子会向导体移动	3

编码说明：

6.1 摩擦不能使导体带电（没有说明为什么不能使导体带电）。例如：铜棒与丝绸摩擦时，铜棒不易失去电子，没有引起电荷转移。铜棒是导体，可将电荷导走，或学生只回答铜棒是导体（学生可能的思维是认为导体可以将电荷导走，但未考虑如何导走，导到哪去，可见学生思维存在欠缺）。该编码与6.3和6.4的区别在于，回答中未提到大地或人体，未说明电荷到哪去。学生可能认为铜棒上的电荷与丝绸上的电荷中和，没有系统概念，例如：铜棒的导电性好，摩擦带电后马上导走电荷，故显电中性。

6.2 摩擦后铜棒带净电荷，由于铜棒是导体，会有自由电荷移过来与其中和（没有考虑自由电荷与净电荷中和后，导体原来的电中性已被破坏），如：丝绸摩擦后带正电，由于铜棒为导体，电荷会重新分布，最后不带电（6.1和6.2的区别在于，6.2是导体本身的正负电荷与导体所带的电荷中和，即内部消耗，6.1则强调导体上的电荷被导到外部去了）。

6.3 铜棒和人体都是导体，电荷被导走，未说明什么电荷移动，学生可能认为正电荷也能移动（该编码与6.4的区别在于，学生未说明是什么电荷移动，但是必须要提到人体）。例如：因铜棒是导体，手持铜棒会使铜棒上的电荷与大地中和。

6.4 摩擦时，铜棒一端失去电子，又从另一端导入人体电子（该编码为科学模型，学生回答中必须强调是电子的移动）。例如：人体和铜棒都是良好的导体，可以从大地获得电子。

层次说明：

本题考查学生对金属导体的认识以及学生是否将导体和大地建立系统。

第 1 层次：学生没有从系统角度思考，且对金属导体有错误认识。

第 2 层次：学生从系统角度思考，但对金属导体有错误认识或分析过程不清晰。

第 3 层次：学生从系统角度思考，且对金属导体、大地和人体有正确认识，解释清楚。

第 7 题

本题考查学生是否从场的角度思考问题。

心智模型类型	层次
7.0 未作答	0
7.1 单摆悬挂的正电荷离左侧负电荷近，因此受到左侧的吸引力大，大多数学生认为单摆向左上方摆动（还有少数学生考虑了运动导致金属筒上的电荷重新分布，单摆要做不对称摆动，或最终静止。这类学生考虑了变化）（电场力模型）	1
7.2 静电屏蔽（学生可能对静电屏蔽有错误理解，例如金属筒内电场为0，屏蔽即不让电场通过等）（科瑕模型）	2
7.3 金属筒上的电荷在金属筒内产生的电场矢量和为0，单摆悬挂的正电荷产生的电场对自身的作用为0，因此单摆静止不动，若拉动一个角度，则周期性摆动（科学模型）	3

8（1）编码

心智模型类型	层次
8.1.0 未作答	0
8.1.1 电场是假想的	1
8.1.2 电场是电场力，或是会产生相互作用力的区域。这一编码的特点是学生从力的角度建立场，特别强调场是两物体间的相互作用的区域或力的区域	1
8.1.3 区域、环境、范围（与8.1.2的区别是，8.1.2强调的是相互作用或电场力的区域）	1
8.1.4 电场是一种特殊物质，但这是教材上的描述	2
8.1.5 电场是特殊物质	3

8（3）编码（评判物质的标准）

心智模型类型	层次
8.3.0 未作答	0
8.3.1 物质需要看得见、摸得着	1
8.3.2 物质由原子、分子构成	1
8.3.3 电场是（物质的、电荷的或其他的）某种属性	1
8.3.4 存在即为物质	2
8.3.5 物质间有相互作用，电场对放入的试探电荷有力的作用	2
8.3.6 物质是一种特殊形态的物质	3

8（4）编码（电场的性质）

心智模型类型	层次
8.4.0 未作答	0
8.4.1 电场强度有强弱之分	1
8.4.2 方向性（矢量性）	1
8.4.3 电场强度、电势、电场力等	1
8.4.4 对放入的电荷有力的作用	1
8.4.5 具有能量	2
8.4.6 传播速度为光速	2
8.4.7 叠加性等	3

9（1）编码

心智模型类型	层次
9.1.0 未作答	0
9.1.1 能使电荷运动（与场混淆）	1
9.1.2 与物体的形状有关	1
9.1.3 能发生能量转换	1
9.1.4 满足做正功能量降低，做负功能量增高的原则	1
9.1.5 具有零势能点的能，相对量，例如：与参考点选取有关	2
9.1.6 与位置有关，对应保守力做功，做功与路径无关	2
9.1.7 互能和位能	3

9（2）编码

心智模型类型	层次
9.2.0 未作答	0
9.2.1 电势能与电场中是否存在电荷无关	1
9.2.2 运动电荷才有电势能	1
9.2.3 电场中的带电体均有电势能（包含了电场和电荷的信息）	2
9.2.4 电势能是电场和电荷共同拥有的，是系统量	3

9（3）编码（电场同一位置不同试探电荷的电势能）

心智模型类型	层次
9.3.0 未作答	0
9.3.1 电势能与质量有关	1
9.3.2 与零势能点选取有关	2
9.3.3 与电量和电场有关	3

9（4）编码（电势的影响因素）

心智模型类型	层次
9.4.0 未作答	0
9.4.1 电场强弱或电场方向	1
9.4.2 试探电荷的电量和位置	1
9.4.3 零电势的选取	2
9.4.4 源电荷的性质	2
9.4.5 场点与源电荷的距离	2
9.4.6 源电荷及场点所在位置	3

二、后测（二）试题评分标准及编码

HQ2（1）编码

心智模型类型	层次
H2.1.0 未作答	0
H2.1.1 明确用文字或图画标明静电感应过程中，金属导体内正负电荷均移动，或认为仅正电荷移动	1
H2.1.2 正确解释静电感应现象，但对移动电荷未明确说明	2
H2.1.3 正确解释静电感应现象，并明确用文字或图画标明是电子在移动	3

HQ2（2）编码

心智模型类型	层次
H2.2.0 未作答	0
H2.2.1 认为矿泉水瓶不动，原因是绝缘体不能带电或电荷不能移动	1
H2.2.2 认为矿泉水瓶移动，类比静电感应进行解释	2
H2.2.3 认为矿泉水瓶移动，详细描述并画图表征极化过程	3

HQ3（1）编码

心智模型类型	层次
H3.1.0 未作答	0
H3.1.1 验电器1张角变小，验电器2张角张开，学生认为金属棒内正电荷在移动	1
H3.1.2 验电器1张角变小，验电器2张角张开，学生认为金属棒内正、负电荷在移动	2
H3.1.3 验电器1张角变小，验电器2张角张开，学生描述和作图表征金属棒内仅电子在移动	3

HQ3（2）编码

心智模型类型	层次
H3.2.0 未作答	0
H3.2.1 验电器1张角变小，验电器2张角张开，学生认为木棒内有电荷在移动	1
H3.2.2 验电器1张角不变，验电器2张角未张开，学生认为木棒内电荷不能发生移动	2
H3.2.3 验电器1张角不变（或微小变化），验电器2张角未张开（或微小变化），学生认为木棒虽在外电场作用下发生极化现象，但是极化电荷不能传导	3

HQ8（1）编码

心智模型类型	层次
H8.1.0 未作答	0
H8.1.1 两球不会运动，因为两球不带电	1
H8.1.2 两球会分开，左侧小球向左移动，右侧小球向右移动，因为静电感应，两球带上不同电荷	2
H8.1.3 两球不会分开，但会一起向左运动，因为静电感应，左侧小球带上负电，右侧小球带上正电，左侧小球受到棒的吸引力，而右侧小球受到左侧小球的吸引力	3

HQ8（2）编码

心智模型类型	层次
H8.2.0 未作答	0
H8.2.1 两球紧挨着一起运动，因为两球相互吸引	1
H8.2.2 接触后两球会分开一段距离，因为两球带同种电荷，相互排斥	2
H8.2.3 接触时，两球会相互吸引，当棒离开球体，球体上电荷达到平衡，两个球均带上正电荷，因此相互排斥，两者将会分开	3

HQ9（1）编码

心智模型类型	层次
H9.1.0 未作答	0
H9.1.1 不张开，因为橡胶棒不接触金属球	1
H9.1.2 张开，清楚描述静电感应过程，但未清楚描述或画出移动的电荷	2
H9.1.3 张开，清楚描述静电感应过程，且清楚描述或画出移动的电荷	3

HQ9（2）编码

心智模型类型	层次
H9.2.0 未作答	0
H9.2.1 不张开，因为塑料瓶会隔绝电场的作用或会产生静电屏蔽	1
H9.2.2 张开，塑料瓶是绝缘体，不会产生任何影响	2
H9.2.3 张开，但张角会比9（1）题中要小，当带电体靠近塑料瓶时，塑料瓶会出现极化现象，产生极化电荷，极化电荷产生的电场与外电场方向相反，因此会削弱外电场	3

HQ9（3）编码

心智模型类型	层次
H9.3.0 未作答	0
H9.3.1 张开，因为金属网可以导电	1
H9.3.2 不张开，因为静电屏蔽（学生未对其进行解释）	2
H9.3.3 不张开，因为当带电体靠近金属网时，金属网上会出现感应电荷，感应电荷产生的电场与外电场在金属网内的合场强为0	3

HQ10 编码

心智模型类型	层次
H10.1.0 未作答	0
H10.1.1 电子在原子核附近具有的电场能大，因此束缚能力强（学生将电场能、束缚能力与电势能等概念混淆）	1
H10.1.2 原子核对电子有吸引作用，或电子在不同位置能量不同（但不解释概率不同的原因）	2
H10.1.3 靠近原子核区域电子受到的电场力大，或靠近原子核区域电子的能量小，因此稳定	3

HQ11

心智模型类型	层次
H11.1.0 未作答	0
H11.1.1 错误预测电子的运动。例如沿着金属棒向上运动，直到顶端	1
H10.1.2 正确预测电子的运动，即电子向金属圆筒B运动，从力的角度进行计算	2
H10.1.3 正确预测电子的运动，即电子向金属圆筒B运动，从能的角度进行计算	3

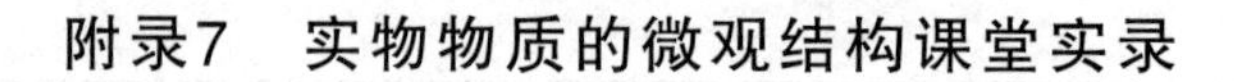

附录7 实物物质的微观结构课堂实录

教师：同学们，大家从高中就开始学习物理，可能同学们觉得物理很难学，知识很零碎，其实物理学本身是具有很好的统一性的。如果要你们用三到四个词来概括物理学的话，你们觉得是哪几个词？

学生思考（学生一时很难回答）。

教师：那我给同学们一点提示，从物理学研究的内容角度出发，物理学研究什么？

学生（某女生）：事物的现象。

学生（某男生）：物质的结构，物质的相互作用，物质的运动规律。

教师：回答得很好。那么针对这些研究内容，同学们能概括出物理学的核心概念吗？首先，物质的结构对应的核心概念是什么？

没有学生回答。

教师：那物质的相互作用呢？

学生（大声）：相互作用。

教师：那物质的运动规律呢？

学生（大声）：运动。

教师在 PPT 上给出这个表格：

物理学研究的对象	核心概念
物质的结构	物质
物质与物质间的相互作用规律	相互作用
物质或物体的运动规律	运动

教师：除了这些概念，你们认为还有其他概念吗？我们无论是学习力学、热学还是光学都会讨论的一个概念是什么？

学生无法回答。

教师：是能量，你们认可吗？力学，我们讨论动能、势能、机械能；热学，我们讨论内能；光学，我们讨论光能。我们即将学习的电磁学同样要讨论电磁的有关能量。（学生十分认可，但是学生也仅仅是接受。在后续的课程中教师将经常引导学生从能量的角度思考问题。）

教师：大家知道经典物理学分为力学、热学、光学、电磁学，但你知道这是依据哪个核心概念进行划分的吗？是从物质运动的角度进行划分的，即力学研究宏观物体的运动规律，热学研究大量分子的运动规律，光学研究光的运动规律，电磁学研究电荷的运动规律以及场。实际上，我们可以将上述的四个概念概括为三个核心概念，即物质、运动和相互作用、能量。若同学们的物理知识能围绕这三个核心概念来组织，将会更加明晰化。

设计意图：美国《K–12 科学教育的框架：实践、跨学科概念和核心观念》中提出了核心概念和跨学科概念，因此教师引导学生重视这三个核心概念，并围绕这三个核心概念进行学习，从而形成一致化的心智模型。

教师：我们上学期学习了力学、热学和光学，这学期我们接着学习电磁学。首先想问问同学们，你们认为电磁学重要吗？我们来看一个问题。

以下哪些现象本质上属于电磁现象？

弹簧的弹力　脱衣服发出的噼啪声　走在干树叶上发出的噼啪声

银河系的螺旋结构　神经传导　原子核裂变　极光　气体的压强

学生 A（男生）：除“弹簧的弹力、银河系的螺旋结构、气体的压强”不是之外，其他都是。

学生 B（女生）：基本赞成 A 同学的看法，但还有“走在干树叶上发出的噼啪声”也不是。

教师：为什么脱衣服的噼啪声是电磁现象，而走在干树叶上的就不是了呢？

学生 B 不能回答。

（注：大多数学生都赞同他们的观点。）

教师：这个问题留给同学们通过后续的学习来进一步思考，并找出正确答案。

设计意图：通过问题，引发学生对于电磁学重要性的体会和进一步的思考，让学生在情感上意识到电磁学在生活中的重要性，从而重视对物理的学习。

（从学生回答的情况看，学生没有将压力和弹力归为电磁相互作用，对于各种力的认识仅停留在宏观表现，未关注它们的微观实质，也没有按照四种相互作用来组织各种力。)

教师：从刚才的问题，同学们可以意识到我们身边到处都充满了电和磁，如麦克风、计算机、电灯、电脑、收音机，光本身也是一种电磁现象，无线电波也是，飞机、汽车、火车都需要电，马也需要生物电来带动肌肉收缩，我们的神经系统需要电，原子、分子以及所有化学反应都要依靠电，没有电我们将看不见，没有电心脏将会停止跳动，没有电我们将停止思考。

教师：那么我们从相互作用这个核心概念的角度出发，怎么体现电磁学的重要性呢？

设计意图：逐渐让学生围绕三个核心概念构建知识结构。

教师：下面我们来比较一下自然界中的四种相互作用。首先我们看力程——力的作用范围。引力作用和电磁作用都是长程力，而强相互作用和弱相互作用的力程在 10^{-15}m 数量级的范围内，10^{-15}m 是什么的尺度呢？

学生不是太清楚，个别学生回答。

教师：10^{-15}m 是原子核的尺度，也就是说强相互作用和弱相互作用只有在原子核的尺度内才能表现出来，而在宏观世界能够感受到的力，就只有引力作用和电磁作用。但是从强度进行比较时，引力作用远远小于电磁作用，如果我们考虑到原子分子尺度时，显然起支配作用的就是电磁相互作用了。同学们在高中，包括上学期的大学物理中学了重力、引力、弹力、支持力、压力、摩擦力、水的黏滞阻力等，你们认为这些力都属于哪些相互作用呢？

学生很迷茫。

教师：除了重力和引力外，其他力其实都是电磁力。同学们可以自己分析一下，除此之外，将电子和原子核结合成原子的力，把原子结合成分子的化学键，把分子结合成固体和液体的分子力，无一不是这种电磁力的表现。

学生很惊诧。

教师：关于电磁学的重要性，我还想从物理学史和电磁学对科学技术的贡献的角度来说说。大家都知道经典物理有三次大的综合，第一次是17世纪，牛顿将地上物体的运动和天体运动统一起来，揭示了物体的普遍运动规律，建立了经典力学体系。第二次是18世纪，经过迈尔、焦耳、卡诺、克劳修斯等人的研究，经典热力学和经典统计力学正式确立，从而将热与能、热运动的宏观表现与微观体制统一起来。这一次是技术的需求，推动了物理的发展，反过来物理的发展推动了技术的革新，这是第一次技术革命。第三次是19世纪，麦克斯韦在库仑、安培、法拉第等物理学家研究的基础上，经过深入研究，将电、磁、光统一起来，建立经典电磁理论。这是第二次技术革命，其模式是物理学推动技术，技术反过来推动物理学的发展。因此物理学是科学技术的基础，两者相互促进。电磁现象早在公元前600年就有记载，却到18世纪才开始进入定量研究，原因就在于电的获得和研究是非常艰难的。

设计意图：体现物理学史和STSE的思想。

教师：下面就开始学习静电学部分。我们对教材的内容进行了重新整理，因此，从第六章的一些内容讲起，一起来认识一下实物物质的微观结构，认识一下是什么将世界联系在了一起。首先来看一些生活中的现象。摩擦起电的现象同学们都很熟悉了，那我们就从摩擦起电的现象帮助同学们回顾高中学习过的有关知识。

播放仿真动画，请学生画出电荷在毛衣和气球上的分布情况（摩擦前后），标记出摩擦和没有摩擦位置的电荷分布情况。

学生作图。

教师：为什么两个物体摩擦会起电？起电是否源于摩擦？你认为摩擦起电过程中摩擦的作用是什么？

学生C（男生）：因为电子的移动。

教师：这没有回答我的问题，任何带电过程都是电子的移动，摩擦在起电的过程中的作用是什么？

学生D（男生）：摩擦生热，加速电子的运动。

教师：那么如果不摩擦呢，除了我们说的接触起电和感应起电之外，如果仅仅是两个物体接触分离，过程中没有摩擦，是否会起电呢？你们生活中有这样的经验吗？

学生私下讨论。

教师：下面我们来看一个实验。

学生实验：将一根胶带贴在桌上，然后揭下来，胶带会带电吗？（1）预测实验结果，并描述你的推论。（2）完成实验，如何证实你的推论呢？胶带是否带电？带何种电荷？

学生中有说会的，有说不会的。

教师：若会带电，会带什么电呢？

学生有的说正电，有的说负电。

教师：你们猜测的依据是什么呢？

学生沉默。

教师：那下面我们就来看看这个实验。

学生观察到将带正电的玻璃棒靠近从桌上揭下来的胶带时，胶带向玻璃棒靠近，齐声说胶带带负电。

教师：如果我现在手上只有胶带，没有带正电的玻璃棒，我们有没有办法验证胶带是否带电呢？好，我们来看实验，首先是将两根胶带分别贴在桌上，并揭下来，当两根胶带靠近时，能看到它们相互排斥。如果我们将两根胶带叠在一起并贴到桌上，再将两根胶带分开，它们会吸引，还是排斥呢。

学生有的说吸引，有的说排斥。

教师：我们看到是排斥，为什么两次实验，一次是吸引，一次是排斥，这说明了什么呢？这种接触分离起电和摩擦起电有没有差别呢？请同学解释一下。

学生自己建构解释模型。

教师：其实要解释这些问题，我们就必须了解实物物质的微观结构，首先我们就钻进原子里面看看吧。同学们回顾一下你们在化学或物理中学习的原子结构是什么样的，原子由什么构成？原子核由什么构成？请填下表（表略），并画出氦的原子结构图。

学生自己作图（2分钟），有些学生不太记得了，有些学生没等到讨论就已经开始窃窃私语了，比如原子核里面是什么。

教师：好，我想大家都画好了，那么请同学们相互看看同组的同学是怎么表征原子结构的，你们之间有什么差异。

设计意图：学生可能用不同的方式表征原子结构，表征的原子结构的精细程度也不一样，这样可以相互弥补。教师可以通过学生的表征了解学生头脑中的原子结构模型主要是哪些形式，是否建构了清晰模型。

学生讨论（1 分钟）。

教师：好，下面我们找一组同学上来给我们画一画你们组达成共识的氦原子的结构图。（学生都不热情）

学生上来后问教师是画一般的原子结构还是氦的原子结构，教师说都可以。

教师：好，这位同学画了一个化学上经常采用的表征方式。下面来看我给出的原子结构模型的表征。关于原子模型，卢瑟福类比行星系统提出了行星模型，玻尔提出了玻尔模型，现代物理提出了电子云模型，这说明了人类关于原子的认识是不断发展的，电子云模型绝不是原子结构的终极模型。但我们有时在研究问题时，还会采用卢瑟福提出的行星模型，这就在于我们研究问题的目标和精度要求。同学们采用的是哪个模型？

设计意图：逐渐发展学生对模型本质的认识。模型只是表征的方式，模型随着人类认识的发展在不断发展。对于同一事物可以用不同模型来表征，但要注意模型的精度范围。

教师：下面我们以这个电子云模型来说明原子的结构。大家看，最中间的小点代表原子核，氦的原子核内有两个质子和两个中子，核外有两个电子，质子和中子的质量几乎相同，而电子的质量只是它们的1/1830，因此原子核几乎占据了原子 99% 的质量。电子和原子核质量有如此大的差别，因此它们即使在受力相同的情况下，运动也不一样。同学们注意到原子核外就是电子云了，根据量子力学，电子出现在哪是随机的，是有一定的概率的，那为什么靠近原子核的区域电子云的颜色较深，远离原子核的区域颜色较浅呢？

学生：因为靠近原子核的地方，电子受力大。（学生依然从力的角度去考虑问题）

教师：同学们能不能从其他角度来说明呢？

设计意图：再次强化学生可以从能量的角度去考虑问题，逐渐引导学生建立起对三个核心概念的理解。

学生比较茫然。

教师：是否可以从能量的角度考虑？可能是靠近原子核的地方电子的能量低，因此电子在这些区域比较稳定。

教师：原子为什么能够成为一个稳定的结构，什么力在其中起作用？质子为什么能够在原子核内存在，为什么没有因为斥力的作用而飞出去？

设计意图：希望通过第一个问题让学生意识到构成所有物质的原子中，是电磁力在其中起了作用，电磁力将世界连在了一起，让学生意识到电磁力的重要性；第二个问题是让学生认识到强相互作用的存在，以及原子核内带正电的质子是不能脱离原子核的，否则原子将不会存在，为后面讲金属、电介质时只有电子能够发生移动奠定基础。但是很显然，学生仍然没有建立关于原子的正确认识，因此需要设计多种情境让学生认识原子和分子。

教师：我们认识了原子的结构后，能不能解释为什么不同物质接触分离时，有的带正电，有的带负电呢？是不是跟原子核束缚核外电子的能力有关？我们来推测一下，在原子周期表中，哪些元素束缚电荷的能力强。

学生回忆，并尝试回答。

教师：我们看一下，对同一个周期，从左到右，随着电量增加，原子半径减小，原子核的束缚能力应该越来越强；从同一族来看，从上到下，随着原子半径的增加，原子核的束缚能力减弱。原子和原子构成了分子，分子和分子构成了不同物质。下面我们就来讨论一下大家在中学时已经学过的金属和电介质的微观结构。它们的内部结构是否存在差异？我们可以通过什么方式来了解物质的微观结构？同学们能举出在生活中遇到的现象或例子来说明它们的差异吗？请用图表征出它们的微观结构。

设计意图：引导学生掌握研究微观实质可以通过其外部表现来进行推测的方法。

学生画图。（注：从收集上来的作业本看，学生并没表征出来。为什么教师让学生画金属内部和电介质内部的微观结构，而学生并不画呢？）

教师：下面我们通过一个实验帮助同学们回忆一下金属的内部结构。

演示实验1：两个验电器实验。①用毛皮摩擦橡胶棒使其带负电，并用橡胶棒接触验电器 1 使其带电，用木棒连接验电器 1 和验电器 2 的金属板，观察现象；②用铜棒连接两个验电器的金属板。

设计意图：提供实验器材，让学生设计实验验证自己建构的金属模型和电介质模型。

学生观察实验，并记录实验现象，建构模型解释现象（4 分钟），接下来同组同学进行讨论，解释现象（1 分钟）。

学生（女生，坐第一排）：当用木棒连接时，验电器的铝箔没有动，是因为木棒没有可以移动的电荷，当用铜棒连接时，验电器的铝箔张开，是因为有电荷移动。

教师：电荷为什么移动，什么电荷在移动？

学生：正电荷。（学生依然认为正电荷会移动，可能是因为情境中给出的是带电验电器所带电荷为负电，学生很容易想到正负相吸，依然直接调用了异种电荷相互吸引模型。）

教师：那负电荷呢？

学生：也移动吧。

教师：那你认为正负电荷都移动吗？

（注：坐在旁边的同桌意识到错误，提示该学生只有电子可以移动，该学生似乎也意识到了。不知道这个过程有没有让学生转变原有的模型。）

教师：大家认为她的回答有问题吗？带正电的质子能移动吗？

学生：不能。

教师：那么你们现在建构的金属和电介质的微观结构模型是怎样的呢？能否用这个模型来预测以下实验结果呢？

演示实验 2：通过以下实验结果可以预测金属（可乐罐）和绝缘体（矿泉水瓶）的结构存在哪些差异吗？①带正电的物体靠近（不接触）一个不带电的可乐罐；②带正电的物体靠近（不接触）一个不带电的矿泉水瓶。

教师：你们认为带正电的物体靠近可乐罐和矿泉水瓶时，它们会动起来吗？你所建构的金属模型是否能解释实验现象？当带电体靠近（不接触）可乐罐时，金属内部发生了什么变化？请根据实验推测矿泉水瓶内部的微观结构，以及当带电体靠近（不接触）矿泉水瓶时矿泉水瓶内部发生的变化。

学生（第三排靠中间的男生）：可乐罐会转动起来，但是矿泉水瓶不会动。

教师：可乐罐往哪个方向转动呢？

学生：向靠近带电体的方向转动。

教师：那矿泉水瓶为什么不会动呢？

学生：因为其中没有可以移动的电荷。

教师：那我们就来看看实验结果是怎样的。

学生观看实验。（注：当学生看到当带正电的物体靠近不带电的矿泉水瓶，矿泉水瓶也转动起来了，只是运动得要缓慢很多时，都喊起来“动了动了”。）

教师：大家看，矿泉水瓶并没有像同学们预测的那样不动，而是缓慢动起来了，那么如何解释这一现象，你认为电介质的微观结构可能是怎样的呢，请试作图表示出其内部结构。

学生自己作图，并解释现象（学生自主建构电介质模型）（2 分钟）。

教师：下面请同学们先小组内自由讨论，然后我们找一组同学来回答。

学生（坐中间靠右侧）：因为当带电体靠近可乐罐时，其上出现异号电荷，因此其与带电体相互吸引。矿泉水瓶为什么会被吸引就不知道了。

教师：既然矿泉水瓶和可乐罐产生了同样的现象，那是不是矿泉水瓶的表面也出现了电荷呢？（试图引导学生建构模型）

学生：不是很清楚，可能吧……（学生并没有成功建构出模型，但是这个实验引起了学生的概念冲突。）

教师：虽然矿泉水瓶动起来了，但是实验中我们看到矿泉水瓶转动得要比可乐罐缓慢很多，为什么不同物体发生的变化不同？金属和绝缘体的内部结构的主要差异是由什么引起的？同学们都知道，当带电体靠近金属时，会出现静电感应现象，那么电介质呢？显然，电介质和金属的不同外在性质反映了不同的内部结构（意图：通过外在性质推断内部结构），是否可以推测它们内部的结合力不同？化学家将原子和原子之间的相互作用力，称为化学键。同学们，化学键分为哪几类呢？

设计意图：渗透结构与功能、尺度和数量的跨学科概念。

学生：金属键、离子键和共价键。

教师：这些不同的化学键导致了物质具有不同的性质。下面我们以金属锌为例进行说明。锌最外层的电子受原子核的作用力较小，可以摆脱原子核的束缚而在各原子之间自由移动，其余的锌离子和锌原子排列成整齐的点阵，叫作晶格。

解释实验现象，演示动画过程：在没有外电场时，自由电子像气体分子一样只在晶格之间做无规则的热运动，没有宏观的定向运动；将导体置于外电场时，导体中的自由电子会发生定向移动，从而导致靠近带电体一端出现负的感应电荷，另一面净剩正电荷。（强调并不是正电荷移动，通过动画帮助学生建构正确的金属模型。）

教师：我们对金属的内部结构有了一定了解，那么电介质的内部结构又是怎样的呢？我们以氧气为例。如果我们将氧气模型简化的话，很多物质都具有与它类似的结构。那么我们如何简化呢？我们只关注正负电荷的情况，由于正负电荷等量异号，因此我们关注它们的位置。氧气的正电荷中心是与负电荷中心重合的，因此它就是无极分子，但像水这样的分子，其正负电荷不重合，因此就是有极分子。

教师：建构了这个模型后，大家能解释刚才矿泉水瓶的现象了吗？我们一起来看一个仿真实验。大家看到，无论是有极分子还是无极分子，在电介质与外电场垂直的两个表面上分别出现正负电荷，但是必须注意，这种正负电荷是不能用传导的方法使它们脱离电介质中原子核的束缚而单独存在的，所以我们将其叫作极化电荷或束缚电荷。

教师：我们再来看一段电介质极化的模拟演示视频。大家看到视频中两块板分别接上电源两端，将电源接通，我们看到其中的牙签（用来模拟有极分子）统一向某个方向转动。

设计意图：通过以上活动逐渐帮助学生建构电介质模型。

教师：同学们是否建构了对金属导体和电介质的正确认识呢？请同学们观看实验，预测实验结果，注意大家先不要讨论，自己记录现象，并解释。

演示实验3：①将铝箔紧贴着金属罐，将起电机的一个带电极柄接触金属，观察铝箔的运动；②将铝箔紧贴着塑料瓶，将起电机的一个带电极柄接触塑料瓶，观察铝箔的运动。

学生各自记录现象和解释现象（2分钟）。

教师:好,下面我们再来看一个问题,这个是网上一位妈妈的求助:“刚刚在把晚上吃剩的菜用保鲜膜裹起来放冰箱时，女儿突然问我：‘为什么保鲜膜不用胶带就能粘住啊？’我真是没办法回答。”

教师：有没有哪位同学能够帮助这位妈妈呢?

学生：这类似于那个塑料瓶的现象……

教师：对的，当保鲜膜撕下来的时候，就是接触分离起电，然后当它靠近水果或盘子时，水果或盘子上出现极化电荷，因此相互吸引。

教师：物质结构的模型本身也远不是完美无缺的。比如，电子的内部结构如何，质子所带的电荷为什么恰好与电子所带的电荷相同，这些都是尚未解决的问题，有待我们去探索、研究和发现。

附录8　测试学生心智模型的访谈记录

对静电学前测题（一）Q12~15 的访谈记录

学生 A

师：你是怎么解决这个问题的。

生：这很简单，根据最基本的同性相斥、异性相吸。这是一个正电荷，因为这边接地，可以提供源源不断的负电荷，所以就有负电荷被吸引，因为正电荷在这端嘛，它（负电荷）就会被吸引到这一边，因此这边就会带上负电荷。其实最本质的就是有负电荷上来。

师：负电荷上来是因为正电荷的存在，对吗？

生：对，正电荷会对负电荷有吸引作用，所以这个金属棒就带负电了。（学生有点犹豫）

师：好的，那我们将这个问题分解，我们首先不接地。

生：那肯定是左端带负电，右端带正电。因为在正电荷的作用下，有部分负电荷会向左移动，向左移动过程中，中间还是会中和抵消掉，右端因为没有足够的负电荷与正电荷抵消，所以右端会出现净余的正电荷。

师：那接下来再接地呢？

生：再接地的话，我们应该这样想，负电荷还是从右向左移动。

师：为什么？

生：纯粹的异性相吸啊。

师：但是现在金属棒两端已经出现了净剩的正负电荷。

生：你是说先不接地，等金属棒上的感应电荷稳定后再接地？

师：对。

生：如果再接地，那么大地的负电荷可以当成是无穷多的，那就会和导体接地端的正电荷中和掉。

师：为什么一定是大地的负电荷向导体移动，而不是导体上的负电荷向大地移动呢？你是如何判断移动方向的呢？

生：因为正电荷会对导体上感应的负电荷有吸引作用，因此不可能向大地移动。

师：那就是说大地的电荷一定会向导体移动，那么是否导体感应的正电荷会与大地的负电荷中和完？

生：导体感应的正电荷会中和完吧。

师：为什么？

生：接地可以看成导体和大地是连在一起的，那么它们就是一个共同体，因此导体的最终状态应该是与大地一样的。(学生有点犹豫)

师：一样带负电？

生：因为之前我没考虑大地带负电，我以为大地是中性的。

师：那也就是最终状态是导体与大地一样带负电荷。

生：我现在不知道接地端（右端）到底是带0（不带电），还是带负电荷。

师：那整个导体呢？

生：整个导体是带净负电荷的。

师：那如果这里放一个负电荷的话呢？

生：那就应该反过来。

师：你不是说最终导体应该与大地带同种电荷吗？

生：接地？接地是整块导体都是零电势。我现在就搞不清楚怎么判断这点电势与这点电势是相等的。但是如果放负电荷的话，这端还是会带净余正电荷，这端带净余负电荷吧？

师：嗯。

生：那接地端也偏向与大地一样的电性。

师：最终导体也是带负电吗？

生：我还是偏向导体带正电。

师：但是按照你刚才的推理应该是带负电。你再解释一下。

生：静电感应后，靠近负电荷一端感应正电荷，这个正电荷在接地后虽然受到一点影响，但是影响不大，数量没有什么变化，接地端感应负电荷，因为大地的电荷几乎为电中性的，所以相对而言，其电荷密度要远小于导体上负电荷的密度，因此导体上的负电荷向大地移动。

师：电荷往哪个方向移动，得看哪边的电荷密度大，最终应该达到均匀，是吗？也就是说导体上有一些负电荷跑到了大地中，原因是导体上的负电荷一定要比大地的负电荷要多，是这样的吗？

生：对的。

师：如果导体上的负电荷也非常非常少，与大地差不多呢？

生：电量很少，与大地差不多？

师：按你刚才的推理，是不是导体应该是电中性的？

生：不对，肯定不对（学生发现自己的模型不对），大地带负电，中学教师都没有说过。

师：你的关注点不要放在大地上了，可以看作大地不带电，或带少量负电。实质不在于大地带不带电，实质在于接地是干什么的。

生：接地就是电势为0。

师：为什么不用这个进行解释呢？

生：可以取某个点，由电势叠加，可以知道其他点电势叠加的结果。

学生B

师：你是怎么思考12题的？

生：老师，大地是带负电吗？

师：嗯，但是大地的电荷面密度是很小的。

生：大地若是带负电的，那么接地端也带负电，若不带电，接地端不带电，因此无论如何导体带负电。（导体接地端与大地等电荷）

师：你如何判断第13题呢？若大地所带负电荷很少，比金属棒上感应的负电荷要少，那么金属棒现在带正电吗？若大地上的负电荷刚好和金属棒上感应的负电荷一样多，金属棒是不带电吗？若大地上的负电荷比金属棒上感应的负电荷多，金属棒带负电吗？

生：大地带电量应该很少，所以金属棒带正电。

师：假设金属棒感应负电荷一端上的电荷刚好也很少呢？

生：那就用高中学过的远端近端来判断。（远端近端模型：近端带异号电荷，同种电荷被排斥到远端，就是大地。）

师：你的远近是如何界定的？

生：大地为远端吧。

师：当靠近点电荷的金属导体一端接地时，它是远端还是近端？

生：这个不管，大地是永远的远端，正电荷就被排斥到大地了，所以导体带负电。近端的判断方法是不看大地的，以导体为研究对象，与它接近的一端就是近端。

师：也就是说，近端带上了异种电荷（负电），而同种电荷（正电）都要排斥到远端。

生：对。

师：这是你自己总结的吗？

生:这个近端远端的判断（例如大地是永远的远端）是我自己总结的，但是这种方法是老师教的。

师：利用这一结论，如何判断金属棒上应该带多少负电呢？

生：应该会把远离点电荷一端的金属棒上的正电荷全部中和完。

师：你用什么证据来证明你的观点？

生：不知道。

师：你认为接地的实质是什么呢？

生：不知道，老师没讲。

附录9　学生对建模教学和传统教学体会的访谈记录

实验组访谈记录

1. 问：你喜欢静电学建模那样的上课方式吗？为什么？

答：也不是不喜欢，但感觉非常不适应。我们的思维不够灵活，老师让我们解释实验现象的时候基本上都不会解释。从小到大基本上没有接触这种教学模式，逆向思维还比较局限。

2. 问：哪些方面是你比较喜欢的或者对你有帮助的？

答：比较喜欢的部分是演示实验。老师会让我们自己解释实验现象，所以印象更加深刻，看到生活中的一些现象，就可以知道它是怎样发生的，理解了各种原理，这是一个比较好的收获。

3. 问：对这种教学方式你能否接受？它能否帮助你解决实际问题？

答：现在我们还不能接受，可能是接触时间太短了，也许以后会慢慢接受。这种方式还是挺好的，可以教会我们换种角度思考问题。但在这种方式下例题讲解较少，所以做题时有较大困难。

4. 问：你会比较有兴趣预测实验现象和描述实验结果吗？你一般是通过什么途径（比如瞎猜、生活经验、理论分析、抽象模型等）对实验结果进行预测？

答：实验现象基本上会解释一些，但都解释不全。基本上是通过高中物理基础知识对实验进行预测。

5. 问：对实验现象的解释，你一般采取哪些表征方式（例如文字、图表、公式）来表达？哪些表征方式是你从教师的这种教学方式中学来的？多种表征的结合是否能帮助你形成更清晰的物理模型？

答：一般采用公式或文字。从这种教学方式学到画图的表征方式，但并不很习惯画图，认为用文字解释逻辑性会强一些，画图不能很好地表达自己的想法。有公式的时候肯定会用公式，多种表征的结合肯定是有帮助的，再次遇到类似的题或实验现象时能加以联系，可以自己做一些解释。

6. 问：你认为如何分配小组更加合理（比如按寝室成员、学习成绩、性别等来分）？小组讨论是否应占用课堂时间，对物理学习是否有帮助？

如何使小组讨论更加深入呢？

答：现在这种分配方式挺好的，成绩相当的在一起更加容易有进步。小组讨论还是挺有帮助的，有时候自己的想法很需要和别人交流，不仅仅是学习，日常生活中也是这样。但小组讨论的时候很多人在聊天。课堂上讨论时间短，有时候我们想到的东西少，信息比较匮乏。

控制组访谈记录

1. 问：你喜欢现在的上课方式吗？你喜欢的方面有哪些，原因是什么？不喜欢的方面有哪些，原因是什么？

答：挺喜欢的，还不错，习惯了这样的方式，老师经常做信息反馈，觉得这样挺好的，老师讲课也挺利落；不好的方面就是感觉上课太赶了，一节课处理的东西太多了，上完课合上书后发现自己对学过的内容印象不深刻。

2. 问：课堂教学有没有与生活实际、实验现象相联系，能否举个有印象的例子？

答：跟专业相关的基本没有，与现实生活相关的还是有一点，但学的基本都跟高中差不多。

3. 问：教师会经常做演示实验吗？你认为实验和仿真动画是否能帮助你理解物理现象发生的过程，从而促进你对概念的理解？能举例说说课堂中给你留下深刻印象的实验和仿真动画有哪些吗？

答：做过两次——光的衍射和驻波，印象挺深的。实验和仿真动画对物理学习肯定是有所帮助的，在理解上会有效果，建议增加一些实验。

4. 问：假如教学中教师增加一些演示环节，并让你描述实验结果和预测实验现象，你喜欢这种方式吗？比如说，在将电介质极化的时候，我们通过真实的实验——毛皮摩擦过的橡胶棒靠近塑料瓶，让你预测实验现象，解释实验现象，你会怎样解释？

答：应该会好一些，印象会比较深刻。（其中一人认为）如果通过演示实验带入课程，即使我们不会解释，但上课时也会比较有针对性；（其他几人认为）实验太多了，感觉什么都没学到，现在的我们都看得多想得少，都不太会解释，而且不适应。关于电介质极化，都不太会解释，当时上完课做测试时大部分人都做得很不好。

5. 问：如果让你预测实验现象，你一般采取哪些表征方式（例如文字、图表、公式）对实验现象做出解释？在解释实验现象或生活情境时，你一般采用哪些表征方式？

答：大多使用公式，比较有说服力。（有的同学认为）一般采用最平常的文字或语言。

6. 问：如果课堂中组织小组合作，你喜欢这种方式吗？喜欢（或不喜欢）的理由是什么？你认为如何分配小组更加合理？

答：（有的同学认为）觉得不怎么好，很多人在一起基本是聊天，感觉我们现在也没什么好讨论的内容，大家都没有研究问题的兴趣；（有的同学认为）讨论还是有帮助的，毕竟有些问题自己没想到。

附录10 建模教学中学生呈现的心智模型部分展示

1. 摩擦起电

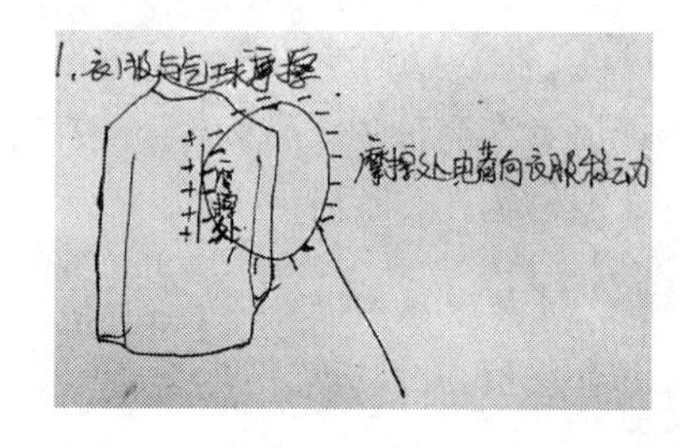
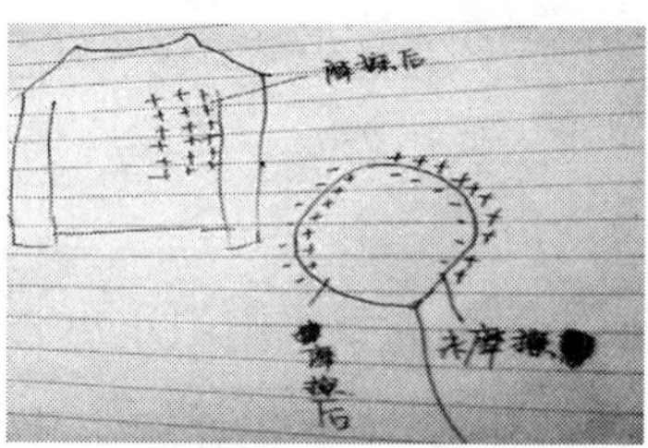

2. 原子结构

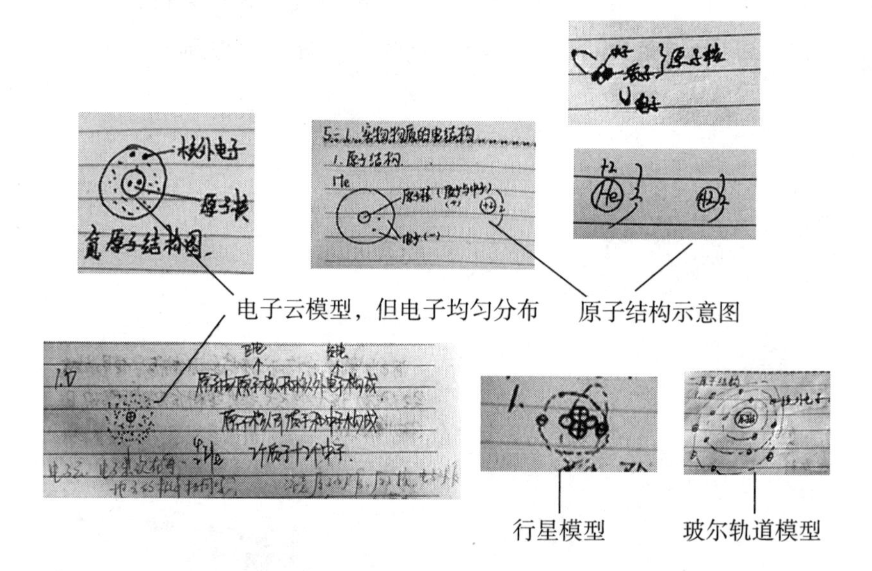

3. 金属导体和电介质（接触）

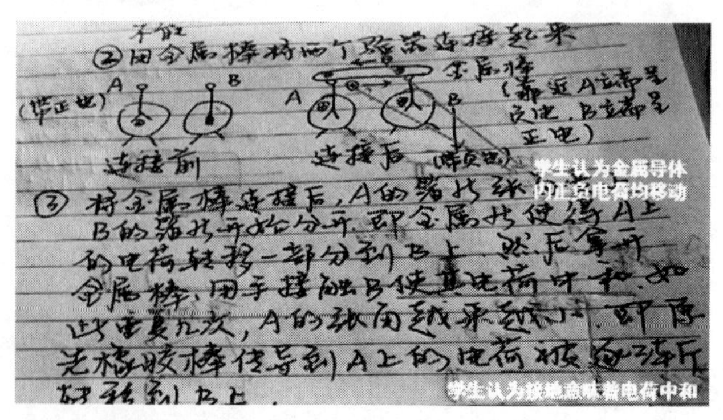

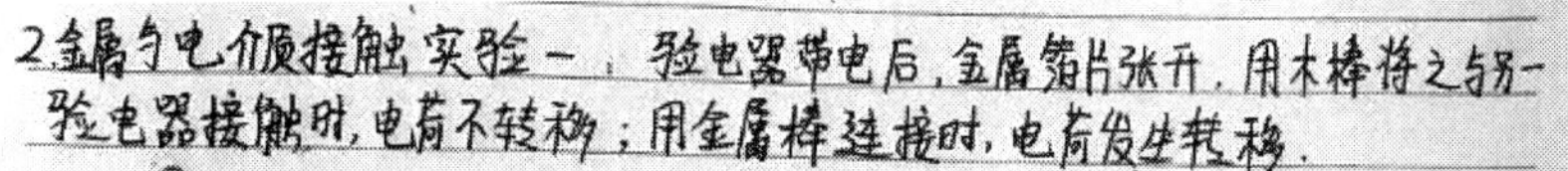

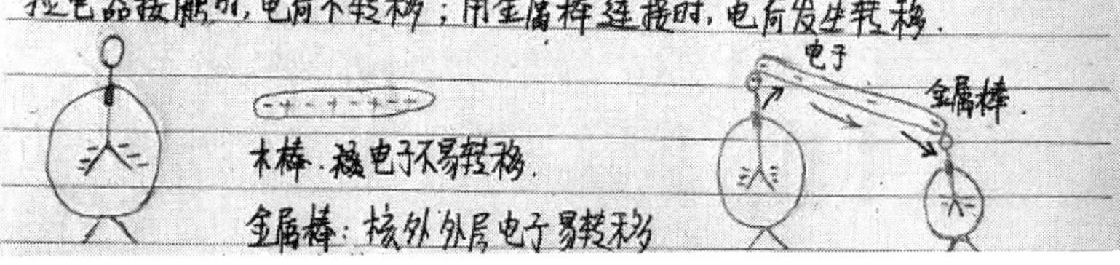

4. 金属导体和电介质（感应和极化）

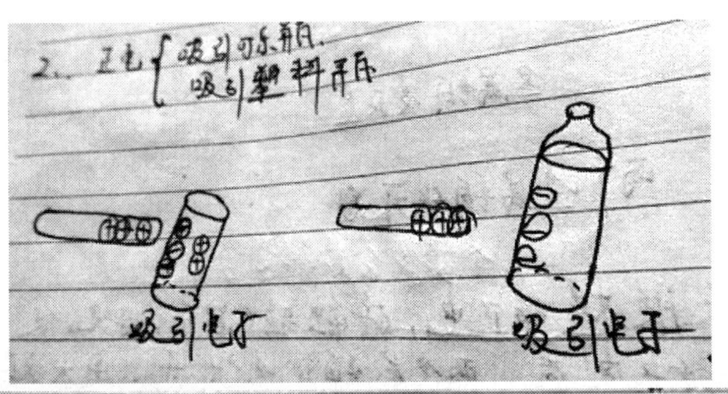

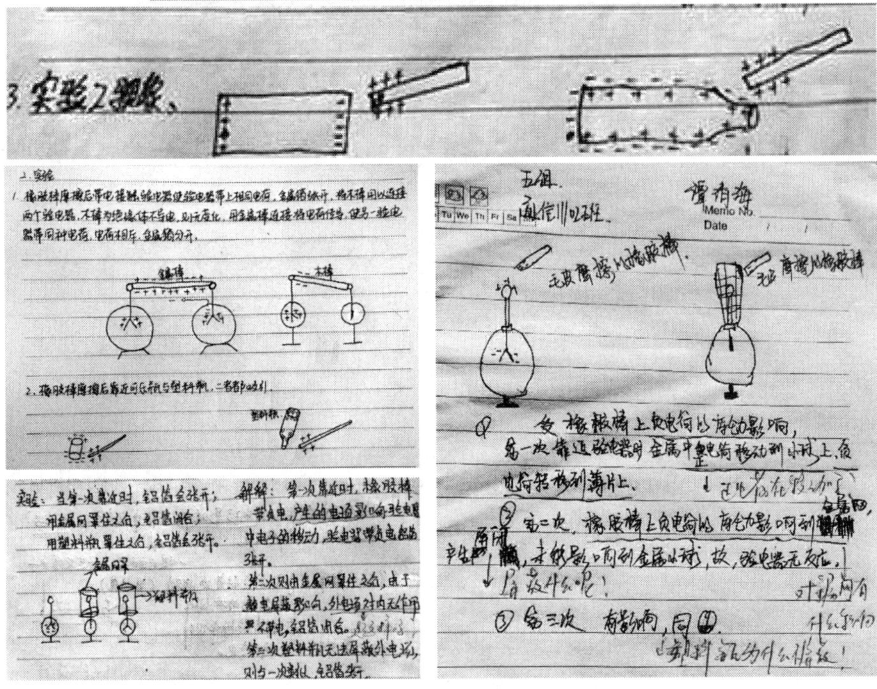

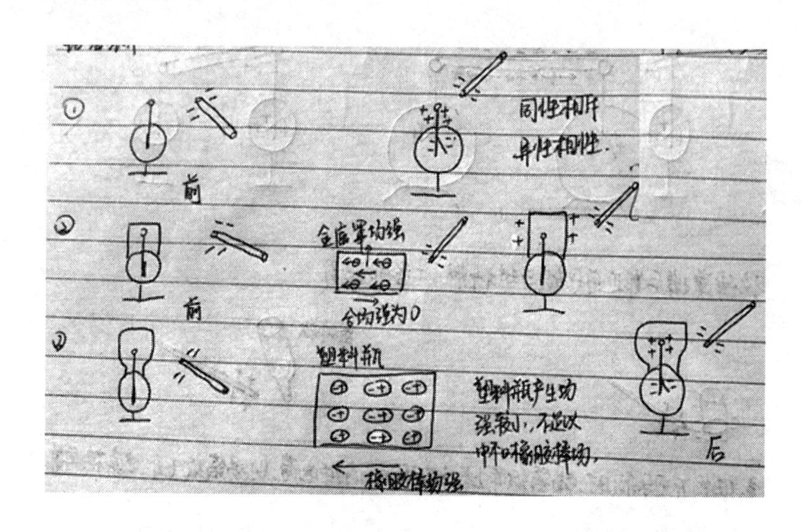

5. 电场线

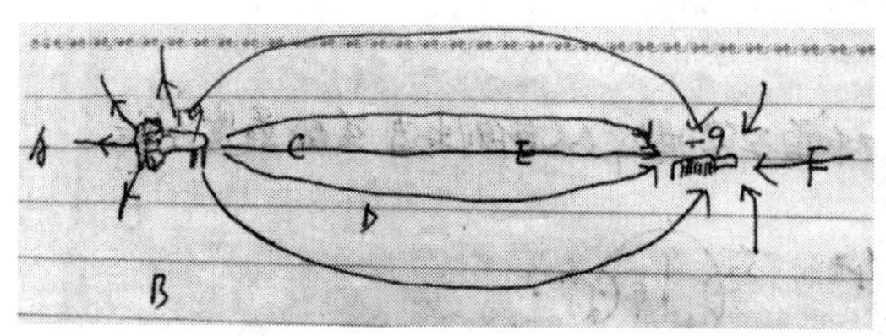
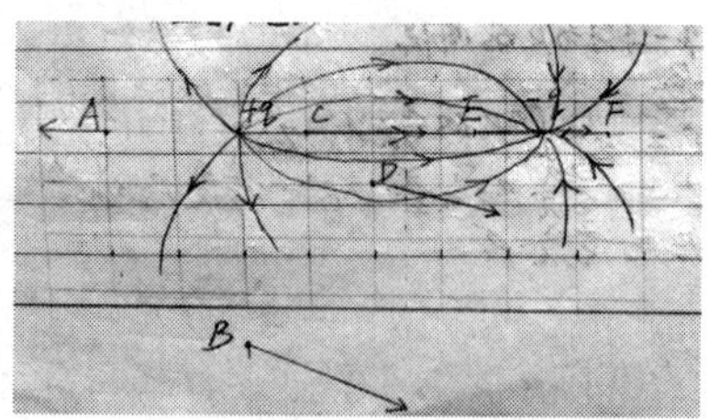

6. 静电学核心概念及联系

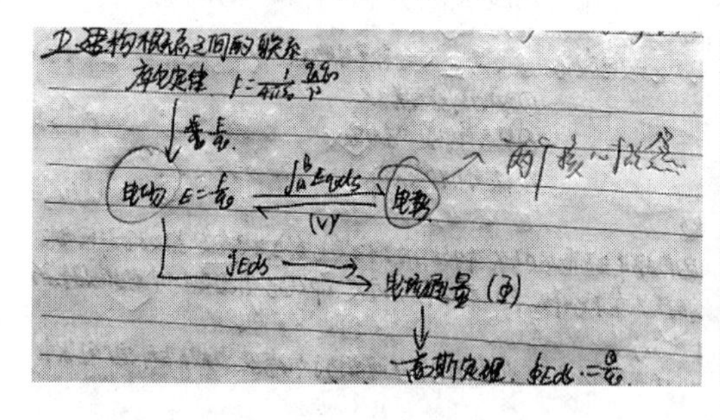
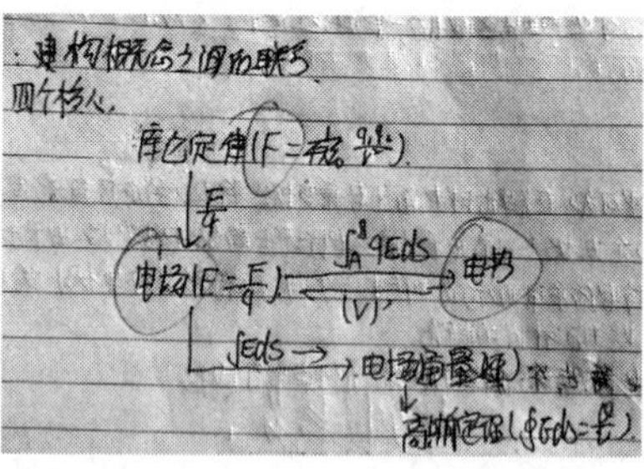

后 记

本书能够出版，首先要感谢北京师范大学。这所百年老校让我领悟了“学为人师，行为示范”的真谛，这里大师云集，资源丰富，让我能够在知识的海洋中畅游，让我能够聆听国内外知名专家的高水平学术报告，让我的研究能力和教学水平不断提升。

感谢我的导师郭玉英教授。在完成本书稿过程中有太多温馨而感动的画面：初到北京师范大学，我在科研上有太多的不知和不会，当我沮丧时，她耐心教会我如何做研究，如何端正学术态度；当我缺乏自信时，她坚定地支持我，并鼓励我多阅读英文文献；当我为选题为难时，她为我指引方向；当我书写过程中遇到瓶颈和偏离方向时，她一次次将我引回“正途”，帮助我梳理思路，找突破口，教会我如何做到规范严谨、逻辑一致、观点明确。本书是她一遍遍仔细修改，并与我反复讨论而成。师恩如山，令我折服！

感谢北京师范大学李春密教授、刘恩山教授、王磊教授、王民教授、张萍教授、项华教授和罗莹教授对本书的编写提供许多宝贵意见；感谢师兄王文清、仲扣庄、郑朝阳、彭征、许桂清、范佳午，同窗张玉峰、魏昕，师妹路真真、陈佩莹、刘艳芳、田杰、陈颖，师弟姚建欣、项宇轩，感谢他们在平时讨论中为本书的理论研究和实践活动提供的支持，是他们让我在温暖、和谐的团队助力下完成了本书稿的撰写。

感谢我的同事，长江大学的徐大海、杨克非、田永红、程庆华、杨长铭、刘素静，感谢他们一直以来对我学习和工作的支持与关心，感谢他们为我的教学实践提供场所和时间。特别感谢徐大海院长，是他的不断鼓励和支持，让我在物理教育研究的道路上走得又稳又远，感谢他为我联系导师，助我实现北京师范大学的求学梦，感谢他的谆谆教诲，让我受益终身。

感谢2011级通信班的学生，感谢他们真诚地给我提出教学建议，他们的配合、体谅、鼓励和赞许是我进行教学改革的动力和源泉。感谢北京师范大学物理学系本科生吕文丛、杨丽超、刘孟超，感谢长江大学物理学院本科生张海、周珊珊，感谢他们对本书数据统计、编码及访谈等工作的协助。

特别感谢我的爱人方荣华，一直默默支持我开展教学改革和教育研究，成为我强大的后盾，对他的感激千言万语也无法表达，唯有用一生去珍爱；感谢我的女儿方绮悦，她三岁不到，我就不能与她同吃同玩，不能接送她上学，可她却懂事乐观，用快乐和勇敢激励我不断前行；感谢我的父母，他们的坚强和乐观一直影响着我，遗憾的是他们未能亲眼见到这本凝聚我泪水与汗水的书稿出版；感谢我的哥哥，在我不在家时承担起赡养父母的责任；感谢我的公公和婆婆，一直以来尽最大力量帮助我照顾家庭。

感谢长江大学研究生段炼、高佳利、梁佳欣、汤伟、吴攀、杨孝波、向秋、张雪、李雅兰、张智勇、杨科、张文悦对本书统稿工作提供的帮助与支持。

感谢广西教育出版社给我们出版“中国物理教育研究丛书”的机会，特别感谢相关编辑付出的辛勤劳动。

图书在版编目（CIP）数据

基于心智模型进阶的物理建模教学研究 / 张静著.
—南宁：广西教育出版社，2020.2（2023.1 重印）
（中国物理教育研究丛书 / 郭玉英主编）
ISBN 978-7-5435-8723-6

Ⅰ.①基… Ⅱ.①张… Ⅲ.①物理教学—教学研究
Ⅳ.①04-42

中国版本图书馆 CIP 数据核字(2019)第 259837 号

策　　划：黄敏娴　黄力平　　　装帧设计：刘相文
责任编辑：潘　安　张振华　　　责任技编：蒋　媛
责任校对：杨红斌　　　　　　　封面题字：李　雁

出 版 人：石立民
出版发行：广西教育出版社
地　　址：广西南宁市鲤湾路 8 号　　邮政编码：530022
电　　话：0771-5865797
本社网址：http: //www. gxeph. com
电子信箱：gxeph@vip. 163. com
印　　刷：广西壮族自治区地质印刷厂
开　　本：787mm×1092mm　1/16
印　　张：20
字　　数：290 千字
版　　次：2020 年 2 月第 1 版
印　　次：2023 年 1 月第 3 次印刷
书　　号：ISBN 978-7-5435-8723-6
定　　价：48. 00 元